十年峥嵘 百年交通

武汉市交通规划设计有限公司优秀作品集

主　编

郑浩南　李黎辉　刘　金

副主编（按姓氏笔画排序）

万　鹏　王新竹　左　琪　李妙晗　李绮薇　肖　雯
张　望　张献峰　陆　炜　陈粤飞　胡　婷　贾伯川
唐　田　鲁　靖　曾　聪　廖　科　薛茂炎

参　编（按姓氏笔画排序）

王　威　王　维　王红璟　石　权　卢茜亚　白　玲
向　琳　江　舟　孙靓雯　张晓娜　陈　宇　陈晓晴
胡　空　徐　达　徐　鹏　高　歌　詹国丽　熊　昊

華中科技大學出版社
http://press.hust.edu.cn
中国·武汉

图书在版编目(CIP)数据

十年峥嵘，百年交通：武汉市交通规划设计有限公司优秀作品集 / 郑浩南, 李黎辉, 刘金主编.
-- 武汉：华中科技大学出版社, 2022.11

ISBN 978-7-5680-8389-8

Ⅰ. ①十… Ⅱ. ①郑… ②李… ③刘… Ⅲ. ①城市规划－交通规划－案例－武汉 Ⅳ. ①TU984.191

中国版本图书馆CIP数据核字(2022)第107740号

十年峥嵘，百年交通：武汉市交通规划设计有限公司优秀作品集　郑浩南　李黎辉　刘金　主编
Shinian Zhengrong Bainian Jiaotong Wuhanshi Jiaotong Guihua Sheji Youxian Gongsi Youxiu Zuopinji

策划编辑：彭霞霞　　责任编辑：梁　任
封面设计：大金金　　责任监印：朱　玢

出版发行：华中科技大学出版社（中国·武汉）　　电话：(027)81321913
武汉市东湖新技术开发区华工科技园　　邮编：430223

录　排：武汉东橙品牌策划设计有限公司
印　刷：武汉精一佳印刷有限公司
开　本：787 mm × 1092 mm　1/16
印　张：13
字　数：320千字
版　次：2022年11月第1版第1次印刷
定　价：228.00元

序

我与武汉的缘分始于 30 余年前，曾于青葱岁月短居武汉，见水木丰茂，桂花香远，记忆中的江城有着蓝色星球上最温馨的秋天。

我与交通的缘分同样始于 30 余年前，因研究交通、服务交通而见证交通为城市带来的深刻变革。我有幸参与武汉路网规划与慢行规划、蔡甸与东湖等新区规划、武汉新一轮总体规划，亲历这些改变着城市的主要规划的编制及研究工作，体悟并认知这座独特城市中时刻发生着的空间与交通的互动关系: 大武汉像是有生命的有机体，空间衍生了交通，而交通又重塑着空间。

在过去的十年间，我更是见证了武汉综合交通高质量发展，推动武汉从长江之滨走向世界舞台的进程：对外交通繁荣发展，铁路、航空吞吐量均较十年前翻倍；城市交通持续向集约化转型，城市轨道交通里程从 56.2 km 增长至 435 km，覆盖全部 13 个市辖区，步行和自行车交通旺盛复兴；交通安全水平持续提升，万车死亡率从 2.7 人下降至 1.1 人，降幅达 60%。

繁荣的都市始于一砖一瓦，伟大的城市是每一位建设者共同谱写的篇章。武汉市交通规划设计有限公司作为武汉城市交通十年大发展的参与者、建设者，其发展历程以及在交通规划设计领域取得的丰硕成果、探求结晶，也是我国交通规划从业者奋发进取、改革创新的缩影。武汉市交通规划设计有限公司成立十年来，机构职责从成立之初的规划部门决策支持，逐步向政策、规划、建设、管理、设计等多元业务拓展。这一过程伴随着我国城市整体从大规模扩张建设阶段向可持续运营、动态更新阶段转变，体现着城市交通的作用从引导土地开发向服务人的需求、维持城市高效运行转变，也展现了这支年轻的交通规划设计队伍持续学习的锐气、拥抱变革的勇气，以及为武汉这座城市、为交通业界所贡献的智慧与力量。

站在当下，新一轮科技革命浪潮正扑面而来，新冠肺炎疫情的影响仍在继续，小到个人和企业，大到城市乃至国家，都面临着百年未有之大变局。在充满挑战与不确定性的时代，唯有科学、专业、奉献和创新是可靠的锚点。

武汉被誉为一座英雄的城市，不仅因为它有着辉煌的首义往事，也不仅因为它是全球首个正面与新冠肺炎疫情战斗的城市，更因为武汉儿女每每于时代风云际会之时，表现出的果敢、坚韧以及对探索与实践的双重追求。“敢为天下先”的精神写在这座伟大城市的基因里，如扬子江水浩荡不息。真诚地祝愿武汉市交通规划设计有限公司的同仁们，在同样的精神引领下、山水滋养中，能够在下一个十年、二十年、三十年，抓住时代的机遇和科技浪潮的脉搏，在更大的舞台、更广阔的天地间，百尺竿头，更进一步，事业拓展更上一层楼。

是为序。

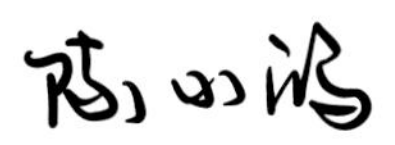

教授、博士生导师

同济大学铁道与城市轨道交通研究院院长、国家磁浮交通工程技术研究中心主任、城市交通交叉学科委员会主任、中国城市公共交通协会副理事长、中国城市交通规划学会学术委员会常务委员

2022/09/19

目录

CONTENTS

PART 1
综述

交通是兴国之要、强国之基，新时代的交通规划人要勇做交通事业发展的先行者。

认识

现代城市交通的本质是在城市化地区以城市道路、城市轨道及城市水域等为载体，满足特定目的，按照明确的交通规则，经组织和管理的人与物的移动和运输。城市中的人、物与信息通过步行、自行车、摩托车、小汽车、出租车、网约车、公共汽车、轨道交通、索道、轮渡（或水上巴士）等交通方式进行互联，构成了庞大且复杂的城市综合交通系统。它是保障城市基本功能完整的支撑性要素，是城市可持续发展的关键，更是城市居民生活的幸福所系。

城市交通因其特殊属性，参与者众且广，影响深远难纠偏，且永远处于一个动态的过程，存在固有的难点，始终是一个不断发展中的学科，世界各国的城市规划师、交通规划师，乃至建筑师都在持续探索。无论是古典的“田园城市”“光辉城市”等交通模式设想，还是现代基于重力模型理论和四阶段法的交通预测模型支撑的综合交通体系构建，或是当代“公交优先、拥堵收费、交通限行”等理念、政策的贯彻执行，都是为了最大限度地发挥好城市综合交通系统的功能和作用，都在持续不断地摸索合适的道路。

同时，城市交通的关联性又是极其复杂的。交通是城市四大核心功能之一，交通问题往往具有城市个性、地理空间性、社会性、经济性、战略性、工程性、偏好性等特点，纷繁复杂，解决起来往往不能一蹴而就。随着信息化技术和大数据分析的应用，研究手段更加智慧化，人们也试图往更广、更深的方向去探究城市交通的本质。

困境

交通规划的愿景很美好，但现实却是残酷的，城市交通问题一直普遍存在，仍是当前中国，乃至全球的热点问题之一。城市因其固有属性，聚集大量的人口、海量的物品和天量的信息，交通问题相伴相生，或多或少地存在。随着科学技术的不断进步和经济的快速发展，世界上绝大部分城市的原生吸引力更加强劲，导致人、车交通量持续激增，越来越制约经济社会可持续发展。当前，我国各城市普遍存在道路容量严重不足、汽车增长速度过快、常规公共交通日趋萎缩、大型公共交通可持续性难、慢行交通条件不佳、整体发展战略引领失衡等系统性交通问题。

近年来，各城市交通基础设施的投入无疑是巨大的，城市交通系统也获得了长足的发展，各项缓堵、治堵措施也取得了一些成效，但仍难以触及导致城市交通拥堵的根本性问题。比如，缓堵、治堵的目标不明确（注重治理小汽车拥堵，忽视治理公共交通拥堵），城市如何适应公共交通的发展（非单一的公共交通适应城市发展），侧重机动化交通而忽略慢行系统守护（重大投资受欢迎，慢行交通常舍弃），倚重硬件设施建设而易忽视软性政策研究应用（国土空间规划、存量规划背景下的政策工具使用不足）等。

在交通繁忙的现代化城市中，居民出行对小汽车的依赖程度日益增加，城市交通难免陷入“拥堵—治理—再拥堵”的尴尬局面。当单纯依靠修建大量道路却不能解决城市交通拥堵问题的时候，从经济学的角度考虑，拍卖有限量的车辆执照、对车辆征税或提高收费标准、给道路定价、限制私车使用等方法，为解决城市交通问题提供了可选择的路径。

新时期中国特色社会主义建设已经步入关键阶段，人们追求美好生活的精神需求是不断增强的，对城市综合交通系统的功能需求也在不断加深。随着我国城市化进程的不断加速，交通强国战略效益的持续释放，以及国家层面的城镇化格局构建的宏观导向，未来的城市交通问题都将变得更加复杂，如何因地制宜、科学合理地规划、完善城市交通系统，将关乎一个全新时代的发展面貌。

坚守

城市交通越完善，证明城市越进步。城市综合交通系统由于功能庞大，涉及市民生活的方方面面，规划研究工作应始终以构建更完善的交通体系，创造更幸福的城市为宗旨。从事交通规划研究，既要有宏观的战略视野，又要懂细致的实施手段，保持一颗敬畏之心。交通规划人如同城市的医生或健康顾问，需要持续不断地学习，不断丰富相关基础知识，精进业务水平，以应对不断变化的城市交通问题。幸好，有那么一群始终热爱交通事业的人一直在坚守，穷尽智慧，努力探索。

本书从交通规划研究从业者的角度，精选近年来公司主持研究的各类交通项目，深入剖析，逐个阐述，从项目特色、实施成效等角度出发，全面解读交通规划工作的内涵，分享属于交通规划人的“小确幸”。首先，全面总结对于综合交通规划的认知，从交通战略研究、整体与分区综合交通体系构建、近期实施总体方案制定等方面进行详解，充分展现综合交通规划的宏观引领作用。其次，交通专项规划则以道路网络、公交线网布局、旅游交通、慢行系统、街道品质提升等为依托，全面展示交通规划不同的关注点和工作内容，把规划落到实处。交通影响评价、交通规划咨询和建设项目交通论证则侧重于城市建设工程的相关交通问题研究，从用地供给阶段或项目前期策划阶段提前介入，以大型综合体、商业、住宅、体育、医院、学校等项目的交通运行特点为抓手，通过长期经验积累，为建设项目提供专业咨询，优化方案设计，为规划审批提供独立评估意见，辅助项目决策，助力城市规划建设。静态交通规划研究是以推进城市“停车场年”建设、解决停车问题和缓解民生矛盾为着力点，统筹公共停车规划总体布局和建设要求、计划安排等，再逐步深化落实具体点位的建设方案，以实际行动助力缓解城市停车难问题。交通组织设计属于交通工程的具体实践，施工期交通组织则重点研究施工条件下的交通需求与设施供给间的微妙平衡。交通设施修建性详细规划依托于上位规划基础，擅长协调用地、市政等与交通的基本矛盾，制定总体可行的实施方案。最后，交通政策研究则是基于交通的强关联性特征，从法律、行政、经济、社会、环境等角度探究促进公平、提升效率、增加安全等的基础政策，以软环境视角完善城市交通。

期待

在新时代背景下，交通信息化和大数据手段在交通领域的应用更加广泛，城市交通规划事业迎来新的发展和机遇，人们也获得了更多、更全的信息去了解交通的真相。随着经济社会的不断发展和进步，人类对未来世界的不断了解和对社会系统的不断认识，新的交通工具、交通方式、交通模式会更加频繁地涌现。在可以预见的未来，人们对交通效率的期待、交通智慧的渴望、交通安全的追求、交通环保的诉求将会更高，这些都呼吁着每一座城市的交通规划人去孜孜不倦地探寻，找到适合自己城市的可持续道路。这也激励着交通规划人不断地学习进步，永远迎接挑战，不忘初心，始终追求理想的梦。

可以期待，新时代的交通研究者必将致力于为城市提供先进的交通技术与服务，提供以大数据分析为基础、以协同规划为引领、以综合设计为支撑、以系统集成为实践、以智慧运营为反馈的综合交通系统解决方案。

PART 2
综合交通规划

城市交通战略、政策和规划并非单纯的技术问题，而是一种科学发展观和公共政策的体现。

2010年住房和城乡建设部发布的《城市综合交通体系规划编制导则》中明确了城市综合交通体系规划应科学配置交通资源，发展绿色交通，合理安排城市交通各子系统关系，统筹城市内外、客货、近远期交通发展，形成支撑城市可持续发展的综合交通体系。

2018年住房和城乡建设部发布的《城市综合交通体系规划标准》（GB/T 51328—2018）中明确了城市综合交通体系应以人为中心，遵循安全、绿色、公平、高效、经济可行和协调的原则，因地制宜进行规划。城市综合交通体系规划的范围和年限应与城市国土空间规划一致。城市综合交通体系应与城市空间布局、土地使用相互协调。城市综合交通的各子系统之间，以及城市内部交通与城市对外交通之间应在发展目标、发展时序、建设标准、服务水平、运营组织等方面进行协调。

自然资源部总规划师庄少勤在《中共中央国务院关于建立国土空间规划体系并监督实施的若干意见》发布会上说，从规划层级和内容类型来看，可以把国土空间规划分为“五级三类”。其中，“三类”是指规划的类型，分为总体规划、详细规划、相关的专项规划。综合交通规划就是一种专项规划。

城市综合交通体系规划一般包含规划实施评估、城市对外交通、客运枢纽、城市公共交通、步行与非机动交通、城市货运交通、城市道路、停车场与公共加油加气站、交通调查与需求分析和交通信息化等内容。

综合交通规划是一种公共政策，其核心理念是在城市发展战略目标下，打造一个与城市空间结构、人口和岗位布局相适应，各类交通设施规模合理，内外衔接，高效便利的交通服务体系，以支撑社会经济发展的交通运输需求。在十年的行业实践工作中，无论是学科，还是相关的技术手段都有明显的发展。

首先，在中小城市的交通规划编制中，更加关注体系的梳理与构建，理顺与城市发展目标和空间格局的关系，处理好交通发展与机动化发展和环境可持续发展的关系。

其次，交通规划也在与时俱进。伴随着我国城镇化和机动化进程的发展，城市交通规划的战略目标、技术方法，甚至价值取向都在发生深刻变化。比如，信息技术与大数据的快速发展使交通规划的基础资料收集、战略模型构建、方案设计过程等都产生了新的变革，也对规划技术人员提出了新的挑战。如大数据在交通规划中的应用，以其中应用最广泛的手机大数据为例，其具有样本数量巨大、抽样率高、时间涵盖性和追溯性好、周期短、费用低等特点，可以对全年任意时间点和时间段在动态热力分布、人口岗位分布、出行强度分布和交通出行量等方面进行分析，辅助规划方案的制定，但同时也存在着数据精度不足、无法精确辨识出行方式和出行者个人特征等缺点，但在某些特定分析及辅助建模等方面还是能发挥巨大作用的。同时，大数据挖掘分析是一项比较专业的技术工作，除了需要技术人员掌握必要的分析工具（如一些计算机语言或者专业工具），还要求技术人员对大数据特点有深刻认识。

最后，交通规划的价值取向正发生着显著转变，这种转变体现了城市不同发展阶段的不同发展诉求。就目前而言，交通规划的价值取向正在从以车为本向以人为本转变，从城市高速发展阶段单纯要求交通效率向城市高质量发展阶段要求兼顾社会公平、人文包容、生态宜居转变。交通关注的重点正在向“人的出行”回归，具体体现为：在路网密度方面提出了“窄路密网”概念，以提高人的可达性；在道路空间功能方面提出了“全要素”设计理念，尊重人的出行尺度和公共空间的社会功能；慢行交通越来越受到重视，如慢行专项规划、慢行专用桥梁、无障碍示范城市、无车区规划、共享单车的繁荣等，正逐渐将人们的关注点从机动车出行转移到步行和非机动车出行上。

人类社会正经历着高速而深刻的变革，城市交通规划的编制面临从基础知识的逻辑体系，到拥堵、安全、污染等一系列“城市病”，以及第四次工业革命带来的人工智能、数字云端、智能网联、5G 通信等一系列革命性的科技成果的冲击。因此，未来的城市综合交通体系规划，不只是基于对未来城市发展规模预判下的设施布局安排，还应包括对自动驾驶、智能网联汽车、共享交通、智能信号控制、实时交通信息发布等对城市交通系统的综合影响的预判。为此，传统的交通规划向智慧交通规划转型势在必行。这是行业未来的发展方向。

黄石市中心城区综合交通规划及近期实施方案

项目背景

黄石市新一轮城市总体规划已获批，区域协调、同城化发展及“生态立市、产业强市”成为黄石城市发展转型的战略支撑。“十三五”期间，为紧抓黄石市跨越式发展的战略利好，全面落实城市总体规划，解决关系民生的城市交通出行问题，统筹协调重大交通基础设施的规划、建设、管理，黄石市开展了《黄石市中心城区综合交通规划及近期实施方案》编制工作，以期明确黄石市中心城区交通发展理念，落实城市发展战略，打造区域更具竞争力、更可持续发展的交通系统，为城市建设提供支撑。

规划构思

本次规划咨询采取“政府主导、部门联动、专家指导、科学规划”的工作方针，按照“应急 + 谋远”的总体思路，针对黄石市多山、多水的城市特点，结合手机大数据等调查技术手段，建立城市交通需求预测模型，制定黄石市交通发展战略，系统梳理城市交通各个子系统，并详细分析了城市近期重点建设项目，列出项目库。城市总体规划交通部分的细化与深化，为各交通专项研究提供依据与条件，指导城市相关交通规划、设计、建设工作。

研究内容

1. 战略规划

本项目从城市空间结构和交通模式两个维度，从市域、组团间、组团内等不同层次，从城市尺度、空间分布、资源条件等多个方面，制定了“优先发展公共交通，大力改善慢行环境，引导小汽车适度、健康发展”的城市交通发展总体战略。

2. 专项规划

在总体战略规划的指导下，项目对城市对外交通、道路交通、停车设施、慢行道及绿道、公共交通、交通组织与管理等专项进行了深入分析，重点构建了以快速路系统为骨架的道路网系统和以大、中运量公交为骨架的公共交通系统。

在区域交通规划方面，打造铁路、水运、公路、航空等多方式的快速通道，对接武汉，并向东延伸至赣、皖地区，建设区域性的综合交通物流枢纽。区域交通规划示意图如图 2-1 所示。

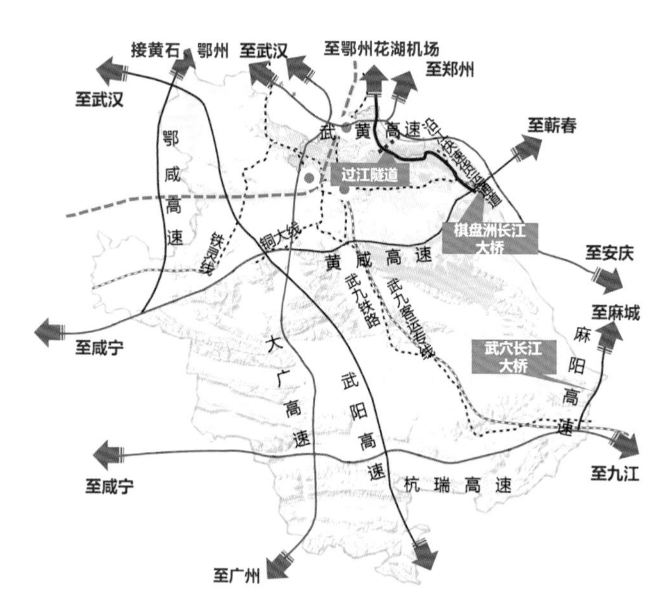

图 2-1 区域交通规划示意图

城市路网是本次规划的重点，旨在构建“级配合理、功能明确、密度高、可达性好”的路网体系。其中，快速路在采用“三横四纵”快速路网体系方案的基础上，融合“环＋放射”方案，形成了“快捷内环、快速中环、高速外环”的快速路网总体结构。中心城区路网结构图如图 2-2 所示。

在停车设施方面，将新开发区部分公共停车场调整为绿地公园等公共设施用地，工业区增加部分货车与大巴车停车场，平整棚改用地设置临时停车场，改建操场绿地设置复合停车场，挖潜整合扩容现有停车场，充分改善老城区停车缺口。推动实施路边停车收费，建立差别化收费体系。

在慢行道及绿道系统规划方面，以“主次搭配、级配分明、结构合理”为目标，构建“一轴多环”的绿道网络体系。中心城区绿道网规划结构图如图 2-3 所示。

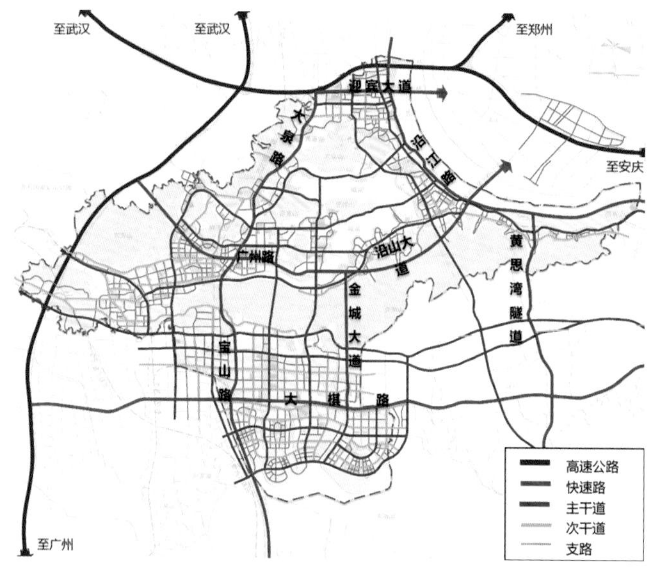

图 2-2 中心城区路网结构图

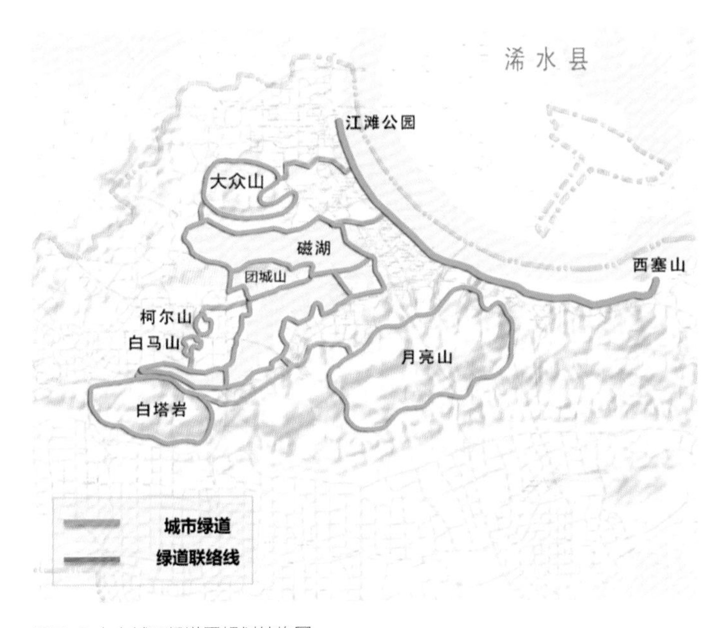

图 2-3 中心城区绿道网规划结构图

在公共交通方面，构建了以大、中运量快速公交为骨干，常规公交为主体，出租汽车等为补充，慢行交通相衔接的多层次、集约型、一体化的城市公共交通体系，规划了 3 条地铁 / 轻轨 +3 条有轨电车的轨道交通网络。中心城区轨道网规划结构图如图 2-4 所示。

在交通组织与管理方面，本次规划主要针对黄石市老城区道路狭窄、通行条件差的问题，增设了 7 处信号控制路口，对 11 处道路交叉口进行渠化改造设计，并进一步扩大了老城区单向交通规模。

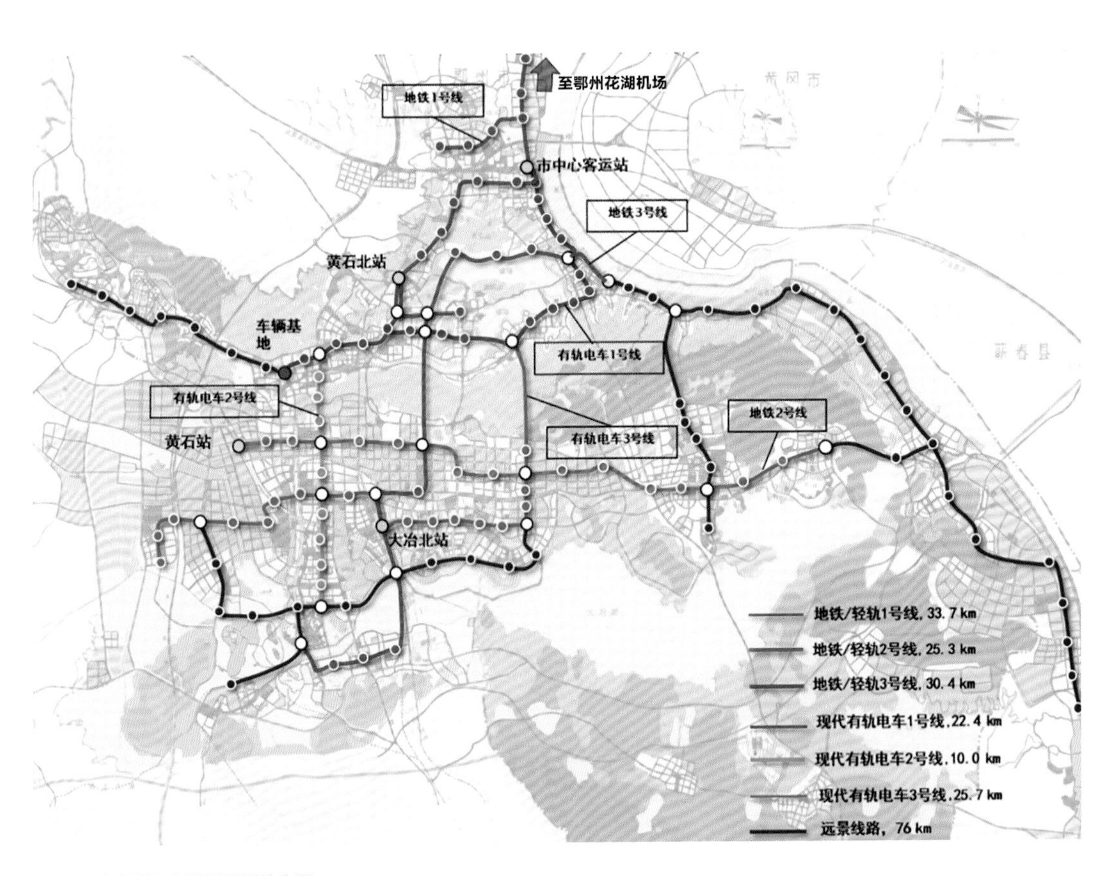

图 2-4 中心城区轨道网规划结构图

3. 近期规划

项目从宏观到微观进行了全面分析，内容从城市综合交通体系优化到具体道路的改善方案，有了系统蓝图，也有了实施计划。宏观层面梳理了城市综合交通系统，提出了城市综合交通体系规划方案；实施层面提出“三步走”策略，为城市交通近远期建设提供指导；微观层面对部分骨架道路方案进行了详细的比选和分析，为项目深化设计打下了坚实基础。

按照“三步走”战略，近期重点解决老城区“行车难、停车难、行路难”三大问题，规划梳理了包含 2 条有轨电车、6 条改造干道、1 条穿湖通道、23 条微循环道路、5 个节点立交、12 处人行立交、11 处公共停车场在内的 146 个近期实施项目库。近期实施项目规划如图 2-5 所示。

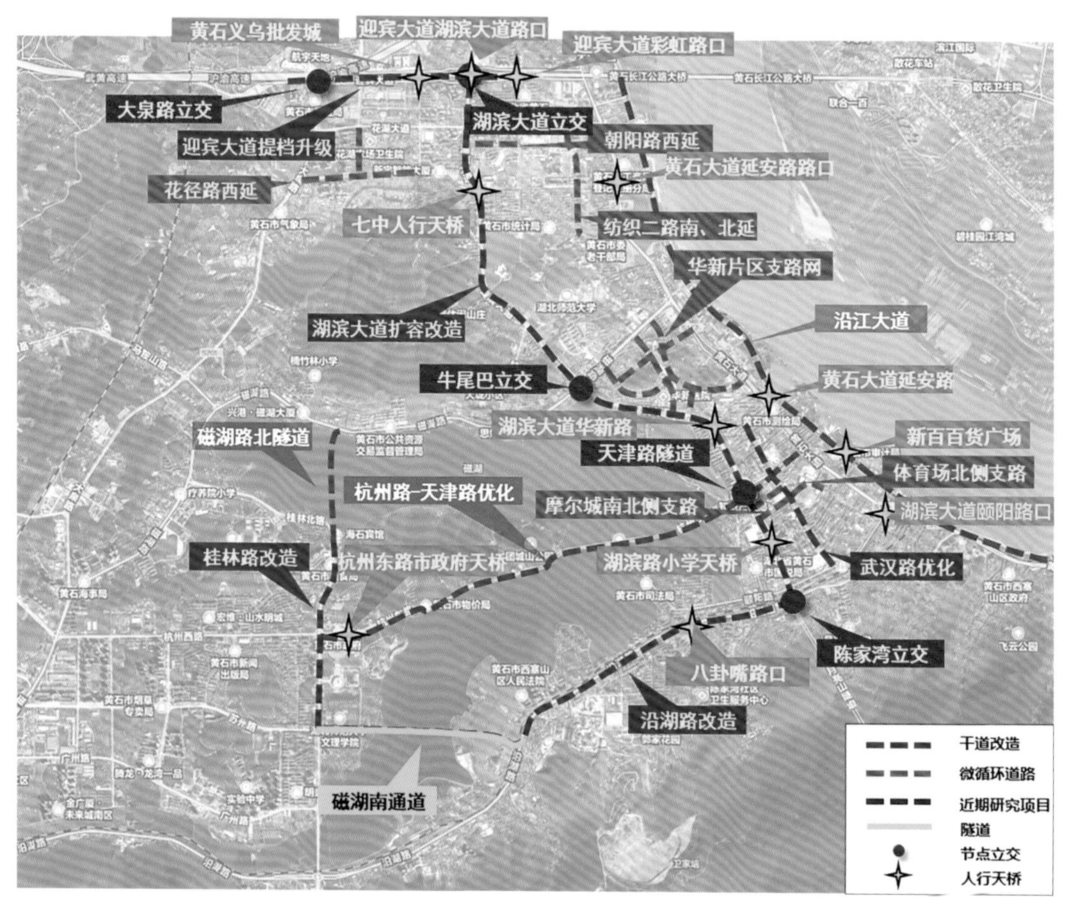

图 2-5 近期实施项目计划

项目特色

1. 为资源枯竭型城市转型扩张提供交通支撑

黄石市是典型的矿产资源型城市，铁山、黄荆山等大型矿区的开发极大地推动了城市的发展。随着矿产资源枯竭，城市面临着转型。2017 年，城市总体规划确定了“经济繁荣、和谐宜居、生态良好、富有活力、特色鲜明”的城市发展目标。本次规划针对此目标，确定了“优先发展公共交通，大力改善慢行环境，引导小汽车适度、健康发展”的交通发展战略，以生态、宜居、特色为重点目标，打造以“公交 + 慢行”为导向的多模式一体化交通体系，结合多山、多水的优越自然环境，积极探索可持续的绿色交通发展模式，形成在全国范围内具有典型意义和示范作用的现代生态智慧型综合交通系统。本次规划咨询可有效支撑黄石市转型期的交通发展，对同类城市转型具有借鉴意义。

2. 提出了依山傍水城市“公交 + 慢行”的交通发展思路

根据城市历史文化名城、山水宜居城市和国家生态园林城市的定位，以及组团式的空间结构等上位规划条件，依托磁湖、大冶湖、黄荆山、东方山等山水资源，考虑环磁湖中心区半径 5km 左右的城市尺度等自然格局，本次规划咨询提出了“公交 + 慢行”优先的交通发展理念，构建了以大、中运量为骨架的公共交通系统和“一轴多环”的全域绿道网络体系。对于城市中跨山涉水的交通廊道，我们将道路资源向公交和慢行倾斜，如将磁湖中部唯一道路杭州东路设置为“有轨电车 + 慢行道”的形式，保障公交和慢行交通路权。本次规划咨询可为同类型的山水格局城市发展公共交通和慢行交通提供参考。

3. 对组团式大中城市交通衔接模式进行了有益探索

黄石市中心城区为“一主一副八组团”结构，组团之间山水分隔。如何选择组团间快速联系的交通模式，是本次研究的重点。本次研究也可为同等规模的组团式城市研究提供参照。本次规划咨询以功能为导向，构建了组团间“一快一轨”的交通网络，保证组团间至少有一条快速路或快捷路和一条轨道交通线路衔接，为组团间快速交通联系奠定基础。

4. 利用大数据分析交通问题，弥补传统调查的不足

本次规划咨询利用手机大数据分析了黄石市人口、岗位聚集情况，为快速构建交通模型、分析城市交通出行特征提供依据，弥补了传统调查周期长、成本高等不足。

5. 立足长远，精准施策，一张“蓝图”干到底

项目方案细致、内容全面、远近结合。在综合交通体系下，对接城市用地开发，从系统角度优化规划方案，合理安排近期工程，实现 1~2 年改善交通拥堵、初构城市骨架； 3~5 年完善交通系统、优化交通模式；5~10 年全面骨架成网，提升出行品质；以服务于人和城市的慢行交通、民生短板等品质城建项目，解决城市出行痛点，引导城市空间布局。

实施情况

2017 年 9 月，规划成果经黄石市规划委员会审议通过。会议认为，该规划谋划了黄石市中心城区快速路网的骨架，提出的快捷内环、快速中环、高速外环路网结构符合黄石现状交通建设的需要；对停车场、智能交通、绿色通行、微循环道路的建设发展提出了系统布局；构建的多层次、集约型、一体化城市公共交通体系，符合黄石建设发展的实际。

目前，该规划已成为黄石市解决中心城区交通“三难”（行车难、停车难、行路难）问题的战略纲领性文件及行动指南，规划提出的近期建设项目相继纳入 2018 年、2019 年城建计划。其中，湖滨大道已按规划完成道路改造（图 2-6），部分公共停车场按规划落地，部分人行天桥按规划实施；环磁湖绿道、有轨电车、天津路改造及立体停车场等一系列城建重点项目正在规划成果的基础上展开深化设计工作。

图 2-6 湖滨大道改造工程杭州东路下穿隧道实施中和完成后实景

咸宁市中心城区综合交通体系规划

项目背景

为支撑咸宁市“创新驱动、绿色崛起”的发展战略，实现率先建成全省特色产业增长极，全力打造中国中部“绿心”和国际生态城市的战略目标，积极对接长江经济带和武汉大都市区一体化等国家及区域利好战略，配合新一轮城市总体规划的编制，制定咸宁市中长期交通发展战略，并对影响城市民生的重大交通基础设施进行统筹安排，提高城市竞争力，并促进交通可持续发展，咸宁市开展了《咸宁市中心城区综合交通体系规划》编制工作。

2017 年底，项目组对咸宁市住房和城乡建设委员会、高新技术产业开发区管理委员会、旅游委员会、交通运输局、自然资源和规划局、城市管理执法局、公安局交通警察支队等相关单位进行调研，充分听取了各单位对城市交通发展的意见及诉求，标志着规划编制工作的正式开始。历时2年时间，经过多轮汇报、讨论、研究，于2020年1月31日通过网络形式面向社会进行了专家评审会直播，获得了专家一致肯定和市民热烈反响。2020年2月25日《咸宁市中心城区综合交通体系规划》获得咸宁市政府批复（咸政办函〔2019〕14号）。

研究内容

本次规划一共开展了“三篇十一个专项”的研究工作，包括战略规划篇的交通系统综合评估、交通发展战略规划；专项规划篇的对外交通、中心城区道路系统、旅游交通、慢行交通、城市客运系统、静态交通、货运与物流系统、智慧交通规划；实施保障篇的近期建设规划。主要规划内容如下。

1. 交通发展战略规划

战略核心：以“健康宜居”为战略核心，构建咸宁市开放、包容、绿色、安全的综合交通体系。在出行方式方面，构建满足多层次出行需求的交通系统；在设施尺度方面，构建宜人而非单一宜车的交通系统；在社会公平方面，构建包容所有群体、提供公平出行机会的交通系统。

战略目标：以“包容、活力、特色”为导向，构建“慢行友好，动静相宜；公交优先，慢游快旅；轴带复合，客货分离；智慧管理，谋远应急”的综合交通系统，使咸宁市成为绿色交通典范。

2. 中心城区道路系统

以“内衡外捷”为理念，根据城市空间结构及交通到发分布，设置“环＋联＋射”的规划结构，规划咸宁市中心城区“一环、四联、五射”快速通道方案。

一环：以北外环路、官埠大道、泉都大道、太乙大道、西二环构建快捷环，串联梓山湖组团、向阳湖组团、咸安经济开发区、森林温泉大旅游产业高新区、咸宁高新技术开发区。

四联：衔接城市快捷环与高速公路，服务长距离对外交通。

五射：沿咸潘公路（西二环以西）、新107国道、官埠大道、贺滨大道、马柏大道向外延伸放射。

干线道路网规划图如图2-7所示。

3. 旅游交通

针对不同区位的旅游景区提供差异化交通供给策略，集建区以“公交＋慢行”为主，一般区域“公交＋私人机动车＋慢行”协调发展，外围区域以“私人机动车＋慢行”为主。

规划构建三级旅游通道，因地制宜设置旅游特色公路，完善旅游标志系统、旅游公共交通、旅游停车配套，大力发展低空飞行、水上旅游等特色旅游交通。

规划区设置10条旅游特色公路，总长度约162 km；由旅游集散中心出发，设置5条旅游公交专线，覆盖中心区内主要旅游景区，并衔接主要高铁站、城铁站。规划区内需设置约5000个旅游小汽车停车泊位，400个旅游大巴停车泊位。

旅游公路系统规划图如图2-8所示。

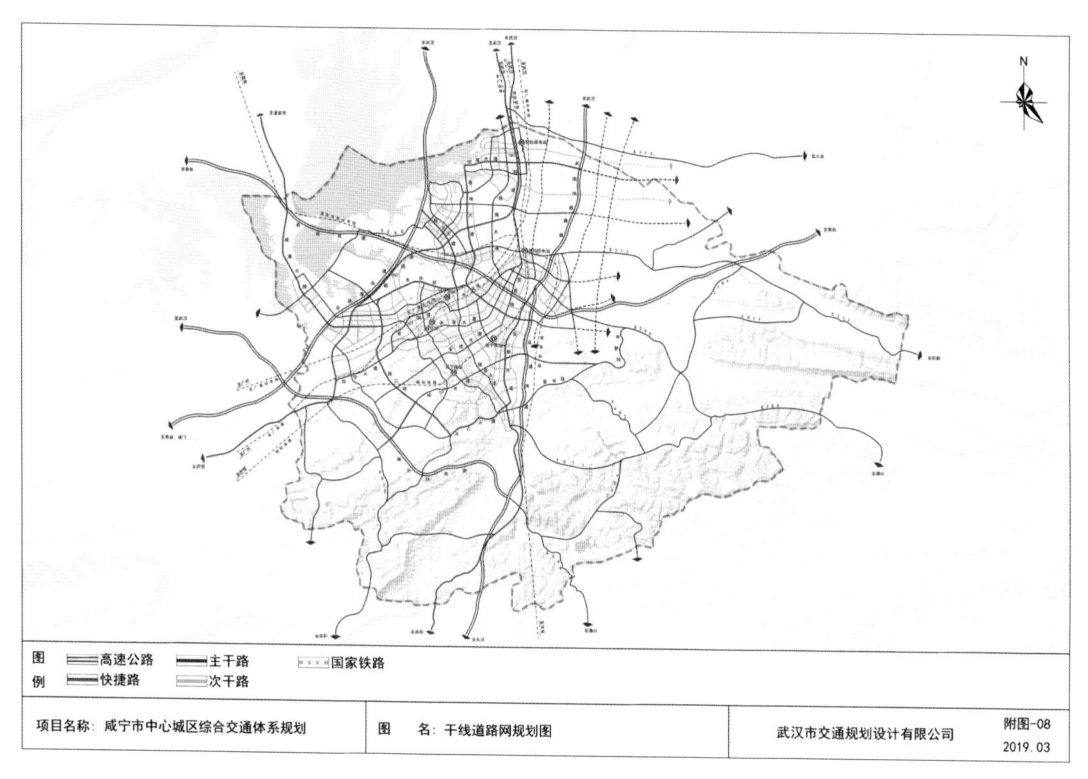

图 2-7 干线道路网规划图

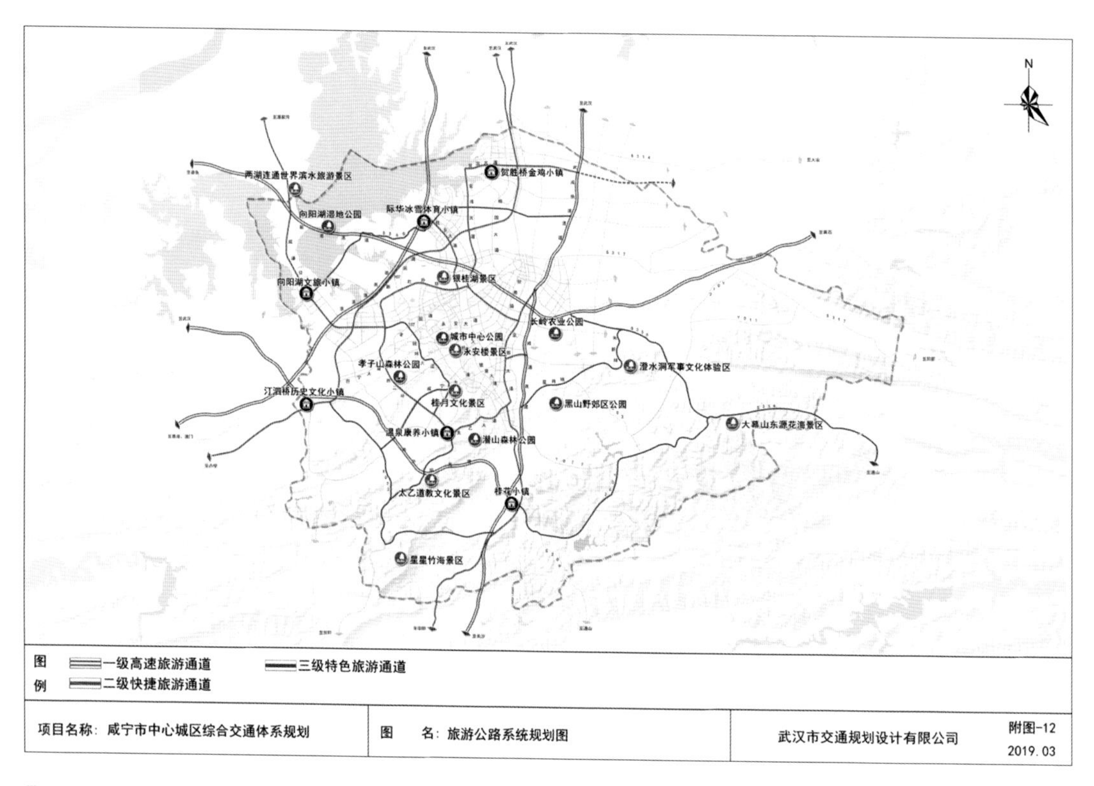

图 2-8 旅游公路系统规划图

4. 慢行交通

坚持“打造绿色出行生活方式”的发展理念，以“安全、连续、便捷、舒适、生态、魅力”为导向，按照“分区 + 分级”的控制思路，按照区域特征和慢行路权大小，将咸宁市慢行系统划分为三区与三级，进行差异化控制。

规划区共设置绿道约 635 km，其中路内绿道约 330 km，独立绿道约 305 km。独立绿道以河为“线”，山为“珠”，湖为 “坠”，打造咸宁市“翡翠项链”。结合绿道设置 8 座慢行桥梁，打造独特的城市名片。结合慢行道设置环斧头湖、沿淦河的 2 条马拉松赛道，充分展现咸宁市自然与人文风貌。绿道系统规划图如图 2-9 所示。

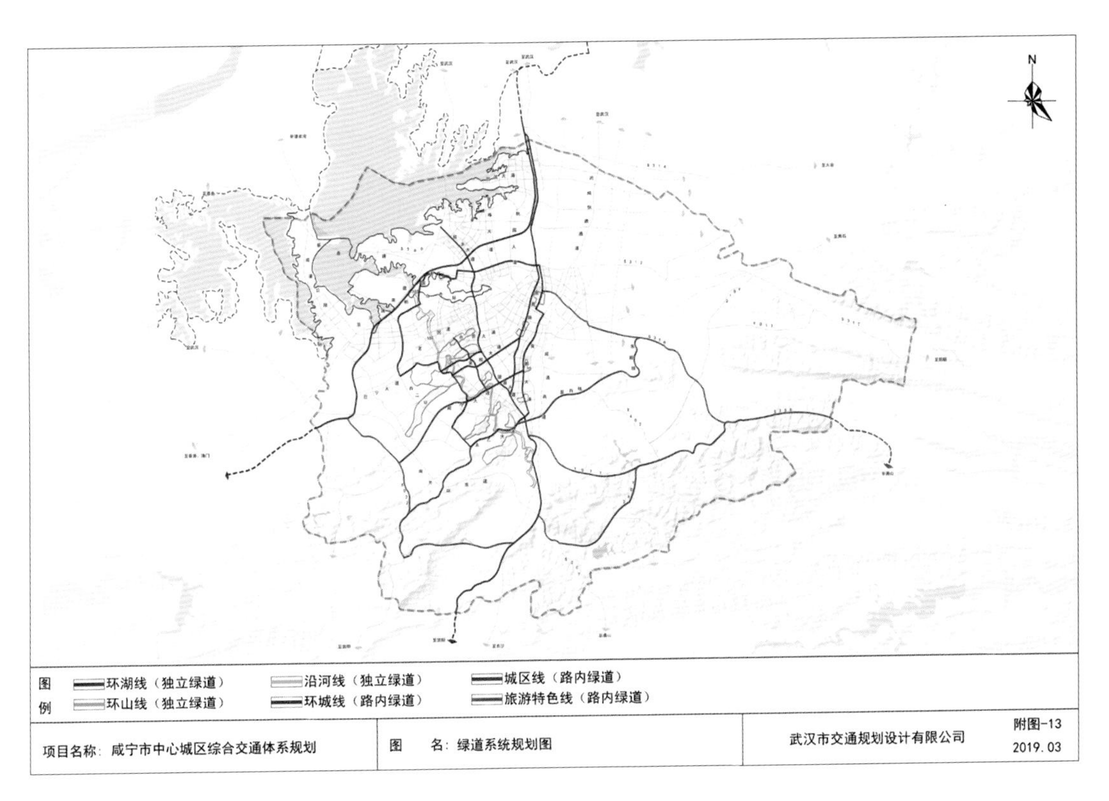

图 2-9 绿道系统规划图

5. 城市客运系统

总体发展策略：以“谋划大运量，规划中运量，优化常规运量”为主线，构建以大、中运量快速公交为骨干，常规公交为主体，出租汽车等方式为补充，慢行交通相衔接的多层次、集约型、一体化的城市公共交通体系。

规划构建“两横四纵”的中运量公交网络，线网总长 96.3 km。规划共控制中运量公交停车场 4 处，车辆段 1 处，场站规模共计 27.6~33.6 hm^2。

常规公交共设置公交专用道 8 条，总长约 61.4 km。加上中运量线路 96.3 km，则有公交专用路权道路长度总计 157.7 km，占城区总干道里程的 42%。规划枢纽站 10 座、停保场 8 座、首末站 19 座。公交专用路权网络布局方案图如图 2–10 所示。

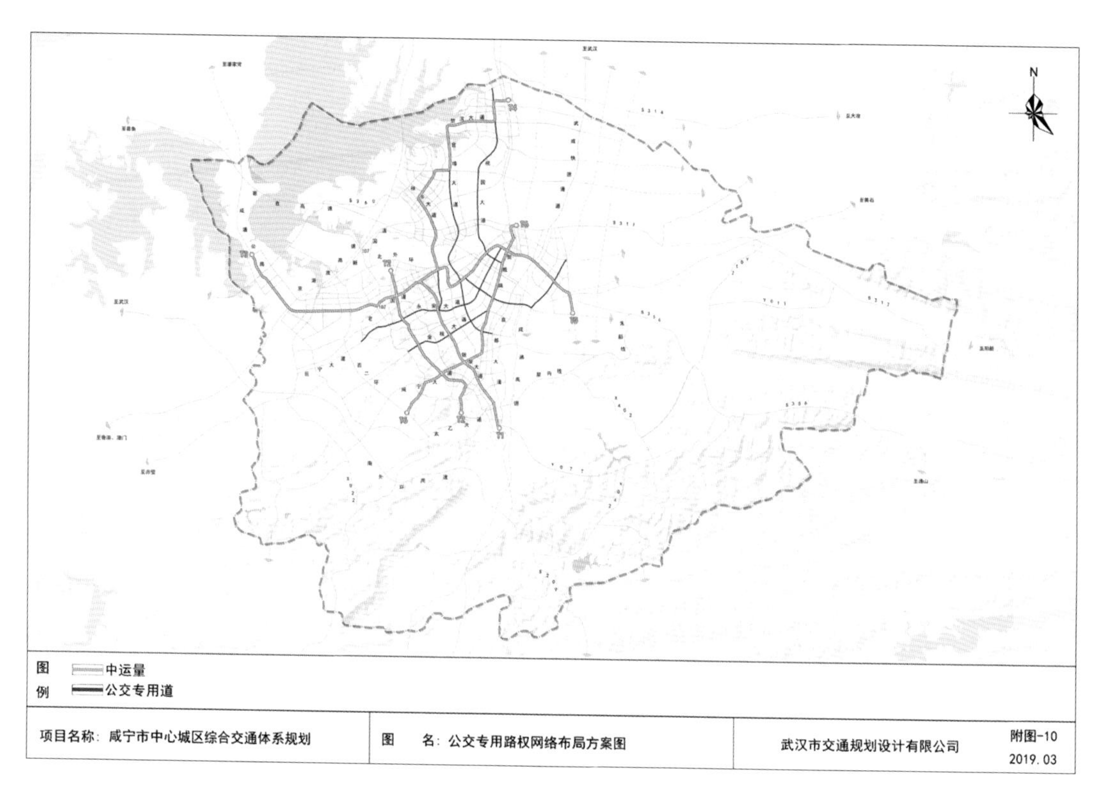

图 2–10 公交专用路权网络布局方案图

6. 货运与物流系统

加强多式联运，构建铁水公空协同发展的货运物流体系。建议将原规划潘家湾货运专线改线至规划区西南部，与京广铁路交于汀泗桥站，避免严重割裂北部空间。

主要货运通道：形成“两环多联”的公路货运通道网络。两环：外部货运交通高速疏导环，由城市外环高速组成；内部货运交通分隔保护环，由老 107 国道、西二环、泉都大道、工业大道、永安大道、桂香大道组成。多联：快速联系城市产业区、物流节点等与外部货运交通快速疏导环。

货运通道规划图如图 2–11 所示。

项目特色

1. 总规同步，良好互动，协调一致

交通规划与城市总体规划同步进行修编。本次规划与咸宁市城市总体规划同期开展工作，两个课题组形成了良好的互动机制，既保证了规划的统一性，也确保了在城市总体规划层面构建适宜区域发展的交通体系的法律效力。

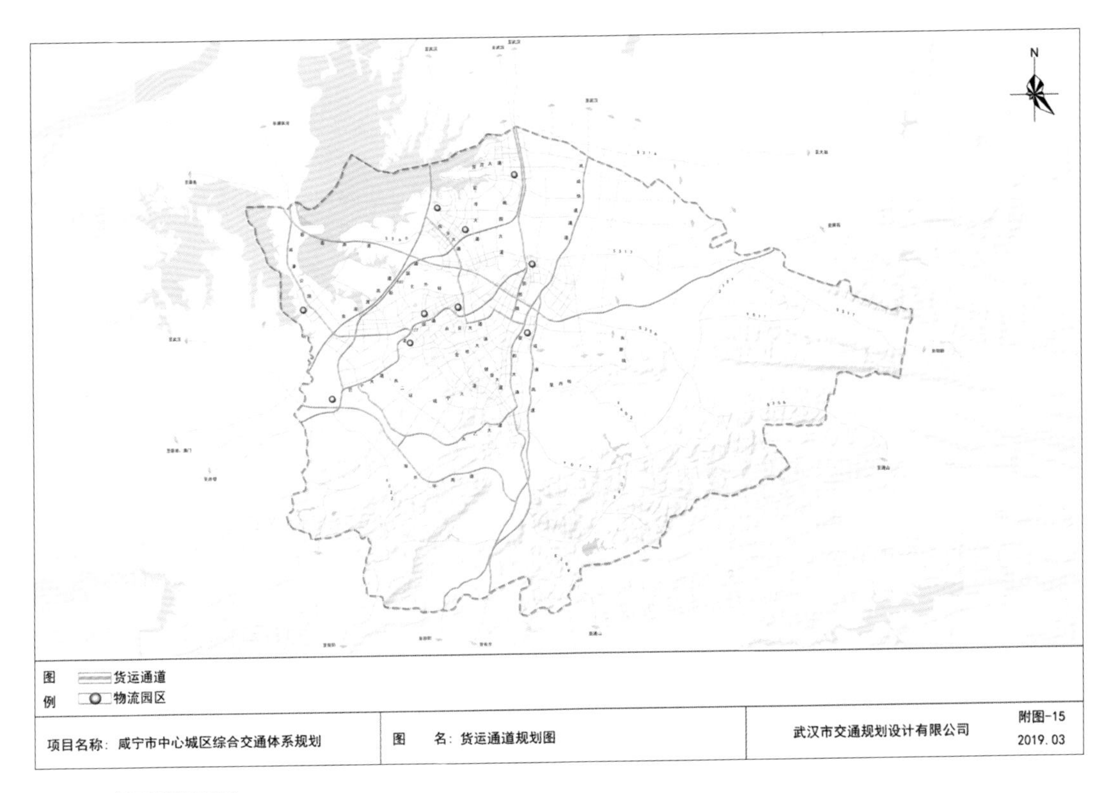

图 2-11 货运通道规划图

2. 纳入旅游，契合实际，支撑发展

将旅游交通规划纳入综合交通规划体系。住房和城乡建设部发布的《城市综合交通体系规划编制导则》中并不含旅游交通规划，为契合咸宁发展实际需要，本次规划将旅游交通专项纳入城市综合交通体系统筹考虑，以支撑咸宁旅游发展。

3. 组织调查，引入大数据，全面掌握

传统居民出行调查与大数据分析相结合。本次规划组织了大规模的入户居民出行调查（OD 调查），这是咸宁市第一次全面掌握市区的居民出行特征，既为丰富咸宁市大数据贡献了力量，也为规划方案制定的科学性奠定了基础。本次规划还引入了手机大数据、共享单车大数据等分析，作为传统交通调查的辅助手段为本次规划提供了新的分析视角。

4. 公众参与，广纳意见，社会认可

采取多种形式开展了公众参与活动。本次规划通过线上与线下相结合、传统媒体与新媒体相补充等多种方式吸引公众参与，征求了大量意见，为规划方案的制定奠定了广泛的群众基础。

5. 强强合作，利用资源，符合实际

与咸宁当地规划院（所）进行深度合作。本次规划在工作体制上采取了外地院和本地院联合编制的模式，在有效利用“外来”视角和技术的同时，也能保证规划方案的“本土化”，真正做到规划能落地、规划可实施。

工作成效

本次规划在中等城市发展阶段的综合交通体系如何结合地方实际进行构建方面进行了有益尝试，规划思想及规划方案为支撑当地政府决策发挥了巨大作用，指导了近期城市交通建设的落实。

1. 规划理念的前瞻性和独特性相结合，为支撑咸宁市政府决策发挥重大作用

本次规划以“健康宜居”为战略核心来构建咸宁市开放、包容、绿色、安全的综合交通体系。以“包容、活力、特色”为导向，构建“慢行友好，动静相宜；公交优先，慢游快旅；轴带复合，客货分离；智慧管理，谋远应急”的综合交通系统，着力打造“绿色交通典范”。这一体系得到了咸宁市政府的高度认可，分管副市长在2020年5月8日召开专题会，研究落实这一理念指导下的咸宁综合交通体系如何落地，标志着规划成果正在转化为政府决策。

2. 将近期规划方案项目化，有效指导近期城市交通建设及投资

在近期建设规划中，以项目化为目标，将城市道路、对外道路、智能交通设施、停车设施、绿道及公共交通等规划方案落实到近期分年度建设计划中，并结合城市财力将21.5亿元的项目总投资列出分年度投资计划，统筹考虑项目的紧迫性和财政可承受能力，有效指导城市交通近期建设及投资。

3. 为中等旅游城市的交通体系构建提供实践参考

拥有主打旅游品牌，但未达到规模发展阶段，缺乏针对性的旅游交通体系支撑，这些是我国很多中等旅游城市的共性问题。本次规划在旅游交通方面将重点放在定策略、建体系，可以为同等规模城市提供实践参考。例如，针对不同区位的旅游景区提供差异化交通供给策略，集建区以“公交＋慢行”为主，一般区域“公交＋私人机动车＋慢行”协调发展，外围区域以“私人机动车＋慢行”为主；构建三级旅游通道，因地制宜设置旅游特色公路，完善旅游标志系统、旅游公共交通、旅游停车配套，大力发展低空飞行、水上旅游等特色旅游交通。

4. 在大数据应用、开门编规划等方面进行了有益的探索，并取得了良好的效果

本次规划是咸宁市首次采用手机大数据、共享单车大数据（图2-12）和机动车GPS大数据对居民出行调查进行辅助分析，并支撑了部分专项规划方案的制定。同时，本次规划本着“开门编规划”的理念，在规划编制过程中，以当地主流媒体为载体，开展了“金点子”征集活动，并将项目专家评审会全程网上直播，引起了社会各界的热烈反响。

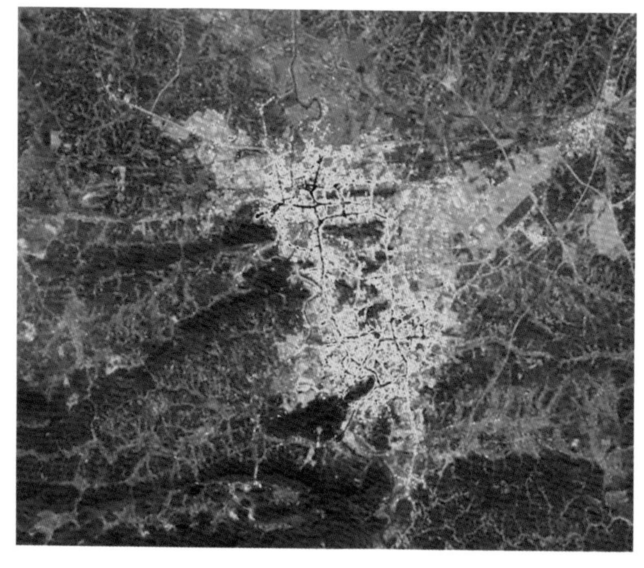

图2-12 主城区共享单车热力图

鄂州城市交通发展战略规划

项目背景

随着国家“一带一路”发展战略的实施，长江中游城市群战略地位突显，武汉作为区域龙头，将建设成为国家中心城市。纵观武汉城市发展版图，东向发展轴最强，花湖机场落户鄂州进一步增强了这种趋势，鄂州城市发展迎来了飞跃式发展的关键机遇期。定位为亚洲第一、全球第四的花湖机场落户鄂州，其 1.5 h 飞行辐射半径达 1200 km，其高端、快捷、准时的物流服务业务将成为鄂州，乃至武汉城市圈的新经济增长点，引爆鄂州飞跃式发展进程，鄂州迎来了全新的发展机遇。《武汉市城市总体规划（2017—2035 年）》提出建设武汉大都市区，实现区域一体化，组织城市核心功能，参与全球竞争，这将为鄂州带来更高、更广层面的发展机遇，进一步助推其跨越式发展进程。鄂州规划由区域交通枢纽一跃成为国际航空枢纽，担当起国际物流中心和货运交通枢纽的重任。在城市功能定位发生重大变化的情况下，鄂州应当重新对城市交通格局进行审视，制定能支撑城市功能实现的交通发展战略。

研究内容

1. 发展策略

全面把握鄂州市新的发展趋势和要求，以花湖机场建设为契机，结合武汉大都市区规划，以开放、共享、一体化的发展理念，科学配置大都市区公共交通资源，统筹城市内外交通、客货交通、动静交通、人车交通及近远期交通发展，形成功能强大、衔接高效、包容共享、绿色生态、智慧高新的综合交通体系。

以“协同共享、提升晋级、绿色低碳、衔接高效”为策略导向，依托鄂州花湖机场，共建国际航空枢纽，建设创新型国际航空大都市完善、可持续的综合交通体系。

2. 战略规划

（1）客运系统规划：规划形成以武汉为中心向 10 个方向放射的高铁网络；“两环七射”约 850 km 的城际铁路；约 600 km 的市域铁路；235 km 轨道快线 +59 km 独立环线 +508 km 骨架线的市内轨道。客运系统规划如图 2-13 所示。

（2）货运系统规划：打造国际门户枢纽机场，成为中部地区走向世界的窗口。融入武汉大都市区，规划建设成为中欧货运集散中心；形成 “一环九射” 货运铁路线网 、三中心四场站，引入铁路至港区，共同打造全球最大的内陆“轴辐式”多式联运中心。货运系统规划如图 2-14 所示。

（3）公路系统规划。对外构建完善的多层次快速集疏运系统：以武汉城市圈高速公路为基础，合理构建武汉大都市区高速公路网，高效融入国家高速通道，形成快速集疏运系统。在高速公路骨架网基础上，优化大都市区主要国道走向，形成灵活、多层次的便捷集疏运系统，构建机场快速路，促进机场

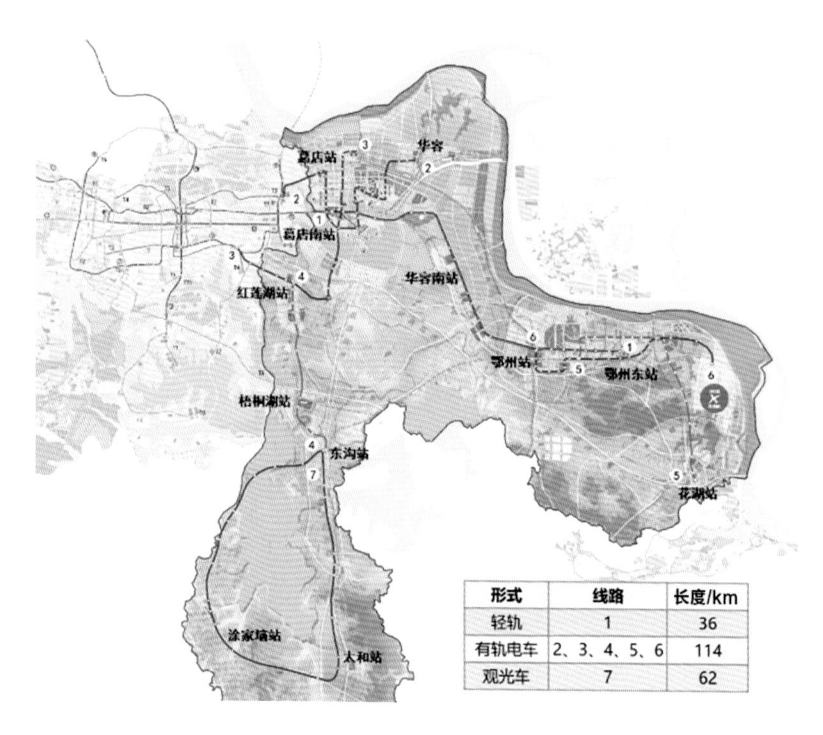

形式	线路	长度/km
轻轨	1	36
有轨电车	2、3、4、5、6	114
观光车	7	62

图 2-13 客运系统规划

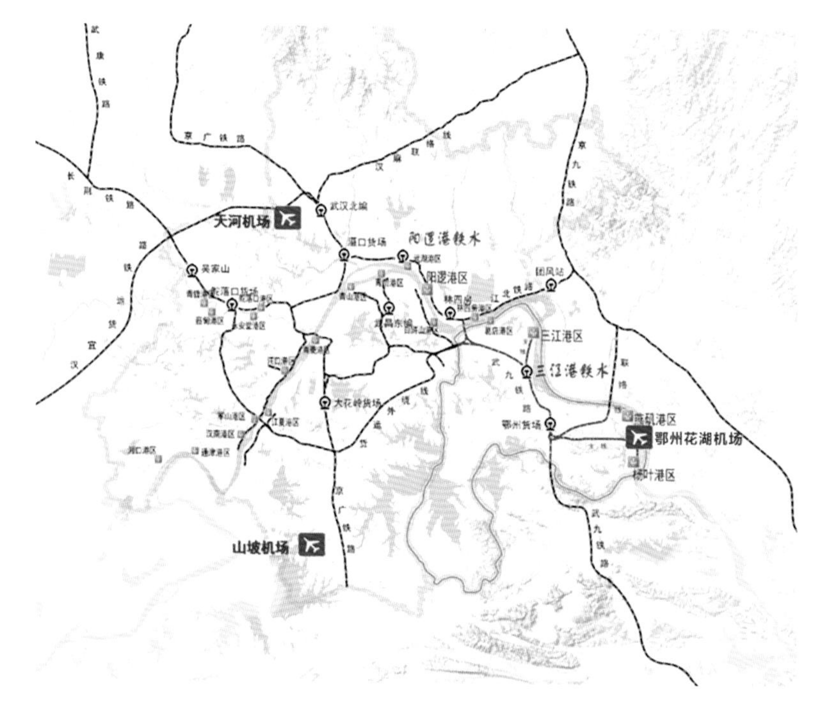

图 2-14 货运系统规划

与国省道系统的无缝衔接，主动应对高速公路封闭情形下的交通疏解需求。市域范围构建武鄂黄一体化道路系统：构建“五横四纵”高快速路骨架系统，通过市域高快速通道，合理对接武汉大都市区高速路骨架，无缝衔接国家高速路网，进而通达全国。公路系统规划如图 2-15 所示。

图 2-15 公路系统规划

项目特色

1. 紧密对接鄂州花湖机场，以交通枢纽带动城市发展

本次规划从战略层面到发展策略，以及客运系统、货运系统、公路系统的规划，均围绕花湖机场的落地来进行，重点放在航空枢纽的交通需求如何由交通系统来支撑，交通系统又如何反馈至城市发展上。因此，从战略、策略、方案，从宏观、中观、微观各个层次，均以支撑花湖机场、借力花湖机场、带动城市发展作为核心目标，并制定相应的规划方案。

2. 研究范围扩大至大都市区，以国际枢纽的角度分析城市交通

考虑花湖机场定位为亚洲第一、全球第四的国际机场，本次规划的研究范围突破了鄂州市域，扩展至武汉大都市区，充分考虑与武汉等城市的公路、客运、货运联系，形成都市区级的总体性交通规划，支撑了武汉大都市区参与全球性竞争，进一步助推其跨越式发展进程。

3. 引入大中运量公交线网，形成多层次的客运体系

结合大都市区高铁、城际铁路、市域铁路、市内轨道的系统构成，在鄂州市范围内规划 142 km、81 座站点的轨道交通线路，充分与大都市区对接；规划了 8 条有轨电车、2 条 BRT 线路，总里程 210 km，形成区域内次一级的客运体系；同时打造“快、干、支、微”四级一体化公交网络结构，作为第四级客运体系。最终形成大都市区级、大运量、中运量、常规公交四级的客运体系，满足城市对外、对内的客运交通需求。

PART 3

交通专项规划

不谋万世者，不足谋一时；不谋全局者，不足谋一域。

交通专项规划是在城市综合交通战略发展框架体系下，针对城市某类交通设施进行细化研究的一项工作，通过落实上位规划约束条件，深化完善指标要求及布局方案，为城市建设提供科学支撑。不同于城市综合交通体系规划，交通专项规划更加侧重于实施策略与方案的落地，即近期建设项目的可操作性。

近年来，公司开展了涵盖公共交通专项规划、慢行体系专项规划、旅游交通专项规划、道路网专项规划、静态交通专项规划、路名专项规划等在内的各类城市交通专项规划的研究、编制工作。通过大量的工作实践，我们深刻地认识到交通专项规划的编制是一项复杂的系统工程，从战略制定、策略实施到方案布局，从规划体系、法定程序到技术方法，涉及经济社会的各个层面和城市的多个职能部门。因此，交通专项规划虽然是在综合交通体系规划中的某个专门类别，比如公共交通系统规划，但其涉及的面远不止公共交通主管部门。但在实践工作中，规划方案的制定和组织实施因受制于我国现行管理体制而存在诸多问题。

首先，规划体系上没有理顺，缺乏顶层设计的统筹。交通专项规划不是《中华人民共和国城乡规划法》规定的法定规划，即使政府批复也没有很强的法律效力。因此，在编制很多城市的规划时会发现，已经编过的相关规划很多，五花八门，但进行系统评估后会发现这些规划基本都是各编各的，甚至在涉及用地等条件上互相矛盾。由此编制规划的问题从“如何按照相关规范编制规划”变成了“如何在‘容缺’机制下编制能发挥作用的规划”。

其次，专项规划编制工作不重视与用地等法定层的衔接。落地性差，执行情况更差。实践中，大多专项规划不是为上位规划而编制的，而是部门出于开展年度或近期工作的需要而编制的。因此，这些专项规划编制完成后的实施将面临着与其他部门的协调及根据实际情况的变化而调整的问题。

最后，对交通专项规划的重视不够，不成体系。实践中发现，大多城市的交通专项规划都不全，城市交通体系是一个复杂的巨系统，各个子系统相互制约，相互影响。如果一个城市的交通专项规划不成体系，当城市城镇化率、机动车保有量发展到一定阶段时，为解决各种“城市病”，会出现各种“拆东墙补西墙”的情况，比如停车设施用地被挪作他用，公共交通场站用地无处安放，道路及慢行空间停满机动车，拆除绿化带、挤占非机动车道以拓宽机动车道，等等。

因此，在实践工作中，我们的团队在不断学习新技术、新手段，提高专项规划的科学性的同时，也在积极探索解决上述问题的途径和方法。一方面，不断向各级政府及相关部门灌输整体性的规划理念；另一方面，注重与当地规划设计院合作，提高规划落地的可能性。我们团队的这一举动受到了广泛的好评和高度认可。

咸宁市主城区交通品质提升行动规划

项目背景

2015 年，中央城市工作会议明确了城市工作要以“创造优良的人居环境”作为中心目标，《咸宁市绿色崛起发展规划（2014—2030 年）》更是将咸宁市定位为中部地区绿色发展标杆城市、现代化生态宜居城市。咸宁市主城区机动化发展水平已经步入快速增长期。2016 年初，咸宁市政府工作报告中为市民办好“十件实事”提到了要建设城市主干道隔离护栏和一批港湾式公交站台，改造城区拥堵路段，并实施温泉中心花坛综合改造和银泉大道街面整理示范工程。为改善并提升咸宁市城市交通品质，特开展本规划的编制工作。

规划构思

规划坚持“以人为本”的发展理念，遵循“小工程、大民生”的思路，通过路网体系功能及运行水平梳理，按照“慢行优先、人车友好、车行序化、街道活化”的原则，系统改善主城区交通环境，切实提升咸宁主城区“香城泉都”的旅游城市形象，构建畅通有序、安全舒适、和谐优美、绿色低碳的城市交通系统，最后再将每条城市道路的提升行动方案落实到具体的改造项目中。

研究内容

（1）基于咸宁市经济发展水平、人口规模和城市建设情况等基本要素，通过现场调查、座谈等多种形式，针对交叉口机动车流量、主要交通问题展开调查。分析交通运行状况、路网系统、交通管理与组织、交通安全与秩序、停车系统、公交系统，并总结问题根源所在。

（2）通过案例分析提炼出适合咸宁市城市交通的发展理念。结合咸宁市城市发展目标提出 7 条具体策略，分别是：完善城市功能、完善路网体系、提高交通管理水平、大力发展公共交通、完善慢行交通及安全设施、完善停车设施、加强文明交通建设。

（3）从城市总体考虑，系统提出关于路网结构优化、交通隔离设施、慢行设施完善、交通管理组织、停车系统优化、公交系统优化提升等方案。

在道路系统方面，增加南北向干道解决新老城区的联系问题，增加对外联络通道解决道路功能过于集中的问题。同时，根据温泉片、永安片实际情况，对支路网进行局部调整，构建支路网体系中的“干道”系统，形成层级更分明的路网体系。干道网优化方案如图 3-1 所示。

在隔离设施方面，以规范要求为基本指导，针对咸宁市主要道路的红线宽度、断面情况，确定交通性干道、双向 6 车道以上道路、设非机动车道的双向 4 车道道路可设置隔离设施，确定 20 条隔离设施道路及一期实施的 8 条道路。结合香城泉都的文化特色，设计具有地方文化特征的隔离设施。隔离设施优化方案和设计效果图分别如图 3-2 和图 3-3 所示。

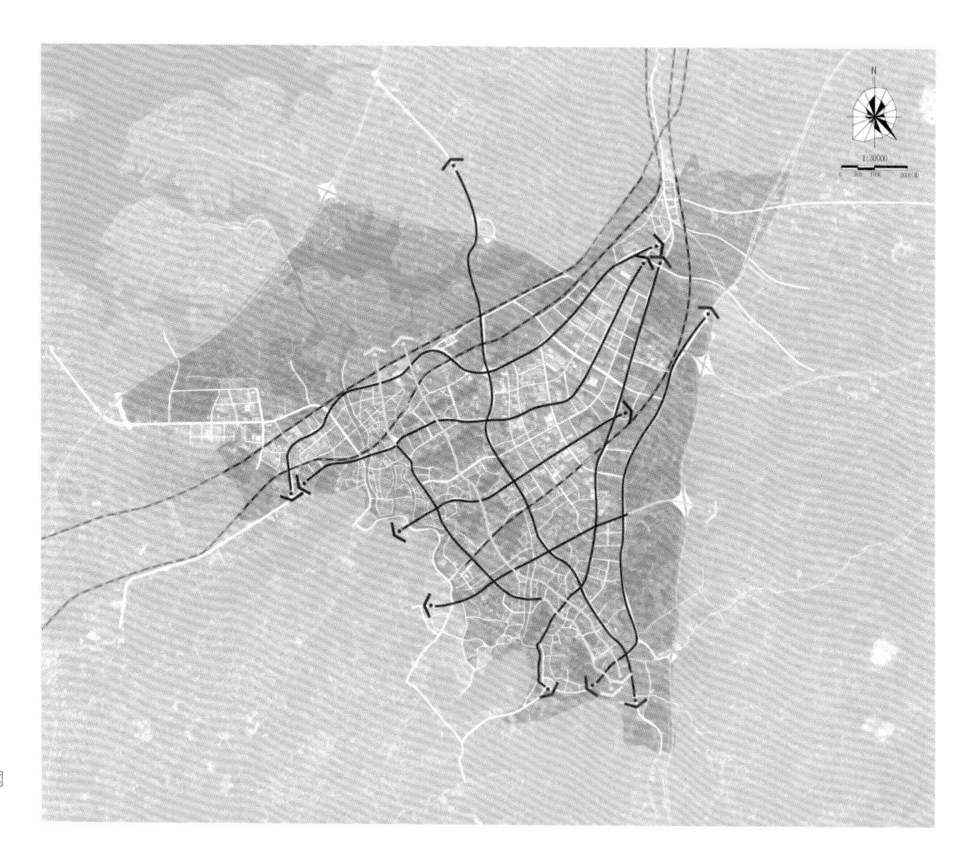

图 3-1 干道网优化方案

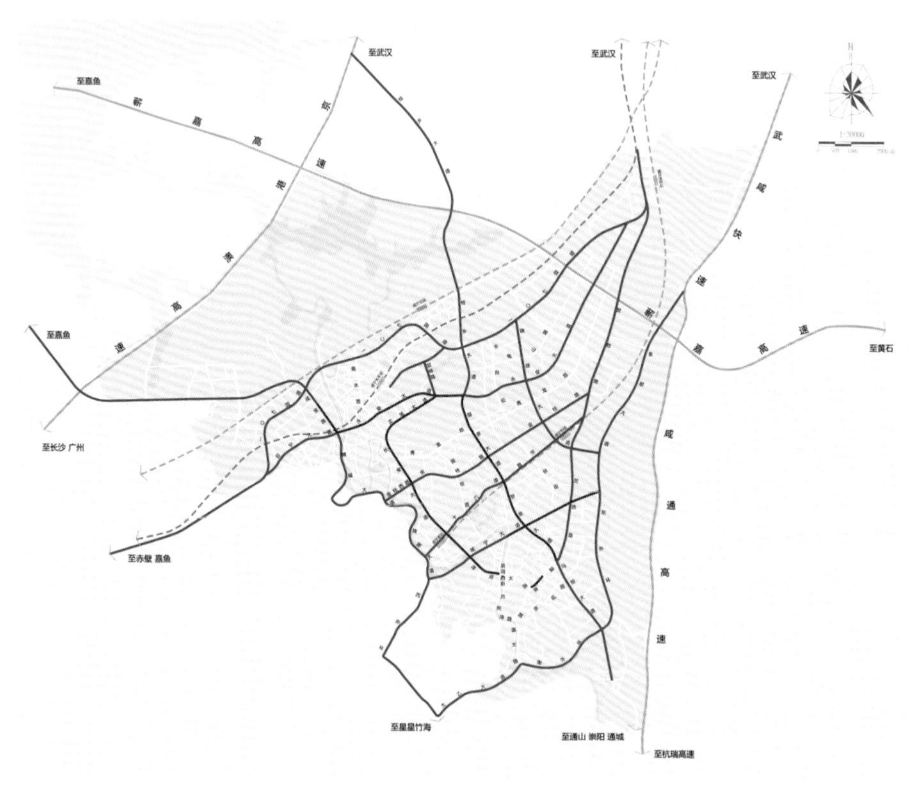

图 3-2 隔离设施优化方案

图 3-3 隔离设施设计效果图

在慢行设施方面，重点完善过街设施、路权划分，注重精细化、人性化设计，立足所有交通方式出行者的出行需求和安全要求，给予慢行交通和绿色交通方式更大的路权保障。结合咸宁市旅游城市的丰富山水资源，将咸宁市主城区绿道分为三类：主城区环城绿道、城市绿道和片区绿道。其中城市绿道分为主线和联络线。绿道系统设计方案如图 3-4 所示。

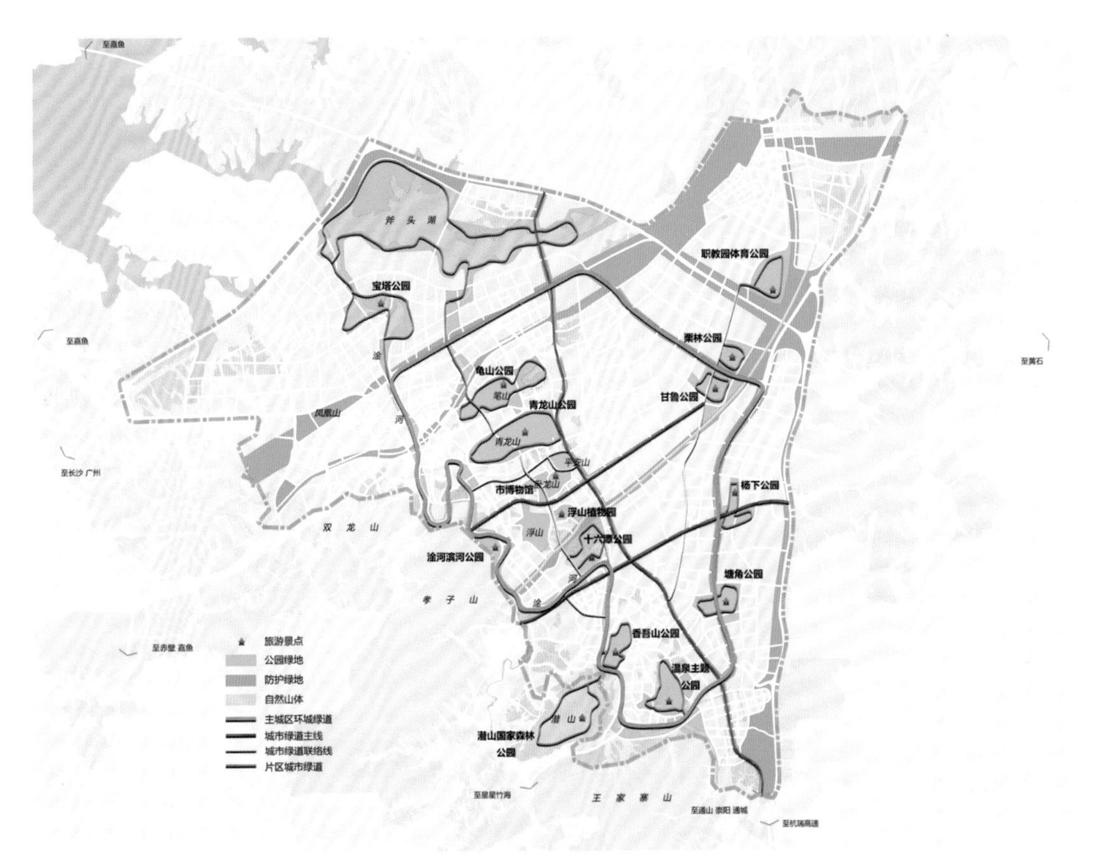

图 3-4 绿道系统设计方案

（4）分别对城区8条重要干路提出交通品质提升方案及工程估算。以“满足交通需求，提升交通品质，确保交通安全，小工程、大民生”的基本原则，对主城区干道提出包括慢行、交叉口、停车、交通管理、公共交通等方面的具体改善方案。

项目特色

1. 规划“接地气”

规划方案以问题为导向，进行多种形式的现状调研，并针对每条道路提出具体的解决方案，最终落实到相对应的工程改造项目的施工设计中。

2. 规划理念与咸宁市城市目标定位高度契合

注重精细化、人性化设计，运用“完整街道”“注重在途感受”等新理念进行方案设计，遵循“小工程、大民生”的思路，按照“慢行优先、人车友好、车行序化、街道活化”的原则，侧重街道空间重组和整治，建设咸宁模式的绿色街道、美丽街道。

3. 立足数据，科学分析

规划以大规模的现场调研及大量的数据分析整理为基础，得出路口小时交通量和路口流量流向图，为后期规划提供依据。

4. 兼顾“应急”与“谋远”

对主城区的交通品质提升规划应按照“有计划、有步骤、有重点”的思路进行设计，既要解决燃眉之急，又要兼顾远期规划，统筹“应急”与“谋远”两个规划目标。

项目思考

规划并不局限于对主城区局部交通问题的改善，而是从整个城市交通发展进行研究，梳理整个城市交通系统，从系统上、源头上深层次提出交通改善建议，在改善局部现状问题的同时，对未来可能出现的问题提出预案，尽量避免未来交通发生拥堵问题。

该项目不仅改善了主城区局部交通拥堵的问题，还研究了整个城市的交通体系，从而在一定程度上弥补了综合交通规划等尚未编制的不足，补充了总体交通规划中的交通规划部分，对整个城市的交通规划建设起到了较强的指导作用。

项目对咸宁市交通发展和交通问题进行了深度剖析，同时选取类似中、小城市老城区交通问题和改善措施进行对比分析，研究中、小城市在发展过程中老城区交通拥堵的特点，提出在中、小城市老城区交通问题整治过程中，首先是要引导市民文明交通习惯，规范交通秩序，而非一味地建设更多道路或其他交通设施，引入“小建大管”“小工程、大民生”的规划理念。规划在改善咸宁市主城区交通问题的同时，也为类似中小城市老城区交通整治提供了思路和经验。如图3-5~图3-8所示为项目改造示例。

图 3-5 新增特色隔离设施（银泉大道）

图 3-6 改造咸宁大道与银泉大道交叉口

图 3-7 改造交通标线

图 3-8 新增港湾式公交停靠站

东湖高新区公交系统评价与发展策略研究

项目背景

武汉东湖新技术开发区（以下简称“东湖高新区”）承载着“国家自主创新高新区”“现代服务业试点区”的双重国家战略使命，是武汉市最具发展潜力的新城，大光谷板块的核心，金融副中心“资本谷”所在地。八大产业园区平行竞争发展正推动东湖高新区由产业园区向“融研发、服务、生产、居住、游憩为一体的多元复合城市地区”的综合新城转变。

2015 年 2 月，武汉市下发《武汉国家“公交都市”试点城市建设实施方案》，计划用 5 年时间，基本形成公交引领城市发展格局和设施完善、管理规范、低碳环保、政策完备的公交优先发展环境，建成以轨道交通为骨干、常规公交为主体，轮渡、客运出租汽车等为补充，慢行交通相衔接的一体化公共交通体系，使公共交通方式成为市民出行的首选。

在“高起点、高标准、高效率”的自我要求，以及各级领导的重视和支持下，近几年，东湖高新区的开发建设力度很大、速度很快，但一些基础设施配套还没有完全跟上，其中最为突出的是各大企业普遍反映的公共交通系统不完善，企业员工出行不便的问题。因此，急需对东湖高新区的常规公交线网进行优化。本次研究拟从现状公交系统评价及发展策略两个方面为高新区线网优化奠定基础。

研究内容

本次研究内容包括三部分，分别是现状与问题分析、目标与策略研究、需求与方案制定。

1. 现状与问题分析

本次规划进行了交通观测、实地踏勘和相关部门座谈三项调查，并结合武汉市交通信息系统了解公共交通运行及客流情况。交通观测包括公交车跟车调查站点上下客情况、车辆运营速度、满载率等；实地踏勘包括对公交站场、道路状况、交通枢纽等进行实地考察，包括发放问卷等；相关部门座谈包括到八大产业园区召集相关企业、社区居委会代表进行座谈，了解公交出行需求。八大产业园区调研图如图 3-9 所示。

结合现状调研结果，本次研究主要对公共交通出行特征和公共交通客流分布特征进行了分析，从市民和八大产业园区两个视角，对东湖高新区公共交通系统进行评价，并从东湖高新区用地开发特点、公共交通设施建设情况及运营管理主体等多个角度，深入分析东湖高新区公共交通问题的成因。东湖高新区公共交通客流空间分布图如图 3-10 所示，工业园区就业人口居住地与公交线网布局关系示意图如图 3-11 所示。

图 3-9 八大产业园区调研图

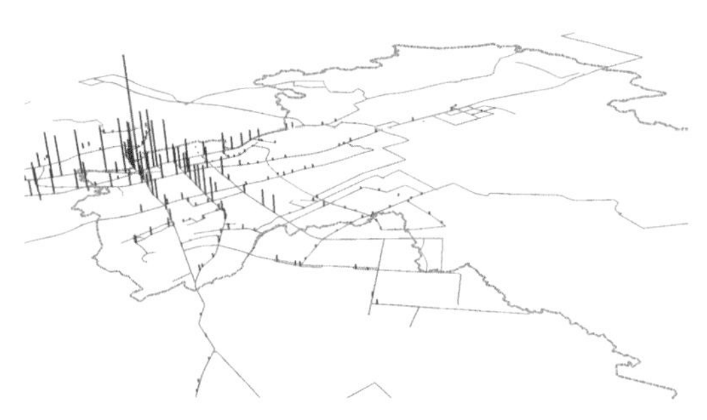

图 3-10 东湖高新区公共交通客流空间分布图

图 3-11 工业园区就业人口居住地与公交线网布局关系示意图

2. 目标与策略研究

本次研究通过对城市总体规划、综合交通规划等上位规划的解读，分析东湖高新区公共交通的功能定位，针对系统存在的问题提出东湖高新区常规公交规划的总体目标，并分解为低碳、高效、便捷三个方面的指标，提出“构建常规公交‘快、干、支、微’层次分明、功能明确的网络格局，满足多样化、差别化的公交出行需求”“衔接大、中运量公共交通系统，使二者互为补充”“精准化服务，提升公共交通服务质量”的发展策略。

3. 需求与方案制定

（1）需求预测。

通过对东湖高新区人口、岗位、经济等基础条件的分析，预测研究范围目标年日均出行总量，并根据用地分布情况、交通发展战略等因素预测交通出行分布和交通出行结构划分，根据轨道交通建设情况，划分常规公交出行比例，并将常规公交出行 OD 分配至路网，得到东湖高新区公交出行的路网分布情况，并分析了公交分布特性。

（2）近期线网调整方案。

依据公交客流需求预测，确定了东湖高新区“以东西向为公交廊道、南北向公交接驳为主，并兼顾特殊及多样化的公交出行需求”的总体优化思路，以“问题导向、适应发展、加强衔接、兼顾系统”为原则，以“现状线路调整、新增线路、定制公交”为具体方法，结合东湖高新区大、中运量公共交通开通时间，以及区内企业、学校、商业及小区入驻时间，分三个阶段对公交线网进行优化。

第一阶段：针对现状区域内的公交出行难问题，优化调整现有公交线路。2017 年，公交线网优化共调整 2 条线路，新增 7 条常规公交线路，新增 5 条定制公交线路，基本可以满足当前区域内居民公共交通出行需求。东湖高新区 2017 年常规公交调整及新增线路方案图如图 3-12 所示。

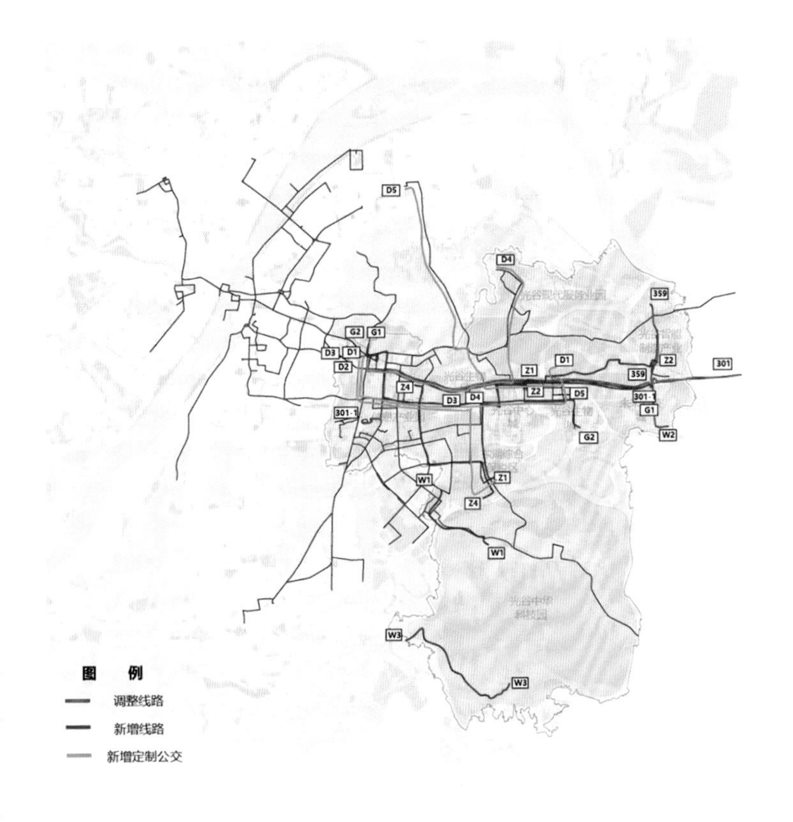

图 3-12 东湖高新区 2017 年常规公交调整及新增线路方案图

第二阶段：2018 年，结

合有轨电车 T1、T2 线开通，同时结合区内企业入驻情况，优化现有公交线路。2018 年，公交线网优化共调整 4 条线路，新增 3 条常规公交线路，以满足近期区域内居民公共交通出行需求。东湖高新区 2018 年常规公交调整及新增线路方案图如图 3-13 所示。

图 3-13　东湖高新区 2018 年常规公交调整及新增线路方案图

第三阶段：2020 年，结合轨道交通 11 号线东段及轨道 2 号线南延线开通，共新增公交线路 11 条，其中增加公交干线 1 条，支线 4 条，增加微循环线路 6 条。东湖高新区 2020 年常规公交调整及新增线路方案图如图 3-14 所示。

（3）远期线网调整方案。

以公交线网优化为指导，对近期规划场站布局和规模，以及现状场站的使用情况进行梳理，明确需要优化的线路和需要均衡的场站，保障后期研究的可行性。场站布局以“与城市规划和用地情况相协调”“与公交线网相适应，保证网络的覆盖水平”“与车辆的发展相适应，并有一定的超前性”“与道路交通管理相适应，尽量减少对正常交通的干扰”为原则，本次规划了公交枢纽站 18 个，其中一级枢纽站 6 个，二级枢纽站 3 个，

图 3-14　东湖高新区 2020 年常规公交调整及新增线路方案图

三级枢纽站9个，共占地约17.57 hm^2。公交首末站35个，共占地约36.35 hm^2。公交停保场5个，共占地约15.51 hm^2。远期公交场站规划方案示意图如图3-15所示。

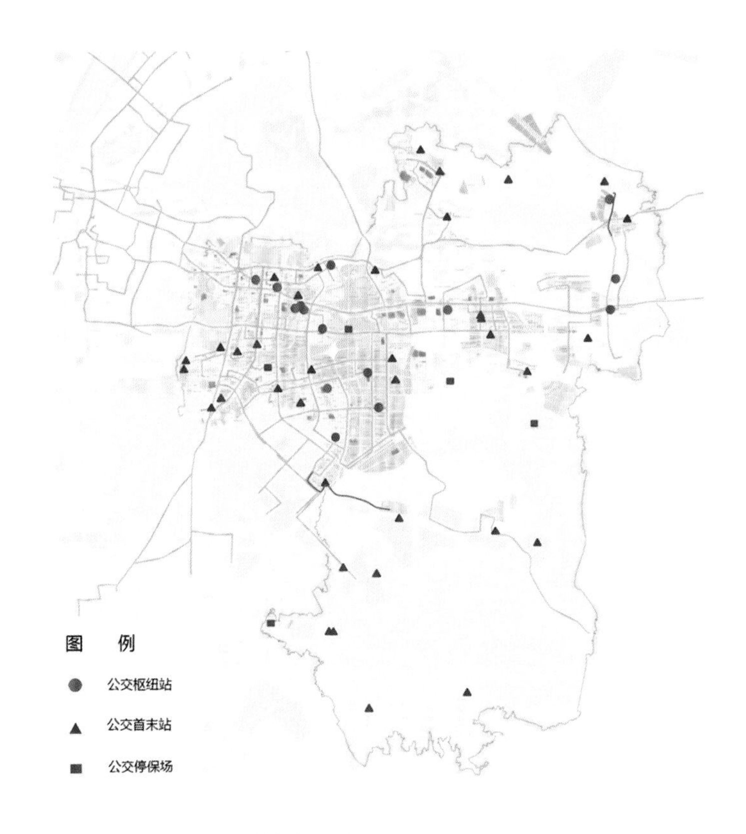

图3-15 远期公交场站规划方案示意图

项目特色

1. 面向使用者多角度、多层次调研，为方案制定奠定良好基础

本次研究从市民及八大产业园区等不同使用者的角度出发，对东湖高新区公共交通现状进行深入了解。市民角度主要是对公共交通满意度进行调查，掌握区域公共交通服务水平；而八大产业园区角度则展开多种形式的调研，从区域整体到各个园区，客观总结出区域公共交通现存问题，深层次挖掘八大产业园区不同的公共交通出行需求，从而保障了方案编制的包容性和科学性。

2. 功能定位明确，对构建东湖高新区公共交通体系具有重要意义

明确东湖高新区常规公交“应急、谋远、辅助”的功能定位。常规公交重点功能在于应急，解决东湖高新区现状公共交通出行问题，适度考虑远期“轨道＋常规公交”体系，引导城市发展的需要，多元化智能配合，资源有效共享。

3. 方案操作性强，对解决东湖高新区公共交通出行具有重要作用

本次研究以解决八大产业园区通勤交通困难为出发点，并兼顾个性化、人性化公共交通出行需求，结合客流调查、手机大数据分析等充分了解客流需求与方向，根据需求构建科学的公交网络与车辆配置方案，尽量满足客流直达性需求，减少换乘，并根据市民多样化需求和对公共交通特殊要求，提供通勤快车、夜班车、定制公交等多样化服务，满足多样化出行需求。另外，针对各条线路及站点服务的对象，对其相关设施（如站台位置、人行过街设施、换乘枢纽等）进行合理化布设，最大化方便服务对象。方案整体针对性强，对解决东湖高新区八大产业园区公共交通出行问题具有极大的现实意义。

武汉市新洲区大仓埠旅游区交通系统规划

项目背景

仓埠街东临倒水，西滨武湖，南邻阳逻开发区，北抵红安县太平桥镇，是湖北省精品桂花之乡、湖北省历史文化名镇、湖北省城镇建设重点中心镇、武汉市赏花游重点镇、武汉市后花园、武汉市都市农业示范基地、新洲楚剧发源地。

近年来，仓埠街结合自身优势资源，对街道发展提出了更高的发展目标，街道定位于确保市级都市生态农业高新区，争取省级都市农业生态高新区，旨在建设“新型工业新街、生态农业大街、文化旅游明街”。

完善的综合交通体系，正是仓埠街实现发展目标的重要前提条件。因此，仓埠街道办组织开展了《武汉市新洲区大仓埠旅游区交通系统规划》编制工作。

研究内容

本次规划一共开展了“三篇七个专项”的研究工作，包括战略规划篇的交通需求预测、交通发展战略规划；专项规划篇的道路交通系统规划，公交系统规划，枢纽场站规划，慢行、交管系统规划；实施保障篇的近期建设规划。主要规划内容如下。

1. 交通发展战略规划

发展战略：统筹区域旅游资源，打造黄陂东部及仓埠街旅游深度融合的一体化交通旅游区，建立以仓埠街为核心，辐射主城区及周边街镇和景点的一体化旅游交通系统。

（1）构建道路骨干体系，加强仓埠与主城的一体化发展，加强街镇内部的交通系统建设。

（2）完善公交层次，提升公共交通对旅游经济的带动作用，增强公共交通竞争力。

（3）提升慢行及交通管理水平，打造绿色、安全、有序的交通环境。

2. 道路交通系统规划

结合仓埠街“一轴二环三带四片”产业发展布局及发展重点，提出大仓埠地区道路系统规划，具体如下。

干道网络：强化与城市高快速路体系的衔接，围绕外环、武英高速、江北快速路立交节点，构建“田”字形骨架路网。

次级网络：强化各功能组团之间的衔接，围绕产业布局及近期发展重点，建设环形次级道路网络。

道路交通系统规划图如图 3-16 所示。

3. 公交系统规划

围绕新城区轨道交通完善仓埠街公共交通体系，打造“三级”的公共交通网络，提升仓埠街旅游公共交通服务水平。

一级：主城和仓埠的直接公交，多方向，多线路。

二级：仓埠和周边街镇的直接公交，满足长距离跨街镇的公交联系。

三级：仓埠街内部各旅游景区直接公交。

公交系统规划图如图 3-17 所示。

4. 枢纽场站规划

规划“一主三副”四处公共交通枢纽站。“一主” 为仓埠公交停保场，为适应远期发展应进一步扩建。“三副”分别位于方扬、靠山、毕铺三个旅游功能区，设置公交首末站。

打造“一主一副四分区”停车设施供给体系：“一主一副”依托公交枢纽建设，在近期建设的基础上进一步扩容，仓埠街中心停车场考虑采用停车楼形式；“四分区”分别位于桂花产业园（南园）、桂花产业园（北园）、紫薇都市田园、“荆楚乡村” 文化体验区。其中，前三处是在近期建设的基础上扩容，“荆楚乡村” 文化体验区为新建项目。

枢纽场站规划图如图 3-18 所示。

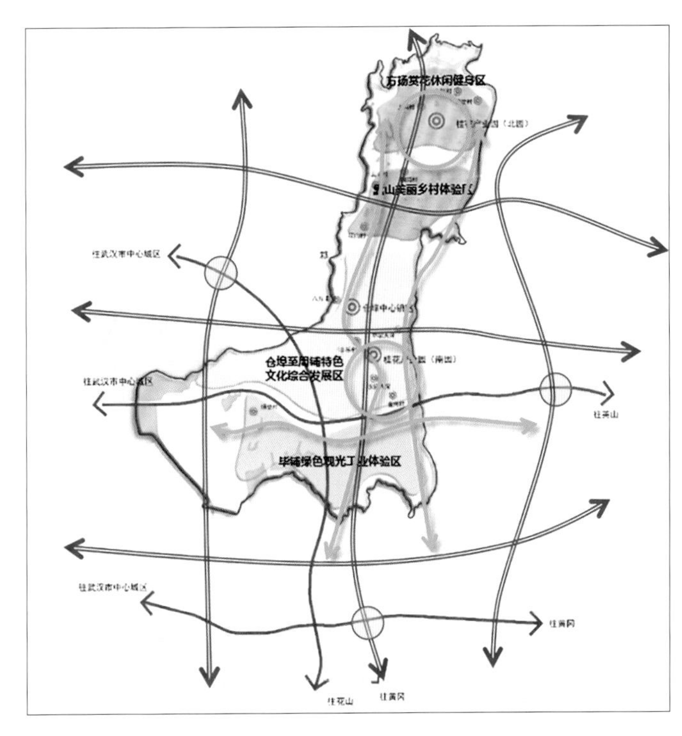

图 3-16 道路交通系统规划图

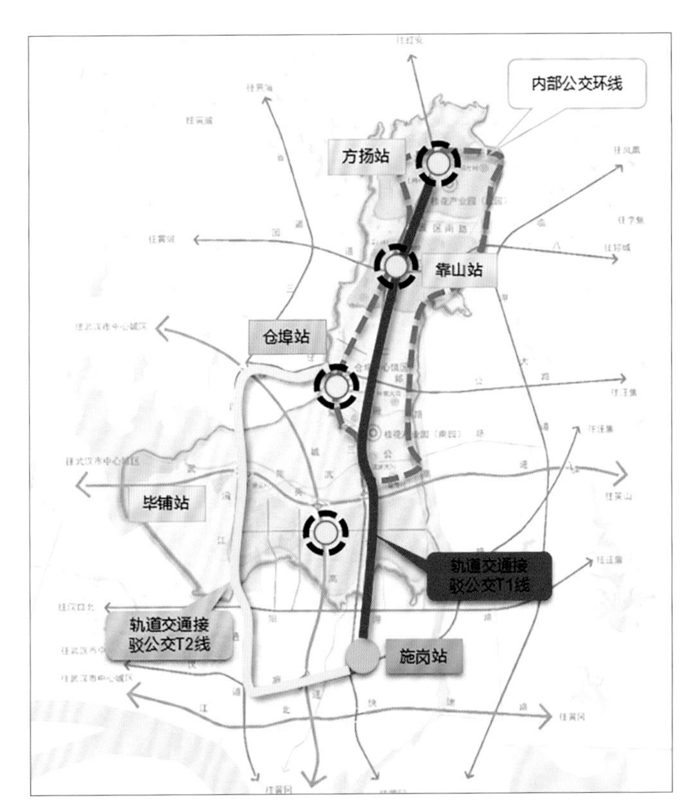

图 3-17 公交系统规划图

5. 慢行、交管系统规划

按照道路的功能，在仓埠街内建设“三级”的慢行交通廊道，以期形成“主次搭配、级配分明、结构合理”的慢行、交管系统。

一级：由国道、一级公路及主干道组成，以过境交通为主，快速和慢行交通相对独立。

二级：依托景区分布，结合旅客出行流线，布设具备独立行驶空间的慢行绿道。

三级：由景区道路及次要街道组成，以到达交通为主，人车混行。

慢行、交管系统规划图如图 3-19 所示。

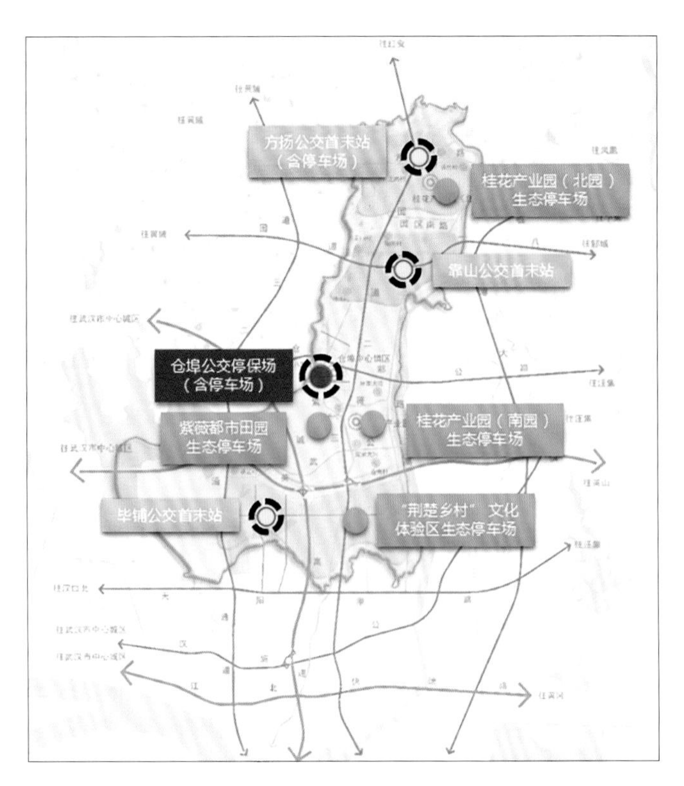

图 3-18 枢纽场站规划图

项目特色

1. 基于仓埠街旅游出行数据及翔实的基础数据科学开展交通预测工作

为确保规划的合理性，更加贴合仓埠街实际需求，项目组开展了扎实的基础工作，通过对仓埠街旅游交通需求进行定性和定量分析，并类比同类旅游区的出行方式，得出仓埠街旅游出行结构特征。在综合交通规划模型的基础上，细化仓埠街交通小区，建立交通出行分布模型，分析仓埠街与各地区，以及周边各街镇之间的分布期望线。交通需求预测为区域空间结构、走廊分布、重点节点布局选址奠定了基础。

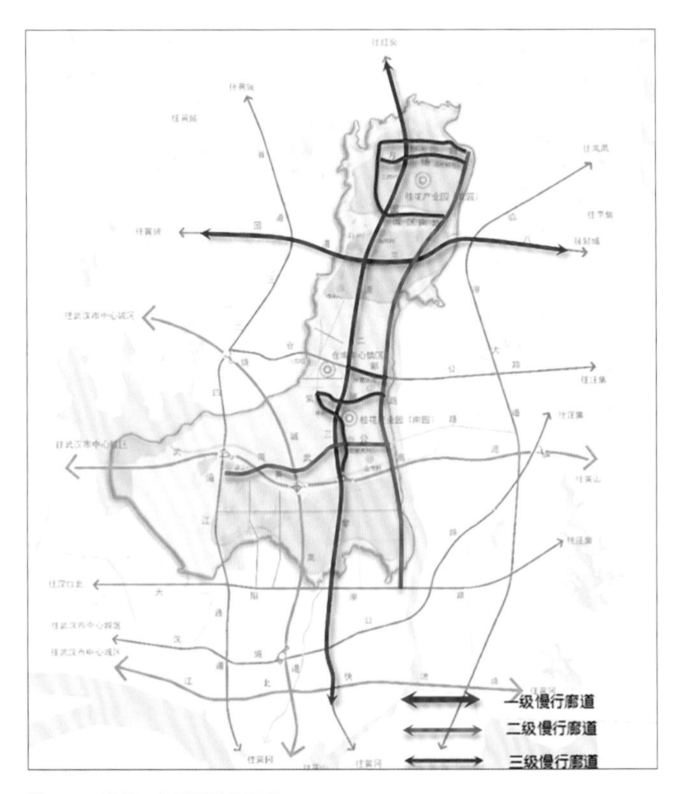

图 3-19 慢行、交管系统规划图

2. 针对旅游型乡镇交通系统，提出建立以乡镇为核心，辐射主城区及周边街镇和景点的战略布局

突破综合交通规划的传统思路，针对旅游型乡镇交通系统提出新规划思路，统筹区域旅游资源，打造黄陂东部及仓埠街旅游深度融合的一体化交通旅游区，建立以仓埠街为核心，辐射主城区及周边街镇和景点的一体化旅游交通系统的宏观战略，以期提升交通可达性，打造舒适、便捷的综合交通体系，支撑旅游产业发展。

3. 基于区域旅游资源布局，从路网、公交、慢行多层次打造与旅游深度融合的一体化交通体系

结合区域旅游资源布局，道路交通系统规划中提出构建“田”字形骨架路网和环形次级道路网络；公交系统规划中提出打造“三级”的公共交通网络；慢行、交管系统规划中提出建设“三级”的慢行交通廊道。项目组旨在通过以上规划构建层次分明、功能明确、与旅游深度融合的综合交通体系。

襄阳市襄州区道路交通专项规划

项目背景

襄阳市国土空间总体规划正在编制，襄州区作为襄阳市最大的主城区，下辖 3 街道 13 镇，托管襄阳国家高新技术产业开发区和襄阳经济技术开发区，其路网结构较复杂。“十四五”时期是襄阳市建设省级副中心的关键时期，也是襄州区实现城乡统筹发展的战略机遇期。为对接国土空间总体规划与“十四五”规划，明确襄州区道路交通发展战略，制定城市近期交通发展计划，项目组开展了《襄州区道路交通专项规划》研究，以中长期交通发展战略统筹指导近期城市交通基础设施的科学推进，促进襄州区交通体系及经济社会的可持续发展。

规划构思

本次研究以发展战略定蓝图，以系统构建定框架，以近期建设定重点。从规划、建设、管理等多层面，针对襄州区已出现或即将出现的道路交通问题，从系统高度提出工程、管理等方面的解决方案。主要实现以下目标：系统梳理既有规划，明确交通发展战略；构建城市道路体系，超前谋划，多规合一；制定交通建设计划，研究重点项目方案。

研究内容

本次道路交通专项规划在对道路交通现状进行客观评估和对交通发展态势进行科学研判的基础上，主要开展了以下工作。

1. 交通发展战略

结合襄州区“融入城区，成为城区，引领城区”的城市发展要求和交通供需失衡逐步加剧的发展趋势，项目明确了襄州区“自成体系、转变模式、绿色智慧、区域协同”的交通发展要求，提出了将襄州区建设成“人文交通都市 + 品质交通典范”的交通发展总体目标，考虑了城市区域特征导致的交通需求差异，对主城区、远郊区和产业区制定了差异化的交通发展策略。

2. 道路规划方案

道路规划方案部分分为区域路网规划，建成区路网规划，伙牌、朱庄物流园区道路规划，慢行系统规划和品质提升规划方案。

（1）区域路网方面，结合襄阳市域道路交通规划及襄州区城镇发展需求，按照“镇镇通省道”的要求，以“中心城区公路外迁，减少过境交通穿越；重点镇通一级公路，一般镇通二级以上公路；中心城区与镇区连接通道一般不少于 2 条；加强镇区间交通联系”为原则，规划了“三轴一环一廊多联”的骨架公路网。襄州区域道路结构图与规划路网图如图 3-20 所示。

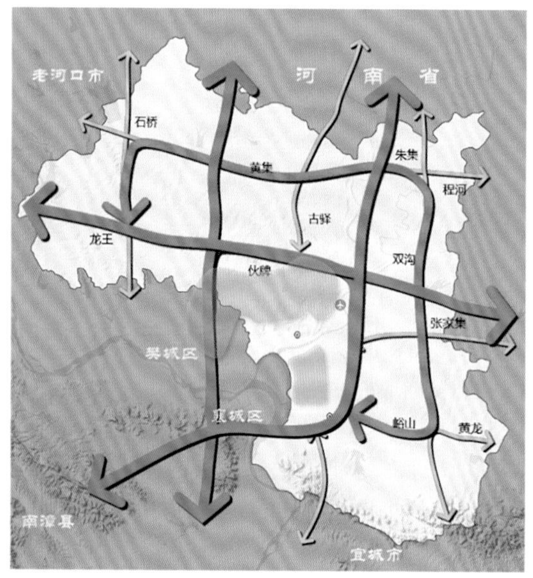

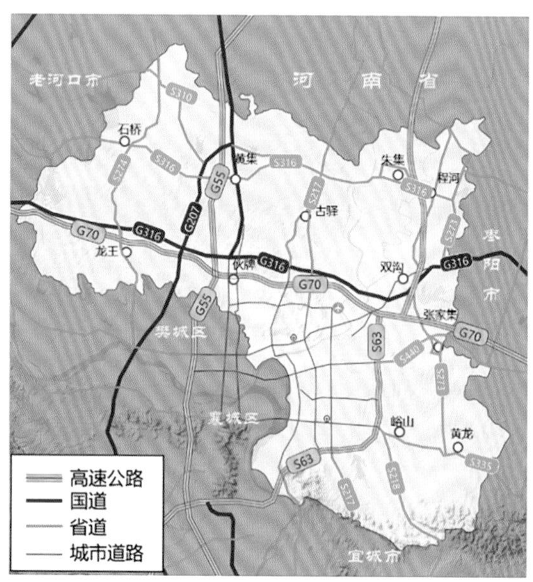

图 3-20 襄州区域道路结构图与规划路网图

（2）建成区路网方面，以对外实现“联动南北产城、沟通各大组团、链接交通枢纽”，对内实现“自成体系、科学级配的滨江都市交通网络”为目标，提出了“三轴三廊 + 网格体系”的总体路网布局。并根据建成区不同片区的现状特点，提出了差异化的路网规划重点方向。襄州建成区规划路网图如图 3-21 所示。

（3）伙牌、朱庄物流园处于襄州区外围，与现状建成区之间的联系需穿越高新区。本次规划重在

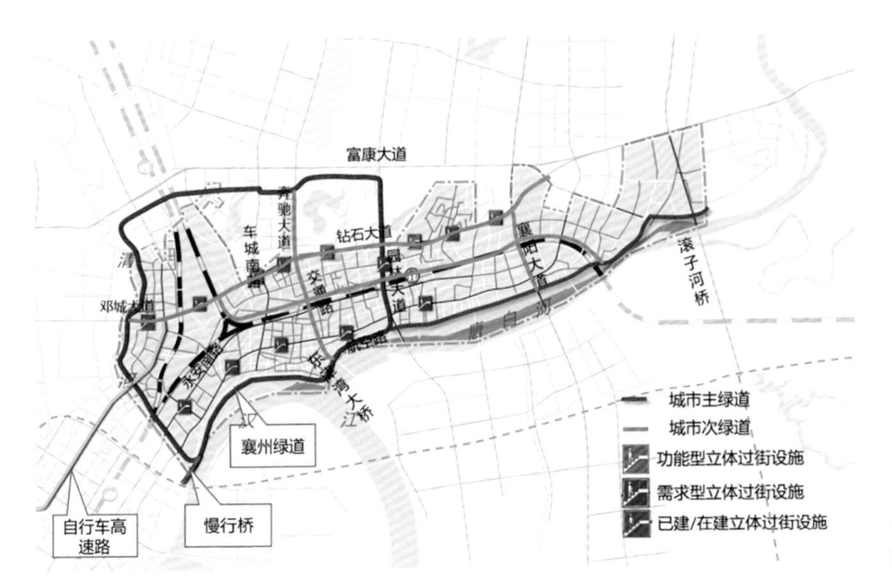

图 3-21 襄州建成区规划路网图

加强伙牌、朱庄物流园与中心城区的联系，加快完善内部次支路网，形成了“四横七纵”骨架路网。伙牌、朱庄物流园规划路网图如图 3-22 所示。

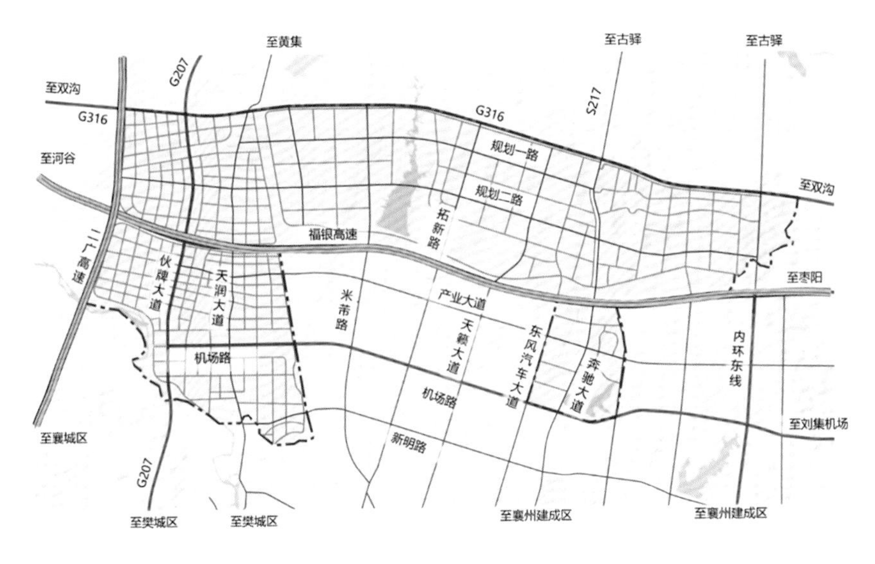

图 3-22 伙牌、朱庄物流园规划路网图

（4）慢行系统方面，以“安全连续、提升品质、便捷舒适、加强引导”为目标，以襄阳市慢行规划网络为基础，以近期实施为抓手，构建襄州区绿道网络体系，规划了 1 处慢行桥、1 条自行车高速路、43 km 环形绿道和 8 处立体过街设施。慢行系统规划方案如图 3-23 所示。

（5）品质提升方面，结合襄州区城市文化符号和地域特色，采用古风文化、现代活力两种不同的风格，对交通护栏、路灯、公交站台等城市家具进行改造升级；按照加强新型基础设施建设的要求，推进 5G 通信塔与路灯、监控、交通指示等杆塔资源双向共享，推动智慧城市建设；以彩色路面推动美丽乡村建设，实现“一路一风景，一村一幅画”的规划目标。

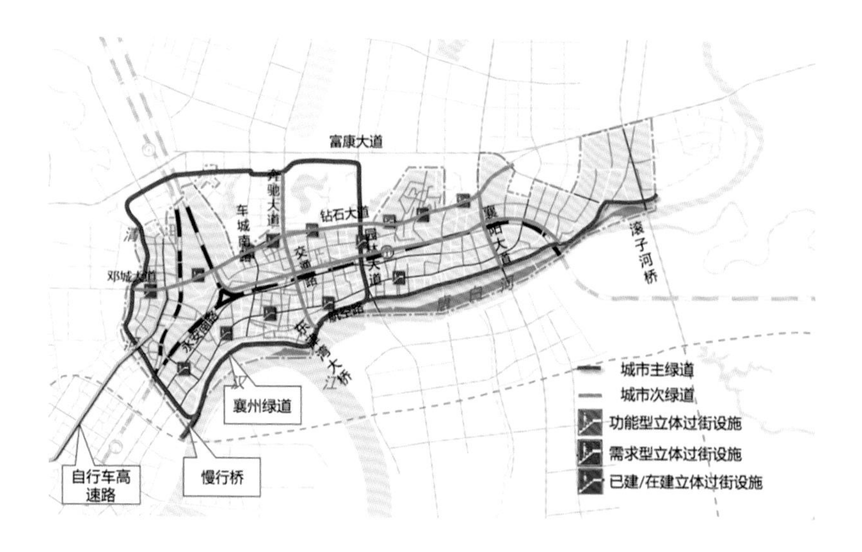

图 3-23 慢行系统规划方案

3. 近期建设规划

以“统筹城乡发展，完善城市路网，提升城市品质，打造交通功能与景观相协调的交通系统”为目标，采用“打基础，提品质，创典范”的三步走策略，提出了近期建设项目库。

区域路网方面，提出 9 个道路工程项目，工程总长度约 211 km。建成区路网方面，近期规划骨架路网提档升级工程 7 项，区内总长度 28 km；关键节点工程 15 项；路网品质提升工程 40 项，长度约 51 km。伙牌、朱庄物流园近期骨架路网提档升级工程 6 项，区内总长度 36.7 km。慢行和品质提升工程 12 项。本次规划还结合项目建设意义与建设条件，对近期建设项目库按年度安排建设计划。如图 3-24 和图 3-25 所示分别为区域道路工程分年度计划和中心区域道路工程分年度计划。

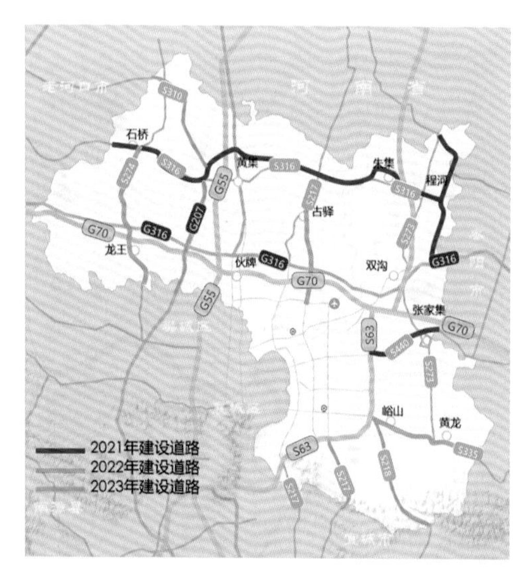

图 3-24 区域道路工程分年度计划

图 3-25 中心城区道路工程分年度计划

项目特色

1．区域协调，自成体系，有机衔接

襄州区是襄阳市最大的主城区，区域范围较广，且区内被高新区、樊城区等其他城区分隔，如何处理好建成区、远郊区、区域和市域之间的交通衔接关系是本次规划的重点之一。本次提出的规划路网使襄州区形成了既自成体系，又与襄阳市总体路网有机衔接的结构，为区级道路交通系统规划建设提供了解决思路。

2．滨江邻水，慢行优先，景色怡人

襄州区处于汉江之滨，建成区西邻清河，南靠唐白河，丰富的水系使城市更加灵动。本次路网规划充分考虑襄州区滨水资源特色，规划了唐白河大道、清河东路等滨江邻水景观轴带，并沿水系规划慢行绿道，拉近市民与自然之间的距离，使市民享受到怡人景观。

3．破除阻隔，打通瓶颈，支撑发展

襄州区交通发达，焦柳铁路、汉丹铁路、襄渝铁路在此汇聚，给城市带来繁荣的同时，也使城市割裂严重。跨越铁路处成为城市交通的瓶颈节点。本次规划了卧龙路西段跨铁通道、洪山路跨铁通道，并对现有华强路跨铁通道进行改造，有效缝合铁路对城市的分割，支撑城市跨越发展。本次规划可为同类被铁路割裂的城市规划提供参考。

4．战略指导，规划梳理，近期落实

规划以襄州区交通发展战略为指导，系统梳理了道路规划体系，并在近期规划中落实，打通了从战略到规划再到实施的路径，实现了“一张蓝图干到底”。本次规划十分重视落实情况，详细列明了近期实施项目库，按年度梳理出重点建设计划，并对重点项目的建设意义和主要节点进行分析，有力地保证了规划的可实施性。

PART 4

交通影响评价

以评促规、以评优建、以评善管，一种科学系统的技术手段，一套行之有效的制度体系，一个客观、理性认识城市交通的独特视角。

交通影响评价是在建设项目投入使用后，评价新生成的交通需求对周围交通系统运行的影响程度，并制定相应的对策，削弱建设项目交通影响的技术方法。

交通影响评价是介于城乡规划管理与建设管理程序之间的重要技术环节，本质属于辅助规划、建设、交通管理等相关部门在土地开发和建设审批阶段，协调交通与土地利用的一项技术方法与制度。一方面，作为建设项目规划审批科学决策的参考依据，迫切需要了解具体项目对周围交通环境的影响范围和波及程度，以制定、实施合理的应对措施，以协调用地开发与交通发展的矛盾，并综合判定该项目的选址、规模、规划设计方案的合理性。交通影响评价工作既全流程服务于政府相关部门的审批工作，又从交通环节对项目进行严格把关，提出对项目开发及城市交通发展均有益的改善意见，充分发挥交通规划对城市规划管理的服务作用。另一方面，良好的交通环境是项目开发建设的重要条件，交通影响评价工作对业主方所需的方案设计咨询服务、规划报批重难点问题协调处理、审批流程效率的提升等均有良好的推动作用。

为有效发挥交通影响评价、交通咨询的辅助决策作用，建设项目应注重引入全流程专业服务，即在项目策划阶段介入，多专业共同开展咨询工作，从交通系统角度协助规划方案设计研究，保障建设方案顺利获批。在此过程中，服务团队将全力促进城市规划管理要求和建设方实际需求的高效融合，在提高行政审批的效率和保证方案设计科学性的同时，也可为建设方案解决实际诉求，并减少大量的沟通环节和时间，实现“三赢”。典型建设项目交通影响评价技术流程如图4-1所示。

按照建设项目的阶段、类型，交通影响评价分为选址阶段交通影响评价、方案阶段交通影响评价、交通类交通影响评价三部分。选址阶段交通影响评价重点论证项目的合理开发规模；方案阶段交通影响评价主要研究规划方案的交通设施布局适应性；而交通类交通影响评价着重论证自身的适应性和促进城市发展的可持续性。交通影响评价主要研究内容如下。

交通条件评析

交通条件评析一般应对评价范围内各种交通方式的交通流特征、交通设施、交通管理政策进行说明，并对评价范围内的现状道路、公共交通、自行车、行人和停车等交通系统的管理措施、供需和运行状况进行分析，提出现状交通系统存在的主要问题，同时，还应对研究区域用地规划、交通规划等信息进行专业解析，综合评析建设项目交通条件的适宜度。

交通需求预测

（1）背景交通需求预测：指交通影响评价范围内除被评价建设项目新生成的交通需求外的其他交通需求预测，包括起讫点均在评价范围外的通过性交通需求预测和评价范围内其他建设项目生成的交通需求预测。

（2）新生成交通需求预测：指建设项目投入使用所生成（包括发生和吸引）的新增交通需求预测。

（3）合成交通需求预测：指背景交通需求预测和新生成交通需求预测两者叠加之和，重点分析对交通影响最不利的情形。

（4）静态交通需求预测：包括机动车停车、非机动车停车，以及出租车停车的需求预测。

（5）施工期交通需求预测：应分别预测评价年限建设项目初始交通需求与不同交通管制措施或实施计划时序下的建设项目转移交通量，以及评价范围内其他交通设施的背景交通需求，并进行叠加分析。

交通需求预测工作常利用专业的手段和方法开展，采用国际通用的交通生成、交通分布、交通方式划分和交通分配“四阶段”预测模型，借助国际先进的交通规划软件，辅以大数据分析技术，通过细分交通小区，更新用地及社会经济情况，完善道路设施及公交网络，从而建立研究范围内的中观交通模型，以此为基础进行交通需求预测。交通需求预测常用工具与宏观模型如图 4-2 所示。

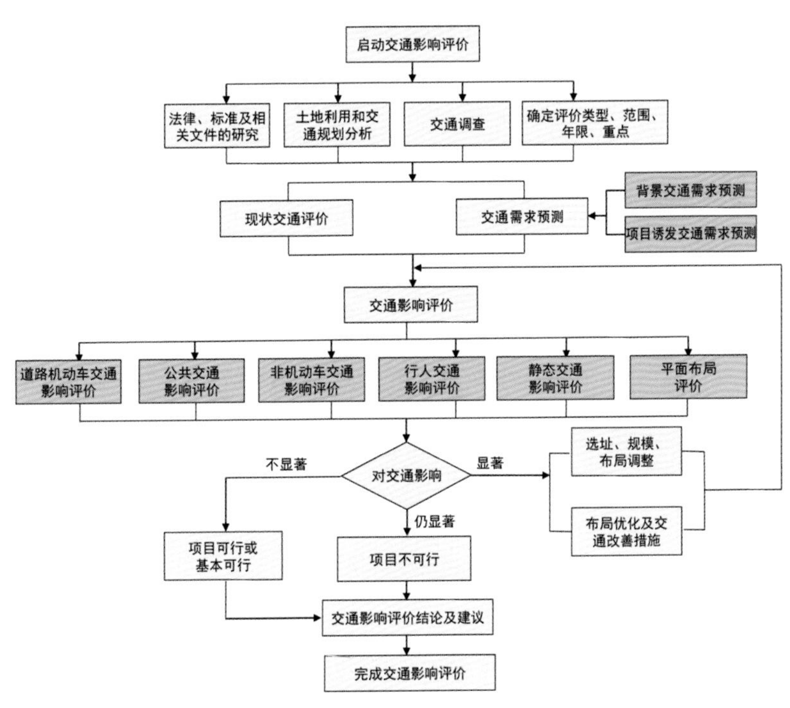

图 4-1 典型建设项目交通影响评价技术流程

交通影响评价与优化改善

交通影响评价与优化改善主要是针对建设项目道路机动车交通影响、公共交通影响、静态交通影响、非机动车交通影响、行人交通影响、平面布局、交通组织管理、交通安全及其他方面进行系统评判，从交通角度论证建设项目的可行性，并进行必要的外部交通改善与规划方案优化研究。

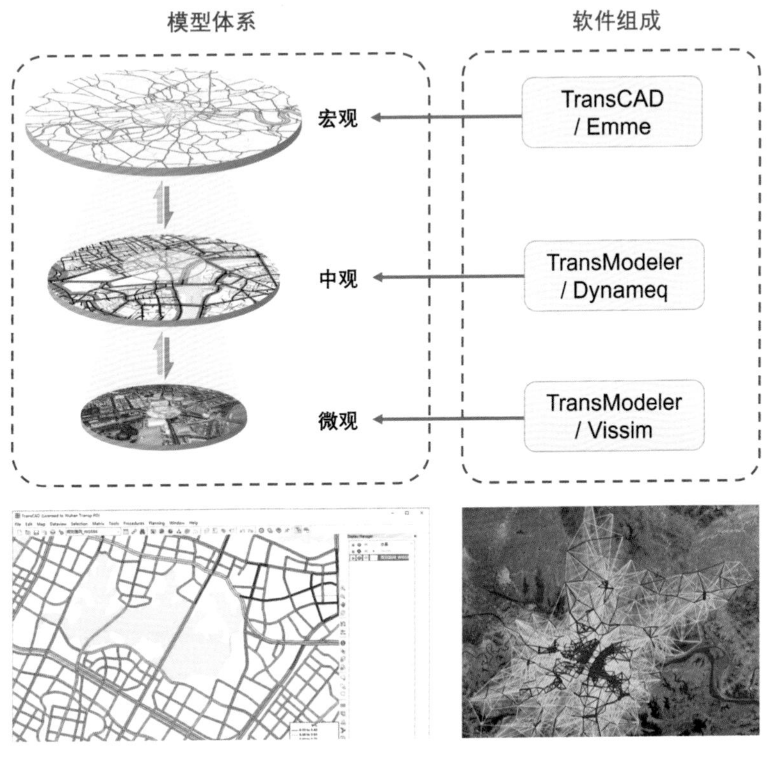

图 4-2 交通需求预测常用工具与宏观模型

武汉东西湖区舵落口大市场交通影响评价及开发规模论证

项目背景

交通区位：位于武汉市三环线和 107 国道交叉口西南角，交通区位优势与制约条件并存。

研究背景：为提升东西湖区舵落口大市场的品质与形象，促进产业升级，拟进行提升改造。交通影响评价工作旨在配合各地块的控制性详细规划编制，合理确定项目用地开发规模，提出有效的交通改善建议，科学组织项目进出交通。

研究内容

本次交通影响评价研究思路如图 4-3 所示。

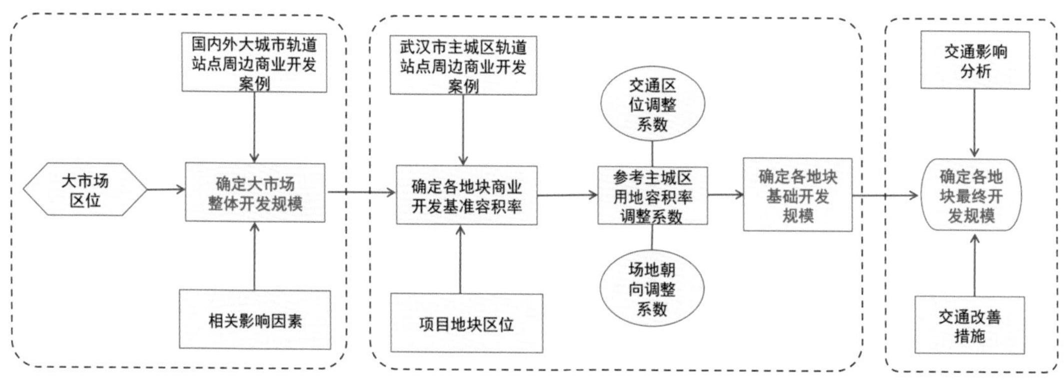

图 4-3 本次交通影响评价研究思路

1. 基础开发规模初判

根据大市场所处区位条件，参考相关案例的开发强度，综合考虑大市场的发展定位、区域规划政策、交通条件等各方面因素，确定大市场的整体开发规模约为 200 万平方米，平均开发强度以 2.5 为宜。按照武汉市强度分区规定，并参考主城区用地容积率调整系数，初步确定研究地块的基础开发规模合计约 66 万平方米。

2. 交通改善实施对策

根据预测分析，在区域现状道路交通设施条件下，规划区用地开发建设对周边道路及路口产生了较大程度的影响，其中影响较大的为 107 国道、二雅路，服务水平降至 F 级，严重影响了区域交通系统的有效运行。

结合区域交通条件，建议采取以下交通优化改善措施。

（1）完善区域路网。加快区域路网建设，建议增加衔接大市场与三环线额头湾立交的分流通道。

（2）路口拓宽渠化。建议对 107 国道—二雅路路口进行拓宽渠化改造，有效提升交叉口通行能力。

（3）加强交通管理。如在南北大道、东西大道增设信号灯，将东二路做单行道处理，调整公交站点位置，改造出入市场通道及收费模式，强化货车管理。

（4）完善轨道交通换乘体系。结合大市场内预留公交场站布局情况，增设 2 条穿梭巴士线路；远期建议将公交线路引入大市场内部区域，并集合区域用地布局设置 9 处公共自行车租赁点，优化与轨道交通的换乘。

（5）规划停车。严格按照规范要求配建停车设施，加强停车管理，并结合汉宜铁路高架外侧空间布设货车公共停车位，便于出入铁路场站的大货车停放。

区域交通优化改善建议图如图 4-4 所示。

3. 最终开发规模论证

针对规划区基础开发规模，通过测算分析，采用上述交通优化改善措施可较大程度地缓解107国道—二雅路路口的交通压力，区域路网通行能力仍有较大富余，在综合考虑各相关方对开发规模建议的基础上，确定规划区各地块的最终开发规模合计约 68 万平方米。针对最终开发规模进行预测分析，得到区域开发建设后周边路网通行能力仍有一定富余，能够满足大市场周边后续开发建设用地需求的结论。基

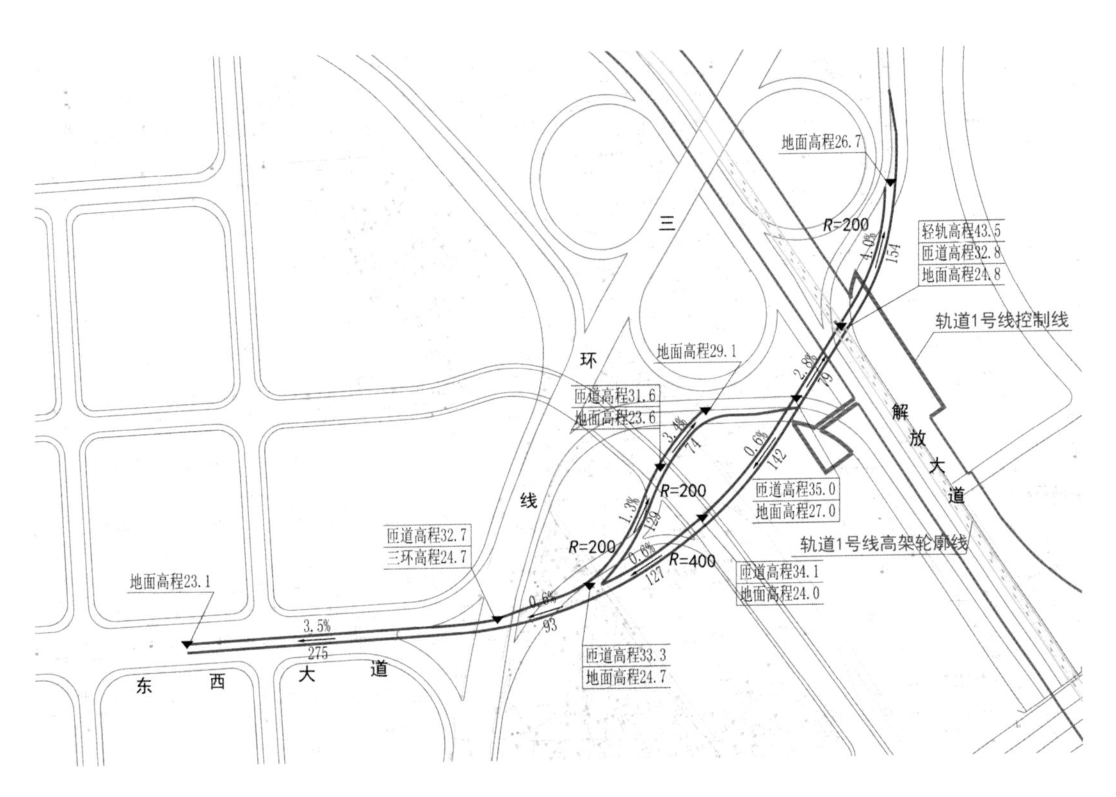

图 4-4 区域交通优化改善建议图（新增疏解通道）

于交通影响评价的科学论证，项目明确了适宜开发强度，所推荐的各地块开发强度指标由片区控制性详细规划编制单位采纳，并正式纳入管控单元，指导后续用地开发建设。经论证的开发强度与区域控制性详细规划图如图 4-5 所示。

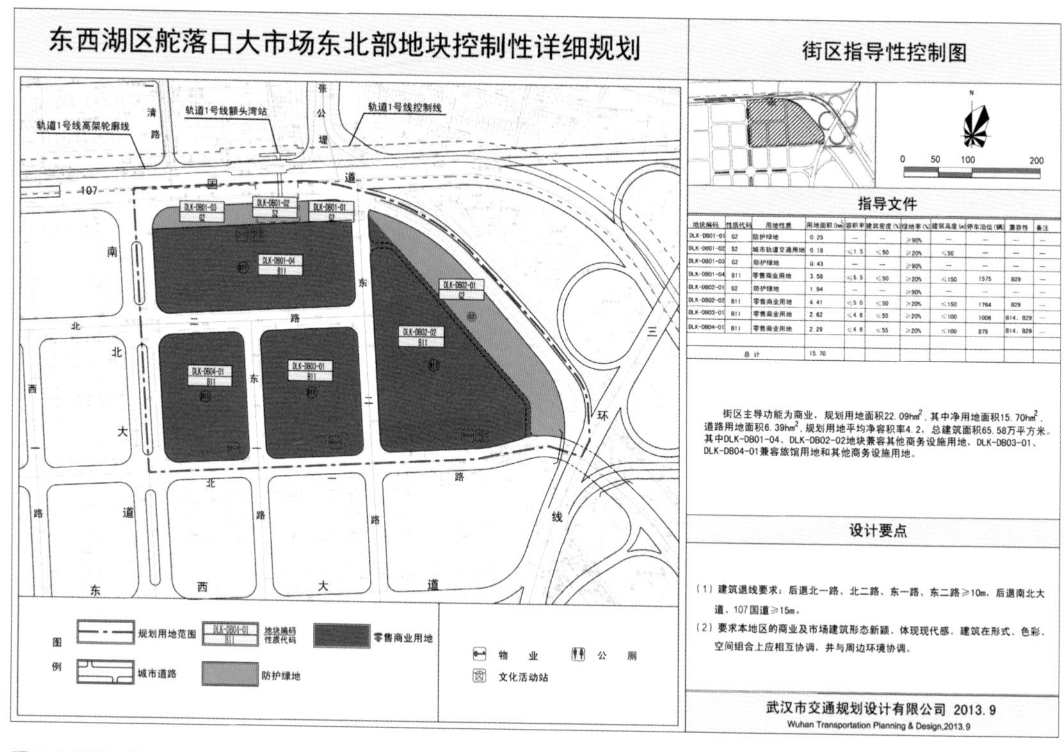

图 4-5 经论证的开发强度与区域控制性详细规划图

4. 地块交通设施布局要求

建议项目车行出入口邻大市场内部道路设置，人行出入口应结合轨道及公交站点设置；建议预留邻轨道站点与轨道站点的衔接用地，并在规划各用地之间增加连廊，方便人行出入；根据规划要求，规划区各地块均须配置不少于 3 个车库出入口，且应注意人车分流设置；建议设置 4 处出租车临时停靠点。

项目特色

1. 融合控制性详细规划编制与交通论证的研究方法具有一定的独特性和创新性，从微观层面助力城市规划决策

本次规划咨询采用与区域控制性详细规划相配合的工作模式，通过分析、测算区域路网可承担的用地开发强度，来控制区域控制性详细规划的用地强度，以保障区域用地优化发展。本次规划是基于城市综合交通体系规划的、更加深入细致的微观层面交通优化，是对综合交通系统的补充和完善，具有重要的实践意义。

2. 研究成果深度符合规划管理基本要求，对城市用地规划管理工作具有良好的指导作用

规划成果既能有效指导城市用地规划管理及交通发展规划工作，又能作为区域控制性详细规划的编制依据，保障其科学合理性。

3. 基于交通评估所提出的区域交通改善方案内容具体，可行性强，可有效促进交通与用地开发相互协调

本次规划在准确分析舵落口大市场片区交通现状和发展规划的基础上，提出了切实可行的交通优化改善措施，包括完善区域路网、优化调整道路市场内外衔接通道、整治微循环道路、加强交通管理、完善区域轨道交通换乘体系、规范停车等，既是项目开发的必备条件，又是促进区域城市更新的保障。

工作成效

项目已顺利通过专家咨询会论证，与会专家认为，东西湖区正处于社会经济快速发展阶段，城市土地利用与交通基础设施建设只有协调优化发展，才能有效推动区域开发建设。本次交通影响评价对当前舵落口大市场片区交通所处的历史阶段把握准确，提出的交通优化改善措施全面、系统，具有较强的可操作性，提出的区域用地开发指导性建议较为符合区域发展需要，可以服务于区域用地规划及交通建设的政府决策。

研究成果获得东西湖区自然资源和规划局的认可，并被东西湖区自然资源和规划局、吴家山街街道办等相关单位充分采纳，将其作为《东西湖区舵落口大市场东北部地块控制性详细规划》的编制依据，其中部分规划改善意见已经在实施中。本次规划为推进区域开发建设，改善区域交通环境，提升区域品质提供了科学依据。

武汉常青花园中路以南区域用地调整交通影响评价

项目背景

交通区位：项目位于东西湖区东部，靠近主城区三环线，周边布局 2 条轨道线，交通区位优势明显。

研究背景：城市发展受限于用地，同时大片土地利用率低下。为改善区域品质、集约化利用土地、发挥土地最大利用效益，东西湖区职能部门提出武汉轻工大学、足球训练基地、部队用地调整设想，特此进行交通研究。

规划构思

本次论证以“交通引领城市更新”为工作方针，按照以交通为切入点的总体思路进行展开，结合常青花园用地及交通现状，采用基于武汉市三规互动战略决策模型建立的区域中观交通模型，探索以交通为约束的城市更新发展策略。从现状交通容量、改善交通容量等方面对城市更新开发强度进行梳理，提出区域交通改善意见，最终形成论证方案。工作方法与技术路线图如图 4-6 所示。

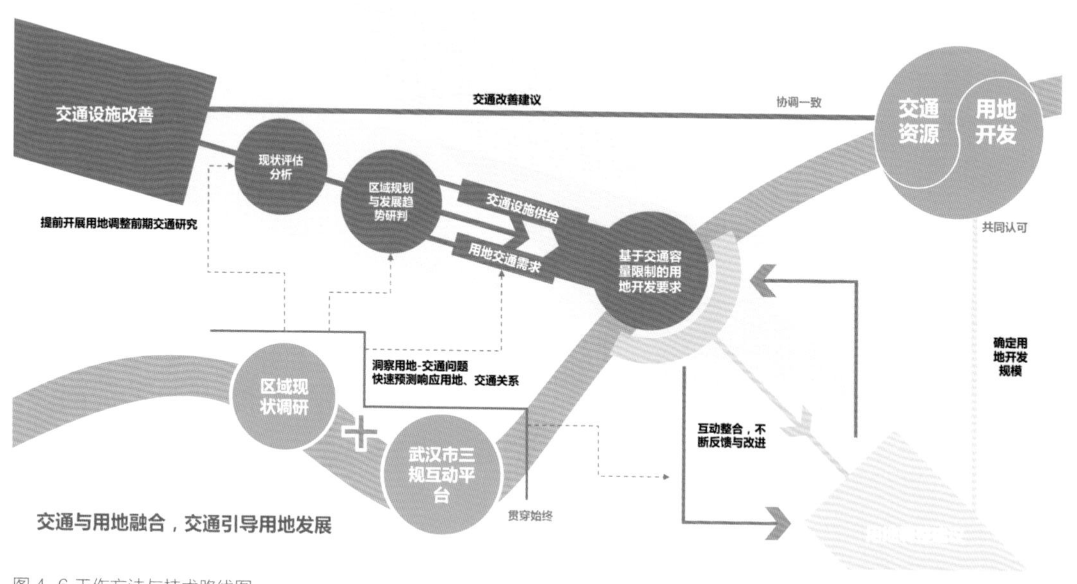

图 4-6 工作方法与技术路线图

研究内容

1. 基于常青花园片区的历史沿革及区域特征，开展全方位、多层次交通调查，在武汉市三规互动模型基础上深化完善交通模型，为下一步研究工作奠定良好基础

根据武汉市三规互动战略决策模型，常青花园片区私人小汽车出行比例达 24.6%，公共交通出行比例达 36.8%，慢行出行比例达 38.6%。区域对外交通比例较高，主要为通勤需求，通勤平均出行距离较远，其他类出行距离较短，主要为区内出行。根据区域早高峰交通分布预测，区域对外交通联系主要是汉口中心城区、东西湖大道沿线产业园和机场临空产业区等区域。以武汉市宏观模型为基础，在常青花园片区内再细分交通小区，建立微观模型。

2. 基于现状交通及路网改善方案完善片区交通模型，利用路网容量反推土地利用强度，为下一步常青花园片区控制性详细规划调整、容积率测算、公共服务设施及停车设施落地提供科学的量化依据

区域用地在现状用地的基础上，将待开发用地调整为居住、商业用地性质，输入模型进行测试。结合居住小区分布及路网格局将区域分为 62 个内部小区，结合区域对外通道分布，在区域外围设置 11 个外部交通小区，叠加人口和岗位分布。以 V/C=0.8 作为 OD 反推背景交通量，叠加 $V/C \leqslant 0.9$（D 级服务水平）的路段比例不小于 90%、地块以外其他地块 OD 总量保持不变（误差小于 5%）、对外联系通道 V/C>0.75 路段比例不小于 90% 三大约束条件，得到研究地块 OD 总量最大（即开发强度最大）。最后根据 OD 反推结果，测算各地块平均额定容积率。再根据路网改善方案，对城市更新片区采取高开发强度、

低开发强度两种建设方案，分别对研究地块进行容量分析测算，得出两种情况下城市更新片区土地开发强度。研究结论可作为判定城市更新片区土地利用开发的可行性依据，科学有序地指导城市更新。路网交通容量限制下经改善的各地块容积率分布如图 4-7 所示。

3. 基于路网交通流量分布识别区域动态交通瓶颈，经过提炼分析得到快速路衔接、停车设施、交通管理等方面交通改善建议，为以后类似片区研究提供可复制的有利技术支撑

根据环线分隔、快速路衔接不畅、停车设施不足、轨道交通可达性有限等制约因素，提出以下建议：推进区域跨三环与中心城区联系通道建设，增加与机场高速辅道交通衔接，完善公共停车设施，严格管控路边停车情况以提升道路通行能力，在进一步完善区内配套设施的基础上适量增加就业岗位，沿轨道站点设置微循环公交，提升轨道服务范围。区域慢行通道建设优化建议图如图 4-8 所示。

图 4-7 路网交通容量限制下经改善的各地块容积率分布

图 4-8 区域慢行通道建设优化建议图

项目特色

1. 结合常青花园片区的实际情况，因地制宜地以交通为约束指导片区发展，为科学有序地开展城市更新作出重要探索

随着我国城市快速化发展进入相对成熟阶段，大规模的成片开发将会逐渐减少，小而美的城市更新片区将会是下一步发展重点。根据相关政策要求，城市更新要针对突出问题转变城市开发建设方式，而交通拥堵则是近年来各大城市面临的首要问题。结合常青花园片区的实际情况，因地制宜地开展交通引领城市更新的工作机制和新技术、新办法，是此次论证形成可复制、可推广案例的有利探索。

2. 通过不同类型的调查和不同层次的数据，结合交通模型作出详尽的分析和调整，为武汉市三规互动战略决策模型在城市规划中发挥更加具体的作用提供有效实践

本次规划将武汉市三规互动战略决策模型从宏观模型细化到常青花园片区微观模型，是一次有力的尝试。基于宏观模型，利用 Visum、Emme/4、TransCAD、Cube 等工具建模，ArcGIS、Database 等进行数据管理，Python 实现核心算法，ArcGIS、GeoHey 等实现可视化表达，结合常青花园内部居住小区分布及路网格局，进行内外部交通小区划分，补充人口就业等信息，构建区域中观交通预测模型。根据 OD 反推的路网剩余交通量，测算各个地块土地利用开发强度。基于 OD 反推的路网交通容量测算关系图如图 4-9 所示。

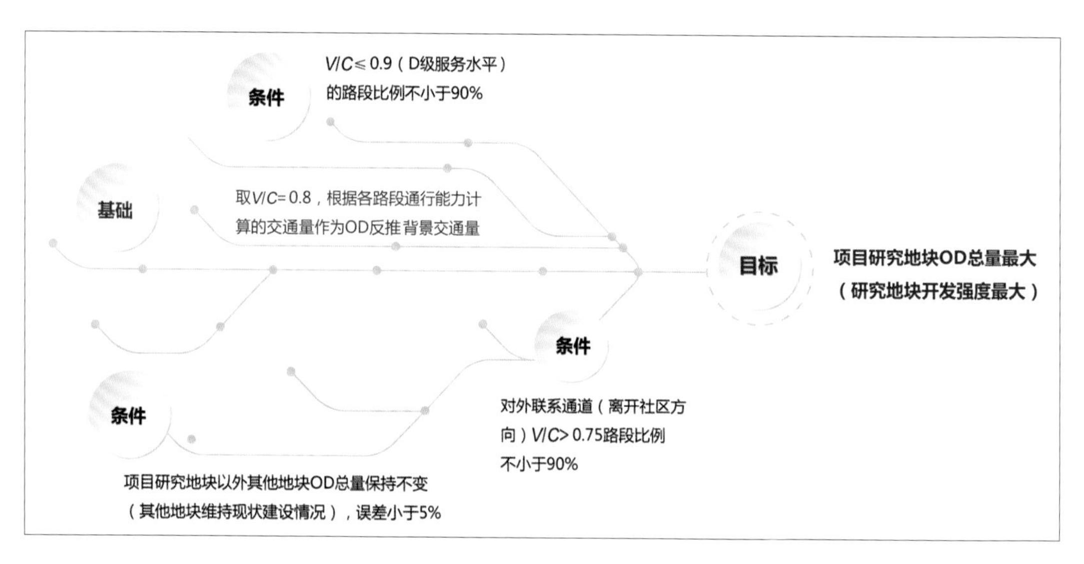

图 4-9 基于 OD 反推的路网交通容量测算关系图

3. 通过完善三规互动战略决策模型和提供城市更新典型案例，从交通的角度测算城市开发强度，为区域交通改善提供有力支撑，对今后城市更新及政府决策起到辅助作用

本次研究以“交通引领”为战略核心，提出基于交通容量限制的用地开发要求。从土地、交通、空间三方面，基于武汉市三规互动战略决策模型，对常青花园片区进行细化、深化，构建常青花园空间、用地、交通的互动关系，实现不同类型活动的预测。其中包含三大方面：可达性分布，评价城市功能布局在交通上的实现程度；承载力分析，分析区域对外和内部交通设施承载力及剩余交通容量；出行特征分析，分析与用地相适应的交通设施供给策略。本次研究主要是对常青花园片区城市更新土地开发利用进行前瞻性把控，辅助政府科学决策。

工作成效

本次论证对城市更新典型片区——常青花园片区土地开发具有重大意义，获得了东西湖区自然资源和规划局的高度认可，对支撑政府决策起到重要作用，指导控制性详细规划调整，落实公共服务设施及停车设施用地。根据此次项目，政府可将“交通引领城市更新”作为基本战略方针，把经验复制到其他片区，辅助政府决策，确定城市更新片区用地开发方向，提出区域交通改善策略。

CASE 3 汉阳归元片西区商业及住宅地块交通影响评价

项目背景

交通区位：项目位于汉阳中心城归元片，归元寺东侧，由鹦鹉大道、汉阳大道、归元寺路及归元寺南路围合而成，用地面积约 13.57 hm²，是汉阳旧城改造的先期启动工程。

规模定位：归元片西区整体空间框架围绕“一道一街”展开，东西两端是城市广场，整区形成“两轴四核心”的城市架构，将汉阳中心城西区打造为武汉中央文化区。归元寺商业综合体项目总用地面积 13.57 万平方米，总建筑面积 90.79 万平方米（地上面积 54.89 万平方米，地下面积 35.9 万平方米），涵盖商业、公寓、办公和酒店等业态。项目规划总平面图如图 4-10 所示。

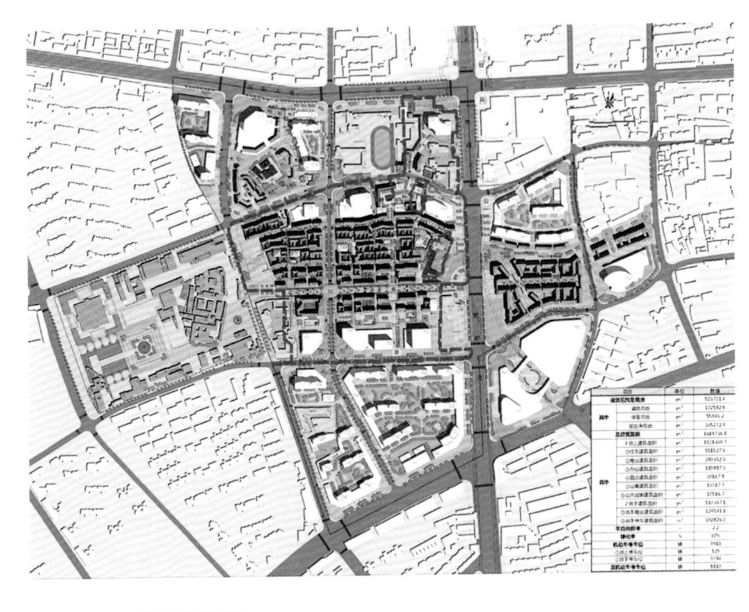

图 4-10 项目规划总平面图

研究内容

1. 交通条件评析

通过现状交通分析，基本确定外部主干道系统完善，区域交通条件优势明显，但区域次、支路系统尚未形成，超大体量城市综合体的落地对交通系统是冲击式的考验。在区域公共交通服务能力较弱，公交线路走向及站点布局需要进一步优化的情况下，如何有效利用轨道交通和快速公交组织交通是破题关键。同时，城市综合体对市政道路、慢行空间及过街通道等均提出非比寻常的要求。

2. 交通预测与开发规模论证

从背景交通量上看，区域总体建筑体量大、开发强度高，整体庞大的新增背景交通量，显著加剧了区域交通拥堵程度。

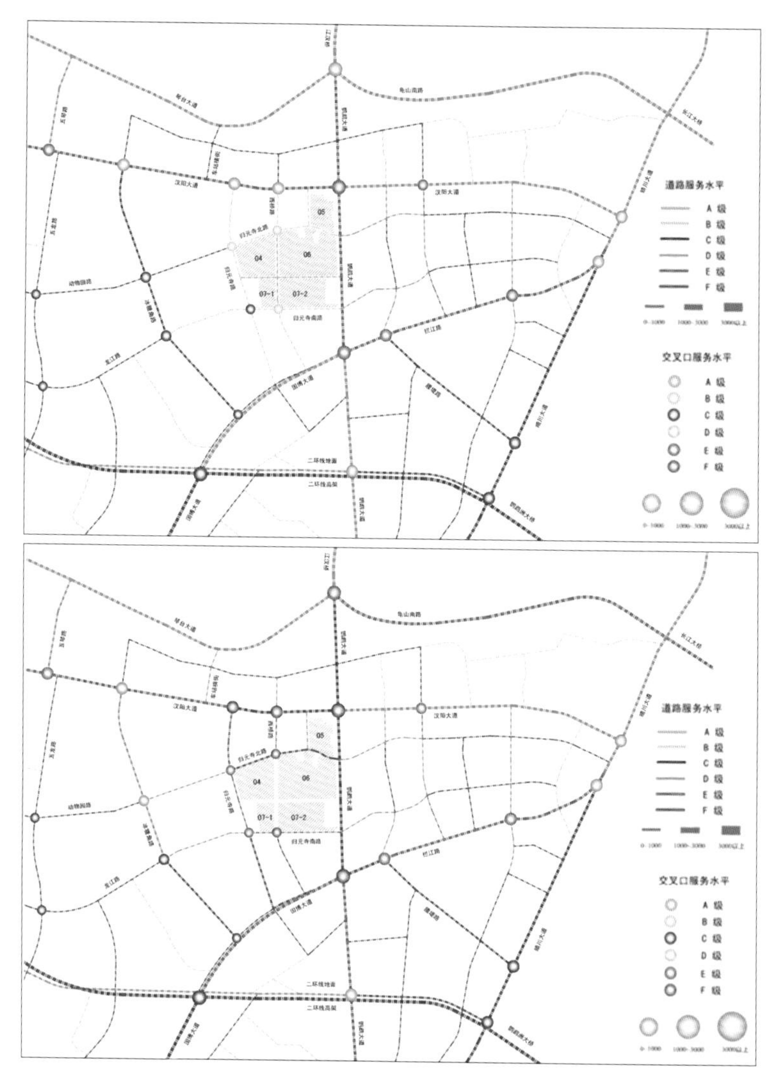

图 4-11 西桥路、翠微路变更为步行道条件下项目建设前后路网运行情况对比图

在西桥路、翠微路变更为步行道的条件下，项目建成后，区域路网服务水平下降更为显著，严重加剧了片区拥堵，判定项目对交通影响显著，需要进行全系统的交通改善及优化，以缓解项目开发引起的交通影响（图 4-11）。

基于此，外部市政方面须加大对公共交通、慢行交通的投入，丰富出行路径和方式，并加快规划路网系统，提升道路通行能力和效率，同时翠微路可调整为纯步行通道，西桥路车行功能须保留。项目叠加交通量变化示意图如图 4-12 所示。

3. 交通改善措施建议

（1）外部交通策略：引导出行方式转变，鼓励“公交 + 慢行”的出行方式，改善公共交通出行条件和服务水平，同时推进精细化交通建设，打破道路节点瓶颈，提升片区路网服务效率。西桥路（归元寺北路—南路段）断面优化改善图和规划平面示意图分别如图 4-13 和图 4-14 所示。

图 4-12 项目叠加交通流量变化示意图

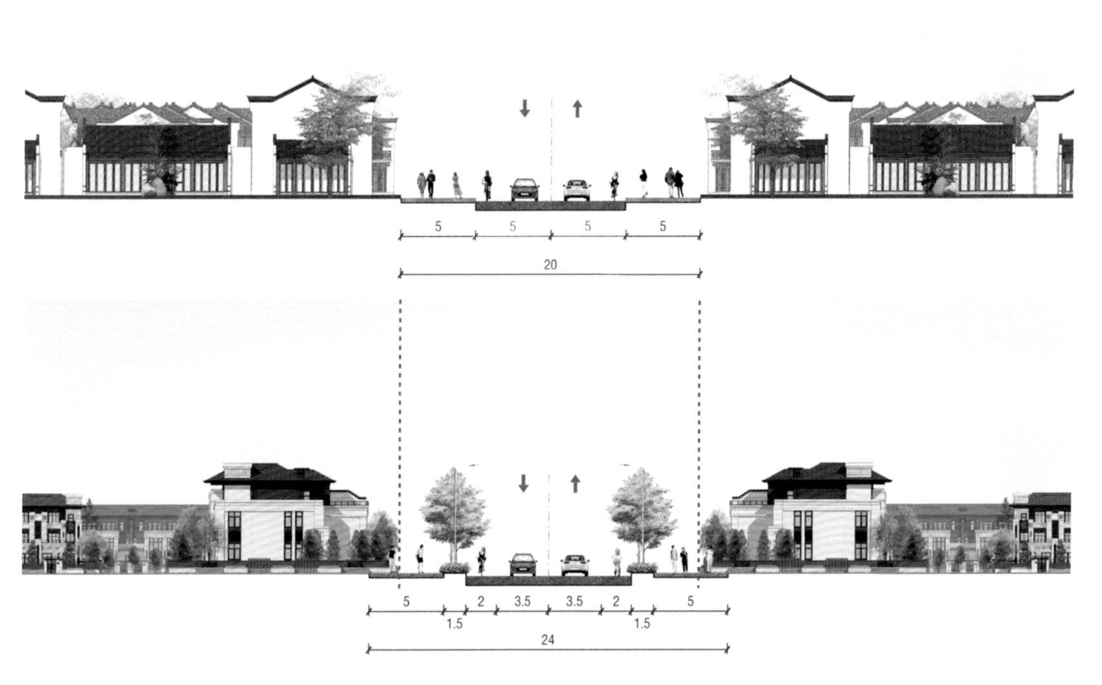

图 4-13 西桥路断面优化改善图

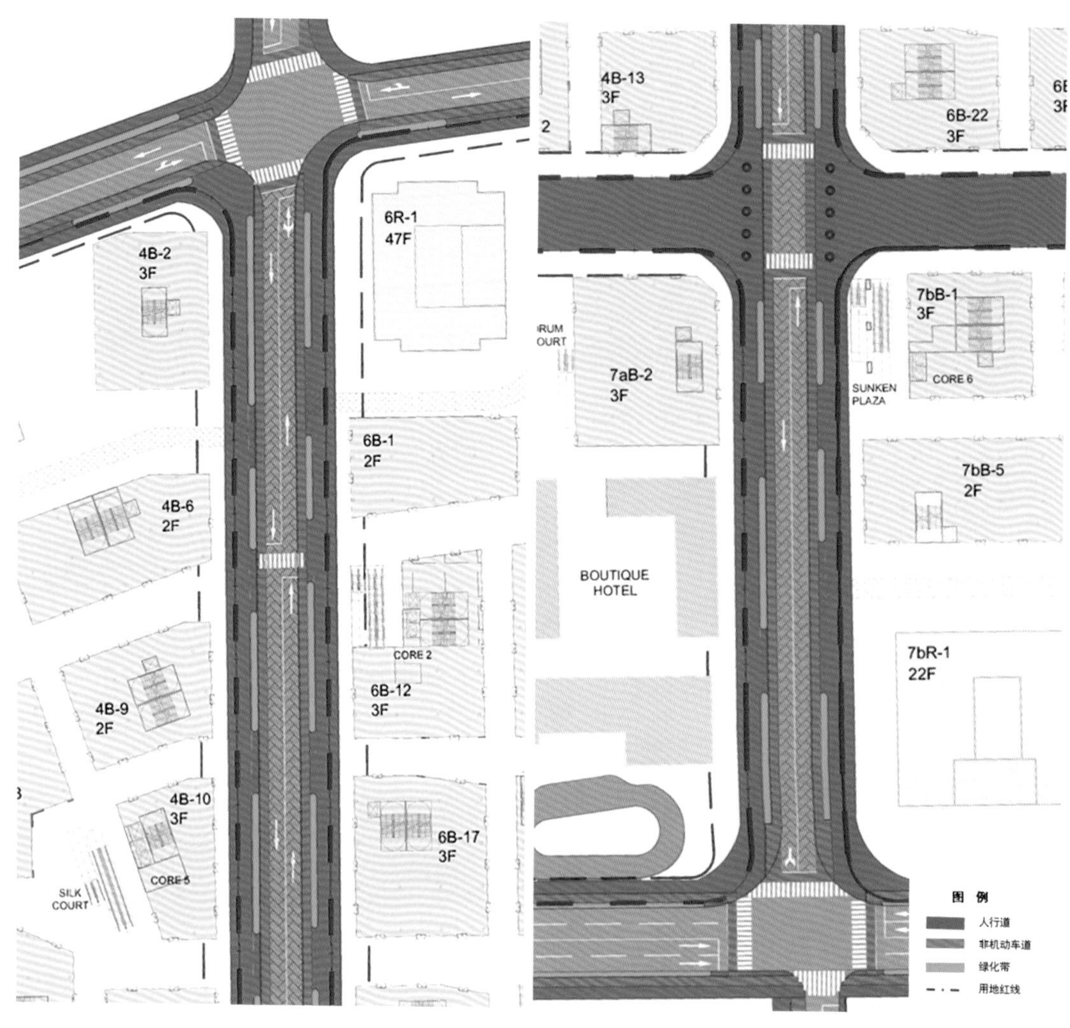

图 4-14 西桥路规划平面示意图

（2）内部交通策略：重新分配街道空间资源和配套设施，平衡各种交通需求，并以步行为基础，保障慢行舒适度，焕发商业区城市活力。项目总优化方案图如图 4-15 所示。

项目特色

1. 多次现场踏勘，掌握全要素交通数据，合理制定交通改善措施

作为在汉阳古城特殊区域增建的超大体量商业服务综合体开发项目，场地限制因素较多，外部情况较为复杂，应准确掌握现场情况，同时考虑到对周边历史保护建筑的影响，设计方案须充分考虑项目与保留建筑的合理关系。掌握全要素交通数据是整个交通影响评价工作的基础，同时也是保障设计方案科学性和可行性的重要条件。

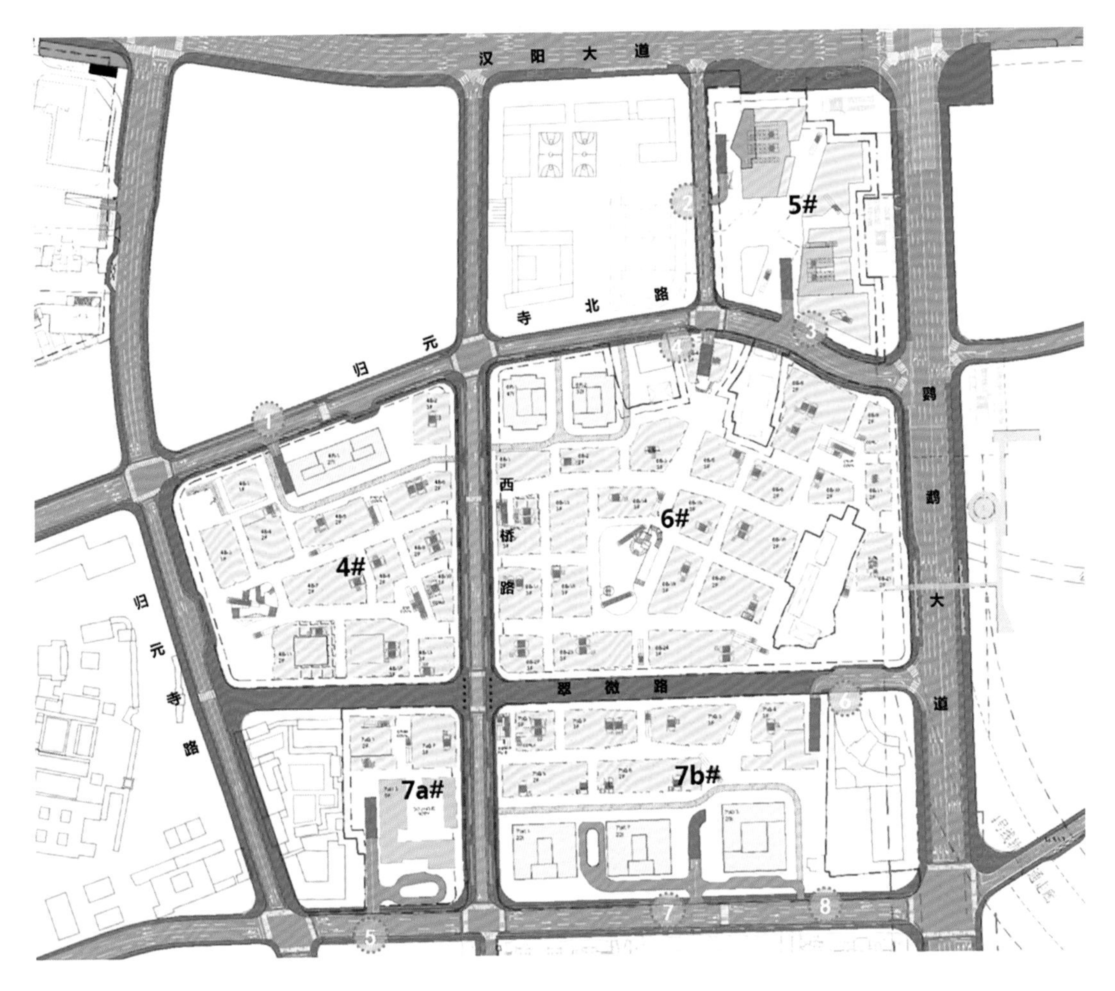

图 4-15 项目总平优化方案图

2. 结合历史风貌街区的特殊性，制定与之相适应的区域交通改善方案

本次规划在准确分析汉阳古城归元片交通现状和发展规划的基础上，总结相关成功案例，提出了切实可行的交通优化改善措施，重在保障慢行空间和出行品质。

为提供更舒适宜人的街道环境和商业街氛围，推荐西桥路中段（归元寺北路—归元寺南路）采用车行道铺砖、减小转弯半径等稳静化处理方式；并在步行道与车行道间设置坐椅、景观小品等缓冲设施。

同时通过升级完善区域规划路网、构建级配合理的内部道路系统、搭建完备的公共交通体系、营造舒适的慢行交通系统、加强交通管理、规范停车等措施，综合提升区域外部交通承载力，为居民提供多样出行选择。立足需求与供给平衡的角度，保障相关交通措施的有序实施，逐步实现项目开发和区域交通改善的双赢。

工作成效

本次交通影响评价工作是保障大型项目开发建设、不致使周边交通服务水平显著下降的重要措施，是避免土地超强开发的规划控制对策。本项目交通影响评价充分借鉴与本项目关联性强的国内其他城市的成功经验和先进理念，分析了区域用地及交通问题，明确了片区功能定位，确立了用地指导性开发强度，提出了内部交通、外部交通、内外衔接多方面的交通优化改善措施，并对重点研究区域的交通布局及静态交通进行分析优化。研究成果内容全面，论据充分，对项目的情况把握准确，提出的交通优化改善措施全面、系统，具有较好的前瞻性和科学性，具备较强的可操作性，提出的区域用地开发指导性建议较为符合区域发展需要。

楚商大厦暨武汉商会总部交通影响评价

项目背景

项目位于汉口长江主轴左岸，处于历史文化街区，规划建设 475 m 超高层地标性建筑，与武昌绿地中心共同构成“长江之门”，总建筑面积 54.3 万平方米，容积率 14.56，属超强开发，但受制于周边脆弱的交通环境，交通压力显而易见。项目规划方案图如图 4-16 所示。

图 4-16 项目规划方案图

研究内容

1. 交通条件评析

经研判，区域周边路网存在着道路等级低、易拥堵、交通组织复杂等难点，且道路条件基本固化，与超强度、超体量的土地开发相互协调难度较大，实施小汽车自由出行的交通供给模式十分困难。基于实际交通条件判断，区域开发应重点构建以“公交＋慢行”为主体，多种交通方式相结合的出行结构，大力倡导绿色出行。

2. 交通预测与开发规模论证

基于武汉市交通模型预测，项目建成后，在老城区既有道路等级低，路幅宽度不足，以及多路单向管制的条件下，进出项目的车辆存在一定的路径限制，造成部分干道路段与节点交通负荷严重过载。交通预测结果警示，一方面须加大区域公共交通的投入和优化，突出公交主体地位，改善慢行交通，丰富出行方式；另一方面，应促进区域路网进一步完善，提升道路基础服务能力。此外，还应合理引导小汽车使用。有无项目开发条件下区域交通运行状况对比如图 4-17 所示。

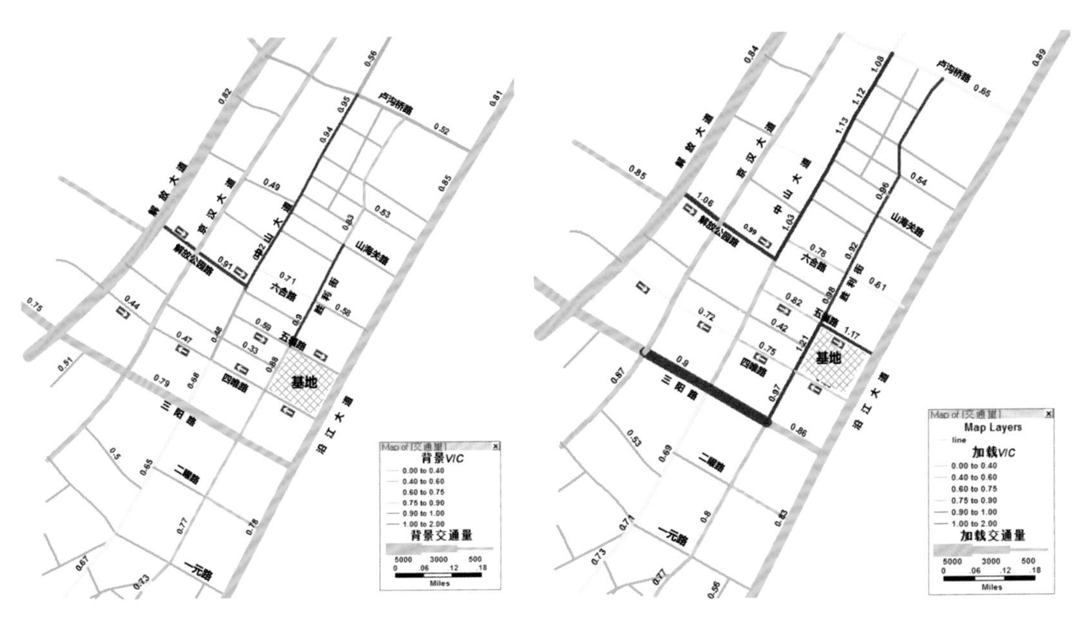

图 4-17 有无项目开发条件下区域交通运行状况对比

在经系统化交通改善后，特别是适度限制小汽车出行，将其占比控制在 20% 以内，充分依托周边丰富的公交资源的背景下，区域交通运行压力可得到显著缓解，项目开发规模方可接受。

3. 项目交通设施布局优化

（1）结合交通量预测判定项目开口数量及要求：早高峰进出项目交通量较大，客观上需要 4 处进出口，建议沿四周道路布置，其中四唯路和五福路上设置“双进双出”的一组进出口。西侧进出口量偏大，宜展宽。

（2）基于地上、地下停车库及各类业态停车需求，对车库出入口功能进行合理分工：①两个地上坡道，“双进双出”；②四个地库坡道，一组“双进双出”，两个独立进出。

（3）结合各业态慢行主出入口布置地面落客区，考虑大巴落客需求，分散布局非机动车停放点：①布设 5 处内部临时落客区；②沿项目外侧设置不少于 4 个大巴停车位和 2 处非机动车集中停放区。

图4-18为项目平面布局优化建议图，图4-19为项目空中停车楼方案布局优化建议图。

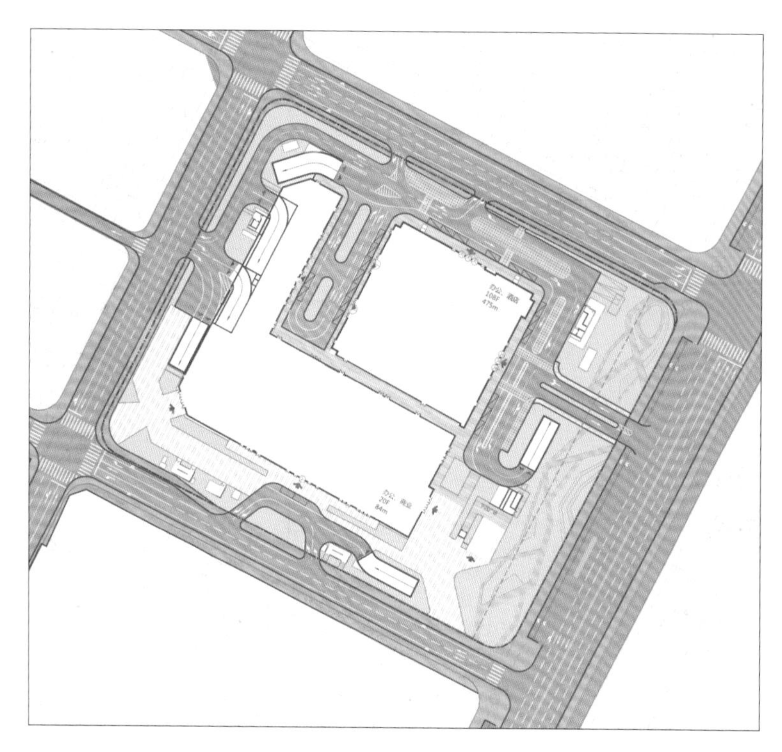
图4-18 项目平面布局优化建议图

4. 外部交通改善建议

（1）引导出行方式转变，鼓励“公交＋慢行”组合出行，改善公共交通出行条件和服务水平。①增强轨道交通服务的吸引力，促进项目与7号线地铁站的预留出入口（三阳路—中山大道交叉口）的衔接，缩短心理预期距离。②增强常规公交服务的便捷性，建议优化、新增公交线路，促使项目主动与三阳路、黄浦路公交枢纽衔接起来。考虑在沿江大道上沿项目一侧增设一处站点（沿江大道四唯路站），并运用票价机制鼓励公交出行、公交换乘。③落实慢行环境品质，助力公交出行成主角，开展相关道路整治工作，注重提升区域慢行环境，打造“连续、安全、舒适”的慢行系统；重点实施四唯路、五福路、胜利街、麟趾路慢行空间优化。项目周边公交设施衔接优化示意

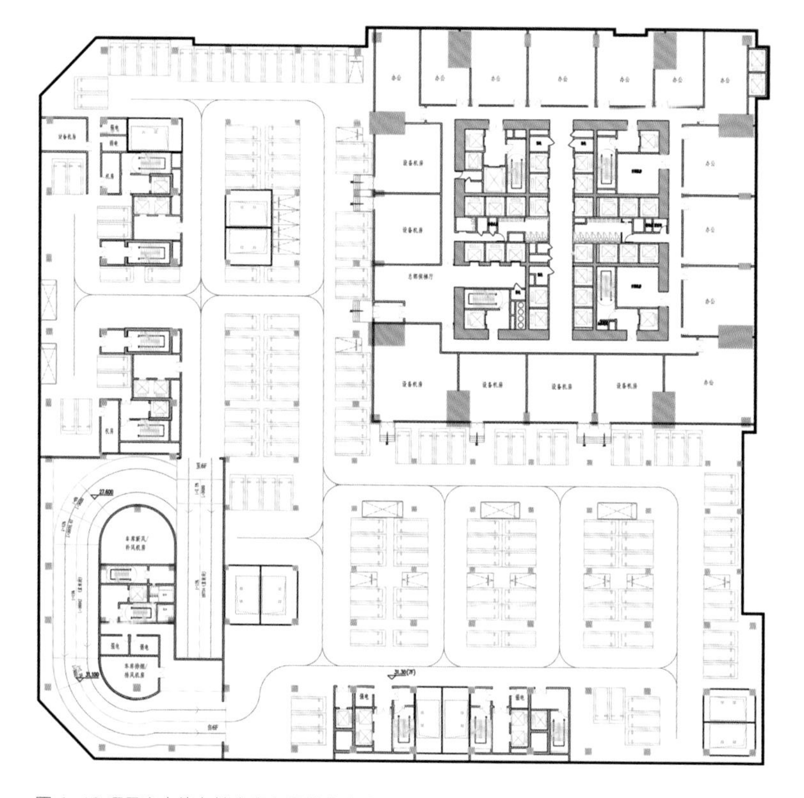
图4-19 项目空中停车楼方案布局优化建议图

图如图 4-20 所示。

（2）实施精细化交通建设，改善路网瓶颈，满足基本需求。①建议五福路西段（胜利街西）维持2车道，东段（胜利街东）沿项目一侧拓宽一条集散车道，以便于项目进出交通，并保障非机车道完整性。②考虑到项目与三阳路公交枢纽衔接的紧密性，建议四唯路重新划分路权，将现状 12 m 路幅压缩至 9 m，2 车道，画线设置非机动车道，留出更多的步行空间。四唯路平面优化建议图如图 4-21 所示。

（3）考虑推行特色化交通管理，合理引导小汽车使用。①动态交通管控：合理设置交通管制区。②静态交通管控：实施差异化停车收费，停车设施供给应综合考量，可采取适度从紧策略。

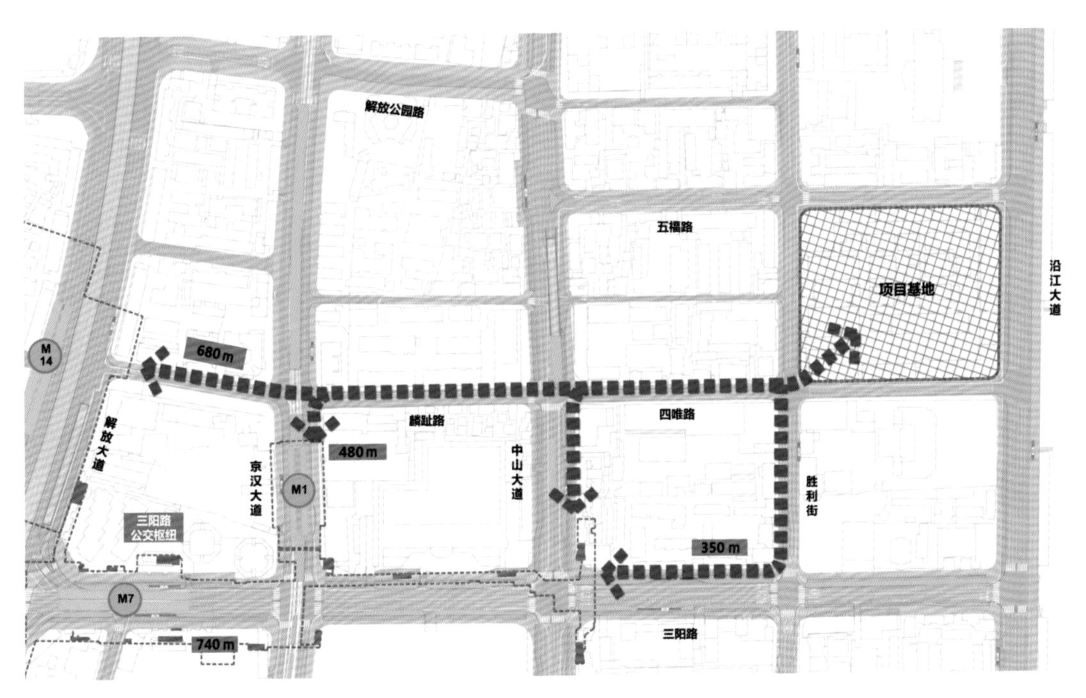

图 4-20 项目周边公交设施衔接优化示意图

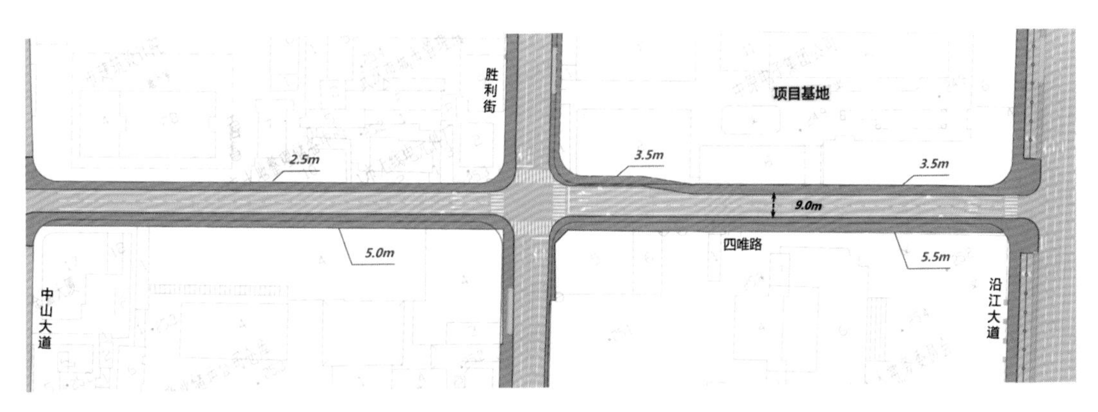

图 4-21 四唯路平面优化建议图

5. 进出交通组织方案设计

（1）办公车辆进出：到达流线经 4 个进口进入项目，利用内部路到达地上、地下车库；离开流线经胜利街、五福路、沿江大道驶出。

（2）商业车辆进出：到达流线经 4 个进口进入项目，利用内部路到达地下车库；离开流线经四唯路、沿江大道离开。

（3）酒店、货运车辆进出：车辆均通过五福路进出口到达和离开，并使用指定的地库坡道。

（4）内部临时落客交通组织流线：地面落客车辆经五福路、沿江大道和四唯路进出。利用完善的标志、标线系统进行管制和引导，规范内部车辆流线，实现内部交通运行畅通有序。内部落客流线总体采用“逆时针”方向组织原则。

项目各业态及车库交通流线组织图如图 4-22 所示。

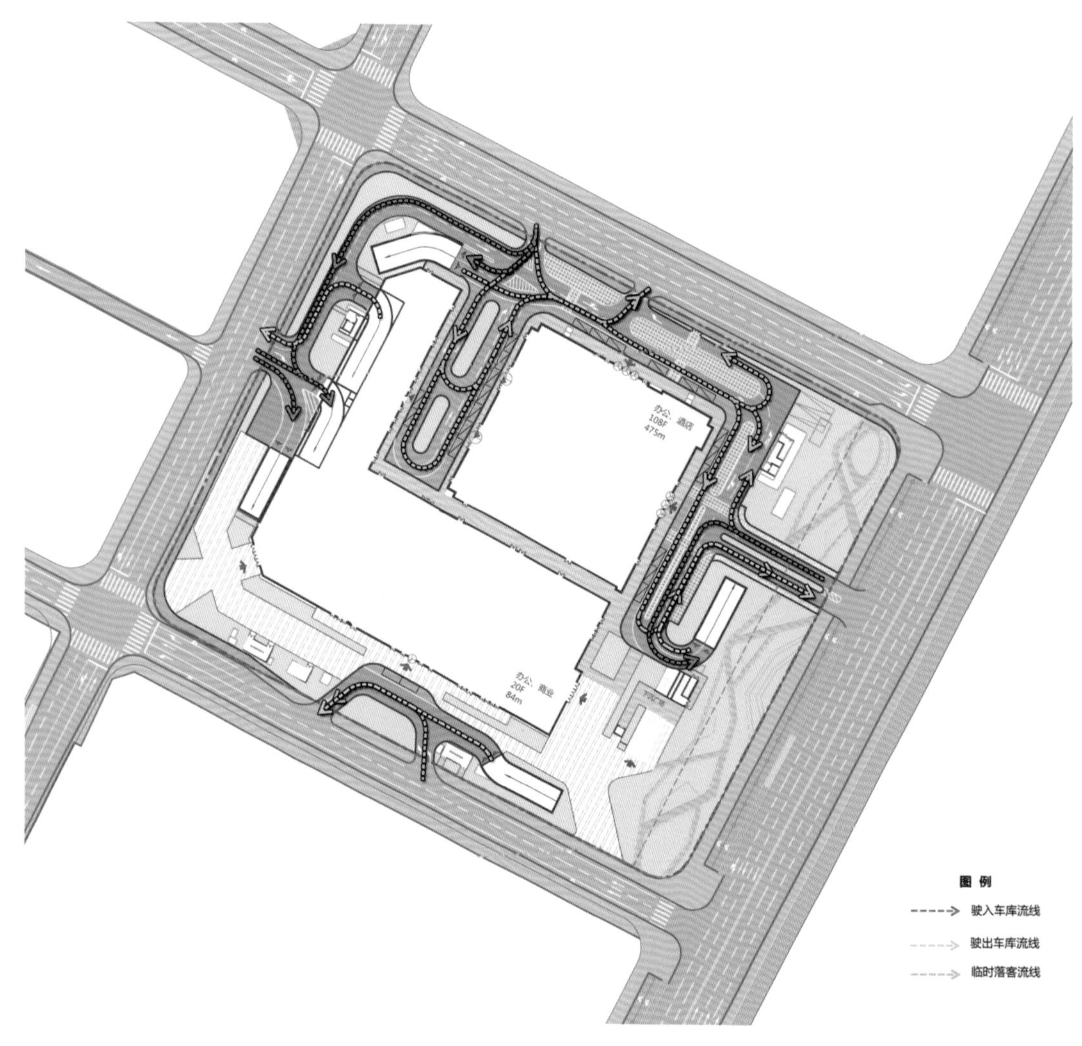

图 4-22 项目各业态及车库交通流线组织图

项目特色

1. 善于研究对标案例，总结经验，以实际交通效应辅助论证，技术方法可靠

本项目战略意义特殊，需要对标国内同等条件和规模的案例，以总结经验。对比上海、深圳、广州、武汉四大案例，梳理其交通供给特征，特别是轨道、公交服务强度及停车配建指标等关键信息，总结与本项目交通区位特征相适应的交通发展模式，为未来城市的交通发展提供借鉴和指导。

2. 运用城市规划思维研究交通优化问题，具有战略引领意义

交通优化研究以区域交通整体改善为目标，不局限于项目本身，通过交通优化策略剖析，逐一阐明三大策略的本质和内涵，细化具体对策。

3. 相关交通改善方案内容具体，可行性强

本次规划在准确分析片区交通现状和发展规划的基础上，总结相关成功案例，提出了切实可行的交通优化改善措施，包括构建级配合理的内部道路系统、搭建完备的公共交通体系、营造舒适的慢行交通系统、加强交通管理、规范停车等，逐步实现项目开发和区域交通改善的双赢。

4. 规划方案内容细致，指导性强

本次规划对规划方案做了大量深入、细致的研究工作，以定量和定性分析相结合的手段，逐步解析项目开口数量、宽度要求，车库数量与功能划分要求，进出交通与临时落客组织等，细致分析，促进规划方案日臻完善，与城市交通相互协调发展。

工作成效

本次规划全面分析区域交通条件，梳理相关规划，开展对标案例分析和交通现状调查，科学预测项目交通量及影响程度，基于此提出“引导出行方式转变，鼓励‘公交＋慢行’出行；实施精细化交通建设，改善路网瓶颈；推行特色化交通管理，合理引导小汽车出行”三大外部交通改善建议，以期促进项目开发建设与区域交通运行相互协调。

宜昌滨江商务区交通影响评价

项目背景

交通区位：项目紧邻五一广场，由伍临路、白沙路、沈家店路和长江水系围合，区位优势与交通压力并存。

规模定位：用地面积 54.71 万平方米，总计容建筑面积约 163 万平方米。规划打造大型商业综合体、现代金融办公区、高品质居住社区及滨江特色亲水游憩空间。

宜昌滨江商务区项目效果图如图 4-23 所示。

图 4-23 宜昌滨江商务区项目效果图

研究内容

1. 交通条件评析

外部主干道系统完善，区域交通条件优势明显，项目选址合理。内部次、支路系统尚未形成，根据项目用地调整要求，规划道路布局并进一步评估。区域公共交通服务能力较弱，公交线路走向及站点布局需要进一步优化，并考虑与规划轨道交通、快速公交、人行过街设施的衔接问题。

2. 交通预测与开发规模论证

图 4-24 基于交通模型预测的区域背景交通量及服务水平图

按照开发规模进行预测，在既有规划条件下，项目的建设对周边道路运行将产生显著影响，特别是伍临路、白沙路、夷陵大道及其相交路口的交通压力较大，服务水平降至 F 级。经项目平面布局和区域交通条件优化后再预测，项目周边主要道路、路口的交通服务水平得到改善，交通运行状况处于可承受的水平，项目交通影响可以接受，即在落实交通影响评价改善意见的情况下，本项目的开发规模是可行的。基于交通模型预测的区域背景交通量及服务水平图如图 4-24 所示。

3. 交通改善措施建议

根据预测分析，基于现状交通条件，结合相关案例经验，提出以下优化方案。

（1）优化完善区域规划路网，提升道路等级：①在内部规划两条次干道、两条支路，合理设置断面；

②建议调整桔城路为主干道，沈家店路为次干道。

（2）加快完善城市骨架道路网，有效分离长距离交通：①加快沿江大道延长线、柏临河路、东山大道延长线、白沙路延长线等的改造或建设，增设城市快速路系统与主要道路相交的转换立交；②在柏临河路、恒通路、城乡路与伍临路、八一路交叉口设置诱导设施，实现长距离分流。

（3）推动周边道路系统改造升级，有效满足区域交通需求：①建议沿江大道延长线采用浅挖隧道方案，并同时增设一对地下港湾式公交站点和两处衔接地库出入口的进出口；②建议近期对伍临路进行扩宽改造，远期规划设置下穿通道；③建议近期对白沙路进行局部扩宽改造，远期建规划设置下穿通道。沿江大道下穿通道规划方案图如图 4-25 所示。

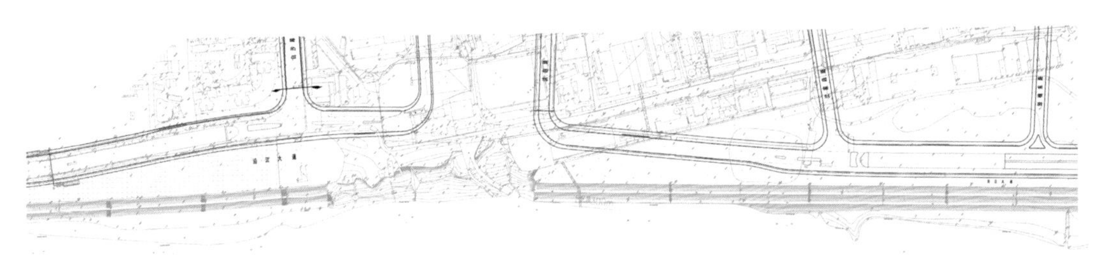

图 4-25 沿江大道下穿通道规划方案图

（4）构建便捷的公交体系，提升区域公交服务水平：①建议局部调整轨道交通线路走向，在基地增设一处站点；②开辟一条衔接快速公交站点与基地的社区巴士线路。

（5）构建连续完善的慢行交通系统，打造舒适的游憩空间：结合伍临路地面空间优化，构建以滨江景观带和绿化走廊为主，各条规划道路为辅的区域慢行交通系统。区域慢行交通系统构建示意图如图 4-26 所示。

（6）促进公共停车场建设：结合项目开发，加快城市公共停车场建设，逐步缓解停车位不足的问题。

项目特色

1. 工作组织严密，专家咨询与部门实施意见相结合，保障项目研究的科学性与可操作性，对城市用地规划管理工作具有良好的指导作用

本次交通影响评价工作采取“政府主导、部门联动、专家指导、科学评估”的工作方针，组织各主管单位及相关部门、多领域专家进行咨询研讨，并多次向自然资源和规划局汇报工作，广泛征求相关单位意见。

2. 基于交通影响评价的控制性详细规划调整研究，能够从全局角度考虑，确保交通运行水平总体可接受，有效促进城市开发与交通发展相互协调

本次交通影响评价工作是配合区域控制性详细规划调整和方案规划设计的，通过交通条件分析测算区域路网可承担的用地开发强度和内部道路系统需求，指导区域控制性详细规划的用地强度控制，保

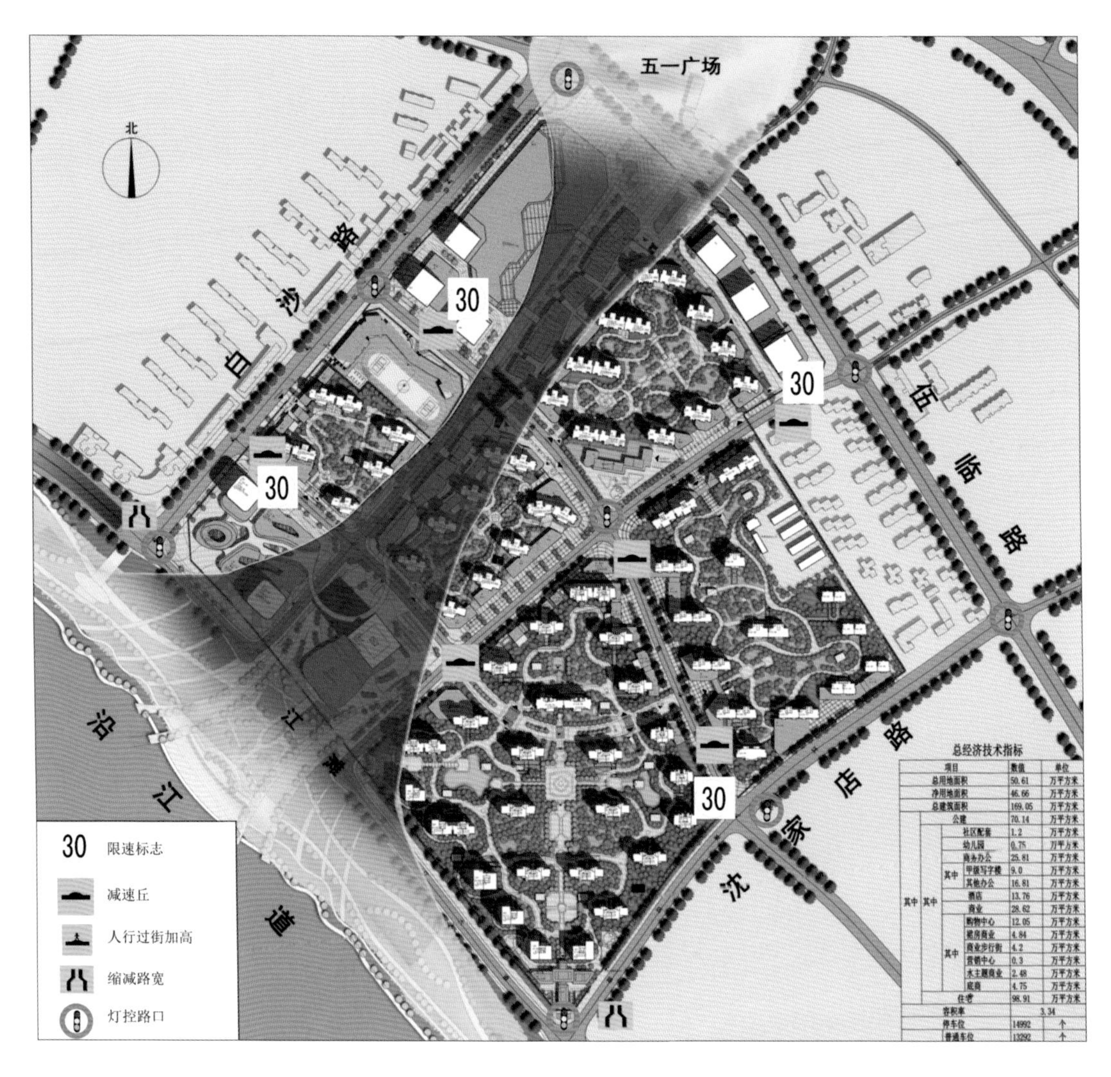

项目				数值	单位
总用地面积				50.61	万平方米
净用地面积				46.66	万平方米
总建筑面积				169.05	万平方米
其中	公建			70.14	万平方米
	其中	社区配套		1.2	万平方米
		幼儿园		0.75	万平方米
		商务办公		25.81	万平方米
		其中	甲级写字楼	9.0	万平方米
			其他办公	16.81	万平方米
		酒店		13.76	万平方米
		商业		28.62	万平方米
		其中	购物中心	12.05	万平方米
			裙房商业	4.84	万平方米
			商业步行街	4.2	万平方米
			营销中心	0.3	万平方米
			水主题商业	2.48	万平方米
			底商	4.75	万平方米
	住宅			98.91	万平方米
容积率				3.34	
停车位				14992	个
	普通车位			13292	个

图 4-26 区域慢行交通系统构建示意图

障区域用地优化发展。研究成果能指导项目区域内外交通规划设计，保障项目开发与周边交通协调，也能有效指导政府的城市用地规划管理及交通发展规划工作，还能作为区域控制性详细规划调整的依据，保障控制性详细规划的科学性和合理性。

3. 研究注重系统思维应用，立足实际，全面优化区域交通，既为项目开发提供基础保障，也可促进区域城市更新可持续发展

规划成果在准确分析滨江商务区片区交通的现状和发展规划的基础上，总结相关成功案例的经验，提出了切实可行的交通优化改善措施，包括升级完善区域规划路网、构建级配合理的内部道路系统、搭建完备的公共交通体系、营造舒适的慢行交通系统、加强交通管理、规范停车等。通过构建配合项目开发的“交通建设项目库”，从需求与供给平衡的角度出发，保障相关交通措施的有序实施，逐步实现项目开发和区域交通改善的双赢。

工作成效

本次交通影响评价充分借鉴国内外大城市滨江用地开发的成功经验和先进理念，分析了区域用地及交通问题，明确了片区功能定位，确立了用地指导性开发强度，提出了内部交通、外部交通、内外衔接多方面的交通优化改善措施，并对重点研究区域的交通布局及静态交通进行分析优化，顺利通过专家咨询会论证。与会专家认为，研究成果内容全面、论据充分，对项目的情况把握准确，提出的交通优化改善措施内容全面、系统，具有较好的前瞻性和科学性，具备较强的可操作性，提出的区域用地开发指导性建议较为符合区域发展需要。

武商梦时代商业广场项目交通影响评价

项目背景

图 4-27 武汉梦时代商业广场项目效果图

交通区位：地处武汉市武昌中南商圈，位于武珞路以南，丁字桥路以东，石牌岭路以西，紧邻亚贸商业广场。

规模定位：项目分为 A、B 两个地块，用地面积约 13.1 万平方米，建筑面积约 67.5 万平方米。规划打造五星级酒店、现代金融办公写字楼及华中地区单体建筑面积最大的巨型商业综合体。武汉梦时代商业广场项目效果图如图 4-27 所示。

研究内容

1. 交通条件评析

经细致调查，外部主干道系统基本形成，区域交通条件优势明显，但项目周边区域道路及路口的交通运行比较拥堵。区域公共交通服务能力良好，与周边项目联动性强，慢行交通条件要求较高。

2. 交通预测与开发规模论证

按照开发规模进行预测，在既有规划条件下，项目的建设对周边道路运行将产生显著影响。项目建成后，丁字桥路、石牌岭路、文安街和武珞路—丁字桥路路口、武珞路—石牌岭路路口服务水平达到F级，武锅中路和武珞路部分路段服务水平达到E级，造成严重的交通阻塞，对整个区域城市交通影响巨大。经项目平面布局和区域交通条件优化后再预测，项目周边主要道路、路口的交通服务水平得到改善，交通运行状况处于可承受的水平，项目交通影响方可接受。

3. 交通改善措施建议

（1）优化区域规划道路，优化区域内交通管制措施。

①打通丁字桥路、石牌岭路至八一路段，丁字桥路建设下穿武珞路地下通道，武珞路建设下穿石牌岭路的地下通道。

②综合改造丁字桥路、石牌岭路：断面改造，增加中央隔离带，整治归并沿线地块进出口，全线进行信号灯配时及渠化设计，全线禁停并纳入严管街。

③增加文安街和武锅中路的车道数，分别形成双向6车道和双向4车道，提高通行能力。

④打通区域内东西向断头路——瑞景路和规划路。

（2）构建便捷的公交体系：结合道路建设，加密常规公交线网，增加微循环巴士线路，提高常规公交与地铁的无缝衔接，提升区域公交服务水平。

（3）构建连续完善的慢行交通系统，完善区域人行过街设施：规划新增2座天桥，现状改造2座天桥。

（4）促进公共停车场建设，加强与现有停车场的连接，建立智能停车信息系统。

武汉梦时代项目平面布局优化总图如图4-28所示。

4. 地块交通设施布局要求

通过Vissim仿真模拟软件，运用排队理论作为研究方法，根据A、B两地块的开发业态、建筑面积进行车辆到达及离开流量的预测，针对进出地下车库的小汽车到发率，对现状条件差的三个出入口改善优化；调整地下车库出入口位置，地块间设置两处地下室连通道；结合出入口布置公交站点、微循环巴士站点、出租车停靠点、共享单车停靠点。基于排队仿真的车库出入口功能优化建议图如图4-29所示，经优化的局部项目地下车库平面布局图如图4-30所示。

项目特色

1. 全方位梳理方案弱项，系统性归纳交通改善措施

结合项目规模及自身特点，逐项制定四大措施，全面提升建成区附近的交通品质，保障项目开发具备相对良好的交通环境。

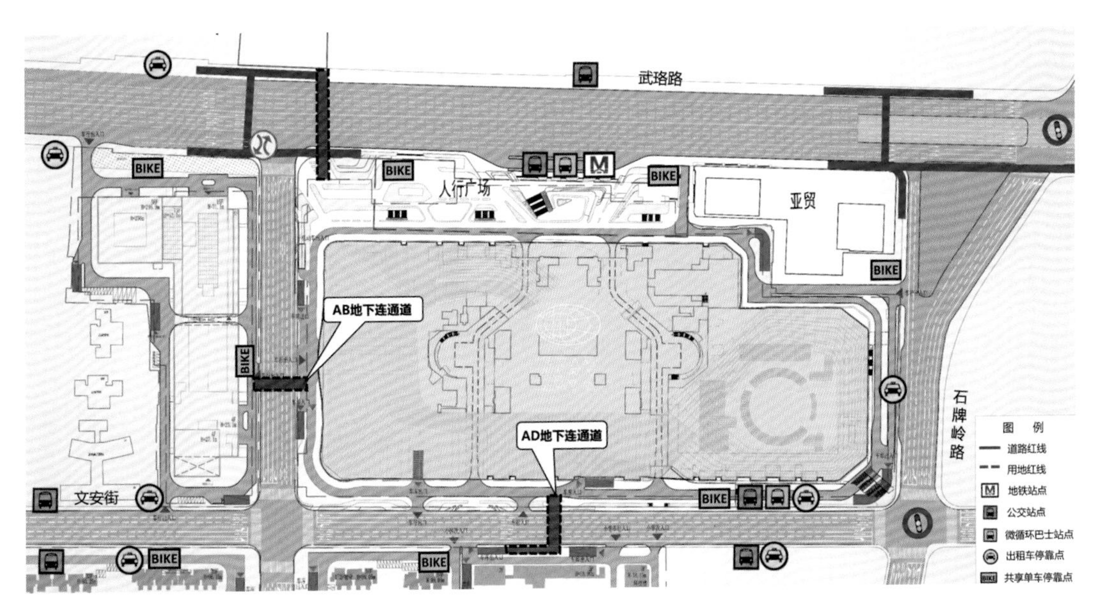

图 4-28 武汉梦时代项目平面布局优化总图

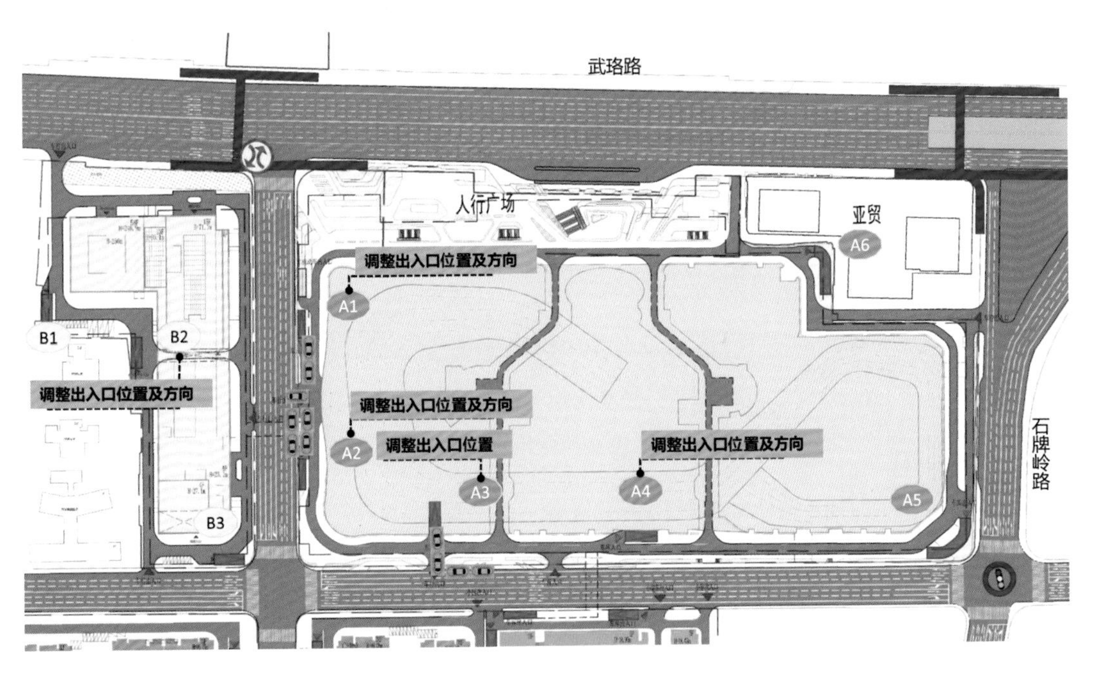

图 4-29 基于排队仿真的车库出入口功能优化建议图

2. 通过仿真软件构建交通模型，科学分析优化前后改善效果

用 Vissim 交通建模仿真软件构建现状与优化方案，通过对比优化前后交通状况，论证优化措施的合理性和必要性，为方案优化提供更直观的技术支撑，具备更好的展示性。

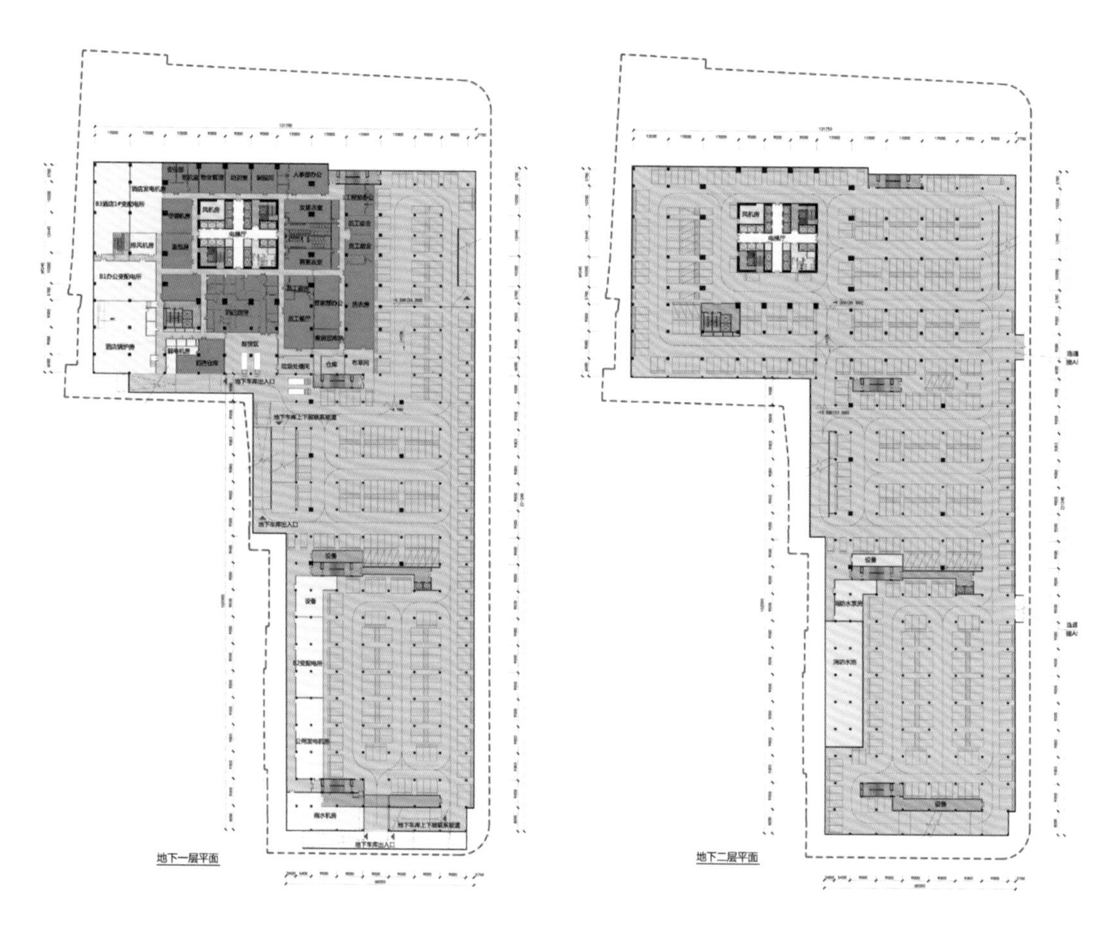

图 4-30 经优化的局部项目地下车库平面布局图

3. 基于排队理论，结合仿真软件分析论证方案设计的可实施性

理论分析方法与仿真软件相结合，分析确定停车缺口，根据项目车库出入口拥堵程度进行调整，确保内部交通设施布局的合理性，促进内外部交通的衔接顺畅有序。

4. 促进相关措施的落地，指导周边建设体系化发展

方案中周边道路，紫阳东路延长线贯通，武珞路延线基座天桥均已纳入城建计划，方案中提到的地块开口、车库出入口的布局及地下连廊、地下连通道等设施均已建成，为改善区域交通微循环、提升慢行交通的便捷度起到了重要的推动作用。

工作成效

受制于外部交通条件和用地的高强度开发等因素，本次交通评估研究意见至关重要，对方案优化设计有深远影响。交通评估提出构建外部环路建议，将车行空间、配套交通设施布局于外围，促进车流与人流分离，减少相互干扰，营造良好的商业氛围，更好促进项目可持续发展，受到业主和规划部门的一致认可。

武汉五环体育中心交通影响评价

项目背景

图 4-31 武汉五环体育中心及配套设施实景图

项目位于武汉市东西湖区吴家山，东临临空港大道，南侧为金山大道。中心具备承接第七届军运会部分国际赛事的能力，及承办国家级、省级体育赛事的能力，规划总用地面积约 158123 m^2，总建筑面积 145000 m^2，包含一个 30000 座的体育场、一个 8000 座的体育馆和一个 1000 座的游泳馆，设计停车位 2145 个。武汉五环体育中心及配套设施实景图如图 4-31 所示。

研究内容

1. 交通条件评析

经梳理，项目周边开发未完成，区域路网体系不完整；公共交通服务能力严重不足；交通管理需要优化调整。基于实际交通条件判断，特别是针对项目客流大规模快速集散的特质，区域开发应重点构建以公交为主体、多种交通方式相结合的出行结构，大力倡导绿色出行。

2. 交通预测与开发规模论证

基于武汉市交通模型预测，项目在第七届军运会期间，散场交通若遇上晚高峰则会对周边路网造成较大影响，但道路交通尚可以接受；而在特大型赛事期间，项目散场交通若遇上晚高峰则会对周边路网造成较严重影响，基地周边主干道未来交通压力均较大，特别是临空港大道和金山大道高峰小时服务水平达到 F 级，交通优化改善势在必行。第七届军运会高峰时段周边路网交通运行状况预测如图 4-32 所示。

3. 项目交通设施布局优化

基于项目功能定位，为保障项目内外部交通有序运转，优化建议如下。

（1）道路调整。

新城一路、规划一路增设非机动车道；规划二路、规划四路红线宽度由15 m拓宽至20 m，双向四车道通行；规划三路红线宽度由12 m拓宽至16 m，双向两车道通行；内部道路优化，宽度6 m，双向通行，转弯半径6 m以上。

图 4-32 第七届军运会高峰时段周边路网交通运行状况预测

（2）停车场出入口调整。

建议在规划一路上增设3个停车场出入口，在赛事期间临时使用，平时关闭；在赛事期间关闭规划四路上车行出入口，改从规划一路出入，同时将规划四路局部路段进行管制，禁止机动车通行，避免行人和机动车相互干扰；分别在规划四路和规划三路增设1、2号停车场出入口各1个，使其出入口数量满足规范要求；建议地下停车场在与轨道联系通道上开设出入口，便于非赛事期间停车场作为“P+R”（即park and ride，停车和换乘）停车场使用，增加停车场使用率。

（3）慢行交通管理。

非机动车交通：在项目北侧、南侧和东侧结合人行出入口分别新增公共自行车租赁点和非机动车停靠点，同时在项目空闲位置零散设置非机动车停车点；促进非机动车交通出行，以及与公共交通之间的换乘。

人行通道：将项目东侧二层下底面的人行梯道延伸上跨规划三路，减少东侧行人过规划三路时与道路机动车交通之间的干扰。根据赛事需要，建议在项目南侧新增立体人行过街通道，满足运动员跨金山大道过街需求。

（4）静态交通管理。

地面停车优化：将项目内部环路路边大巴车位进行优化调整，使其车位设置及通道宽度满足规范要求。

停车场布局优化：建议将6、7号停车场打通，形成一个连通的停车场，以便统一调度管理。

大巴停车场设置建议：建议赛事期间将项目1、2号停车场部分小汽车停车位改为大巴临时停车位。

其他建议：建议近期将项目北侧用地平整，设置临时停车场；远期进行停车共享。

项目交通设施平面布局优化建议图如图4-33所示。

4. 外部交通改善建议

（1）关键交叉口交通疏解能力提升工程：预测显示，临空港大道—金山大道交叉口将会发生拥堵问题，规划建议将该交叉口进行拓宽改造，调整为南北向五进四出，东西向六进三出，大幅提升通行能力。同时建议对项目周边规划一路—新城一路交叉口、新城一路—临空港大道交叉口、金山大道—规划一路交叉口、金山大道—吴新干线交叉口进行渠化改善，提升交叉口通行能力，缓解交叉口交通压力。

（2）公共交通资源的活化利用：①开设微循环公交线路，并将其与轨道交通6号线一期站点衔接，促进绿色出行；②开设大巴专线，并将其与市内各大公交枢纽衔接，以便快速集散客流。

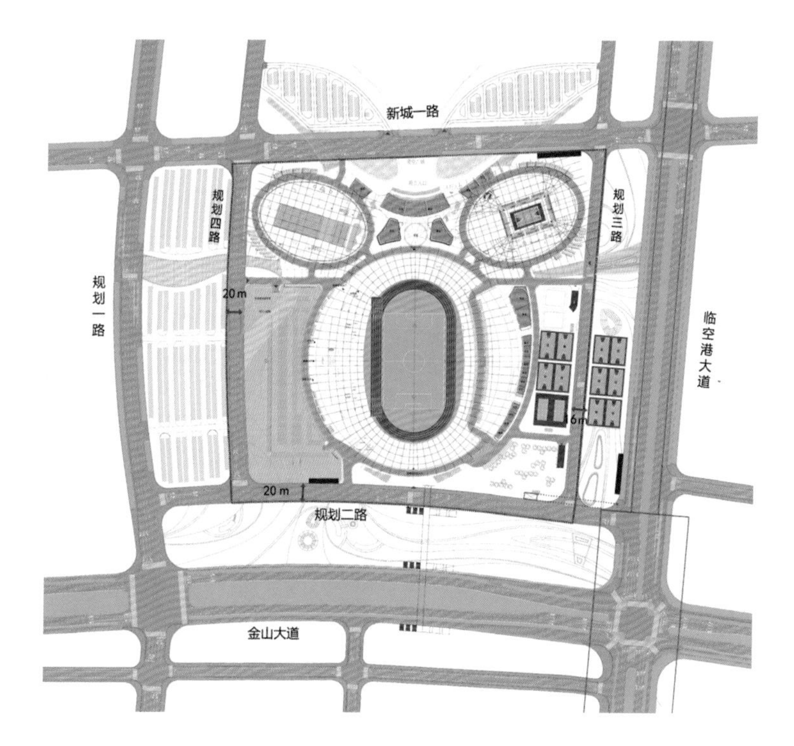

图 4-33 项目交通设施平面布局优化建议图

5. 赛事期间交通组织优化

（1）路段交通管制措施。

规划一路、规划二路局部路段单行；规划四路局部路段禁止机动车通行。

（2）交叉口交通管制措施。

规划一路南进口禁止右转；规划四路—新城一路交叉口南进口禁止左转；规划三路—新城一路交叉口禁止左转，规划三路在该交叉口禁止直行，右进右出；1号停车场南出入口禁止左转。

（3）停车场出入管制。

关闭规划四路上3个停车场出入口，开启规划一路上3个停车场出入口，使停车场出入交通从规划一路快速向外疏散。

赛事期间交通组织管控建议图如图 4-34 所示。

项目特色

1. 善用对比方法研究不同等级赛事客流需求，预测结论可靠

本次交通影响评价以国内、市内各大体育场馆为蓝本，收集全面的客流数据、车流数据、公交数据、停车数据等，对比交通区位、服务对象、交通供给、城市交通发展等特点和差异，系统探究本项目客流规模预测值，分析军运会期间、特大型赛事期间项目基地周边交通运行状态，并进行专业评估，数据科学可靠，是各项交通设施供给、交通管控措施制定的客观依据。

2. 交通优化改善措施内容具体，针对性强，可行性高

研究成果在准确分析片区交通现状和发展规划的基础上，总结相关案例，提出了切实可行的交通优化改善措施，构建了级配合理的道路系统，搭建了完备的公共交通体系，营造了舒适、便捷的慢行交通系统，制定了有针对性的交通管理对策，规划了适宜的停车规模等，在保障项目正常开展的情况下，促进区域交通有序运行。

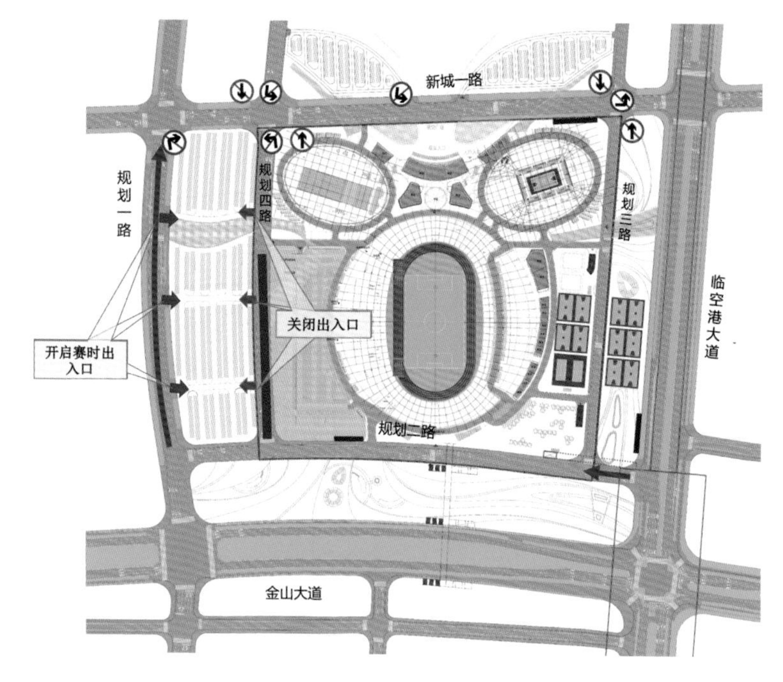

图 4-34 赛事期间交通组织管控建议图

3. 规划方案平面布局优化细致完整，指导性强，利于实施

本次研究针对规划方案优化做了大量深入细致的研究工作，以定量和定性分析相结合的手段，逐步解析项目不同客流强度下的开口数量、管控要求，车库数量与功能划分要求，进出交通与临时落客组织等，促进规划方案日臻完善，满足不同赛事情况下的交通需求，促进项目开发与城市交通协调发展。

4. 交通组织方案系统全面，利于后期运营管理，有效协调城市交通矛盾

交通组织方案粗分为赛事期间交通组织方案和非赛事期间交通组织方案。流线设计具体到每个停车场地，按不同主服务方向和对象，制定到发流线，以便更好地诱导交通，避免车流、人流过于集中，放大交通矛盾。按场地进行交通流线布局，便于更好地设置交通诱导标志、标牌设施，可多式联动引导，提高交通运行效率和城市化智能水平，也有利于体育场馆自身可持续发展。

工作成效

本次研究成果直接影响项目规划方案能否落地，也关乎 2019 年第七届世界军人运动会部分赛事的成败，更是武汉市未来体育事业健康发展的关键性保障。经向业主方和东西湖区自然资源和规划局多次汇报，研究成果获得一致好评，各条交通意见均已在规划方案中采纳。目前，武汉五环体育中心已经建成运营，于 2019 年成功举办军运会足球与乒乓球比赛，赛事圆满进行，获得多方赞誉。从近年来的大小赛事交通运行监测情况来看，武汉五环体育中心尚处于客流培育期，交通运行状况一向良好，由此可见，交通影响评价对大型公共建设项目的规划研究是十分重要的。

黄狮海学校项目交通影响评价

项目背景

项目毗邻武汉市东西湖区黄狮海，海城七路以西，云海路以北，地块北侧为沿海赛洛城二期，西南角处为武汉太康医院。根据规划，本项目业态为“初中＋小学”，总用地面积约 67236.84 m²，总建筑面积 66141.67 m²，拟建 66 班，其中初中 30 班，小学 36 班，学校规模相对较大。项目规划总平面图如图 4-35 所示。

图 4-35 项目规划总平面图

研究内容

1. 交通条件评析

基于项目周边特殊的地理环境，服务于地块的道路已基本形成，路网形态较好，但均为支路，等级低，交通疏解能力有限。同时，片区公交服务条件欠佳，慢行环境亦不理想，随着新学校的入驻和周边用地的持续开发，区域路网面临较大的交通压力。

2. 交通预测与开发规模论证

基于武汉市交通模型预测，项目建成后，周边道路及交叉口交通负荷程度均有不同程度的增加，其中海城六路、海城七路诱增交通量与通行能力之比超出限定值，交通影响显著，需要进行系统的交通改善。

3. 外部交通改善建议

（1）近期重点推进洛城南路－云海路口西南侧、海城四路西侧公共停车场建设，规划泊位约300个。

（2）鼓励学校利用操场建设公共停车场，建议在洛城路、黄狮海南路方向各设置一个机动车出入口；并对公共停车场空间进行合理区划，设置家长临时等候区，避免接送车辆及行人对外部交通造成影响。

（3）建议将海城六路设置为由南向北的单向交通，将海城七路设置为由北向南的单向交通，并结合单行措施调整相应的公交线路。

（4）建议海城六路重点服务学校交通出行，尤其是上下学时段，结合海城六路规划红线，优先保障慢行路权，设置独立慢行道。

（5）建议小学部和中学部错时上学、放学，建议错时1~2h，从而避免人流、车流过度集中。

项目交通优化基本思路、原则、要求如图4-36所示。

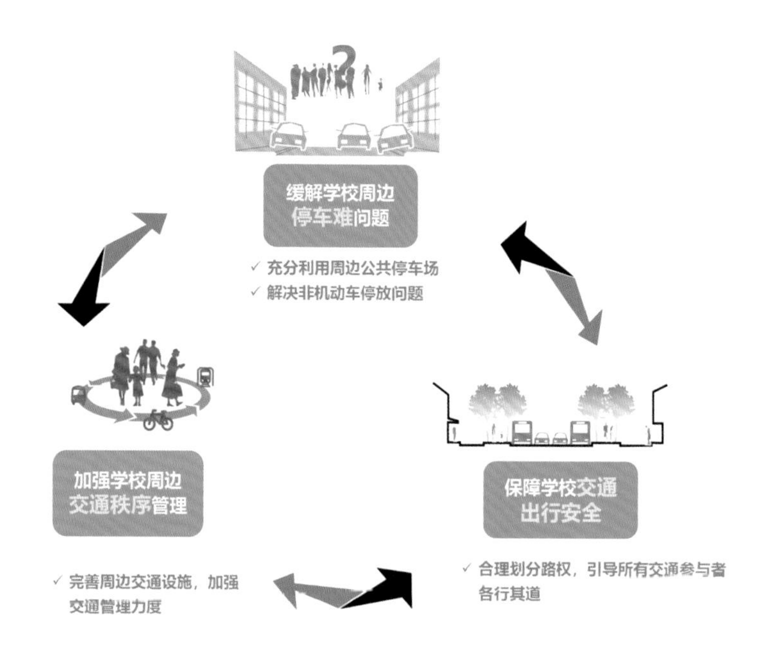

图4-36 项目交通优化基本思路、原则、要求

4. 项目交通设施布局优化

（1）项目出入口：建议在海城六路设置学校内部教职工车辆出入口，在海城七路设置外部车辆出入口。

（2）内部通道：内部通道宽度由4 m调整至6 m，满足车辆双向通行的需求。

（3）停车设施优化建议：建议配建2个校车位，7个无障碍停车泊位；将部分停车泊位对外开放，进行分区管理，将对外开放车位和学校内部使用泊位进行物理分隔，设置对外行人出入口。

5. 接送学生交通组织优化设计

学校交通流的主要特点是爆发式集散，交通组织方案设计至关重要。

接送人流、车流与学校内部人流相互分离，在专门的场所完成接送，再分别经由机动车停车场、非机动车停车场或步行离开，各流线相互独立，互不干扰。较为理想的接送学生交通组织布局方案如图4-37所示。

项目特色

1. 注重调查手段，了解最真实的交通信息，研究方法科学、精准

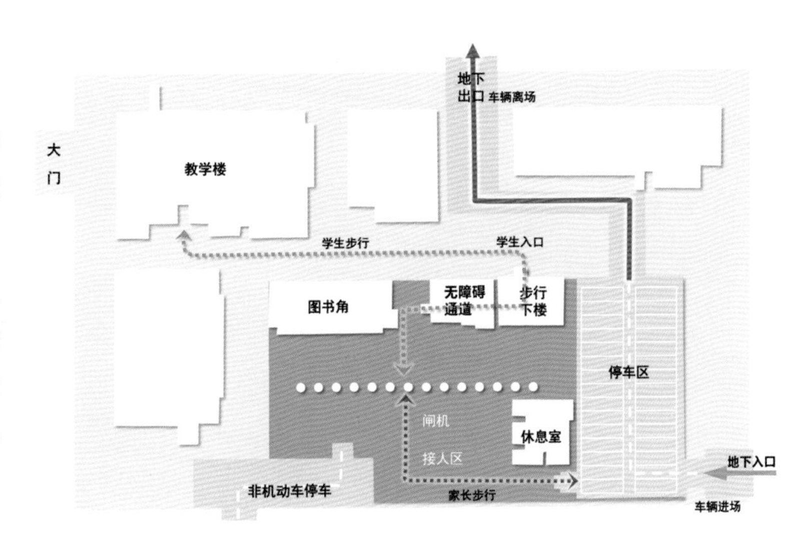

图 4-37 接送学生交通组织布局方案

本次研究对项目周边同类型和拟对口转移学校进行了上学和放学交通运行状况实地调研，并收集了部分班级的调查问卷，客观、准确地了解到项目所处的交通环境和交通出行的基本特征，有助于评判项目未来的交通发展趋势，有针对性地进行交通优化方案设计。

2. 交通优化方案立足实际，精细化设计，可实施性好

研究成果在准确分析片区交通现状和发展规划的基础上，总结相关学校交通问题，提出了切实可行的交通优化改善措施，在保障项目正常运行的情况下，促进区域交通有序、平稳运行。

3. 相关交通改善方案内容全面、具体，切实有效，可促进学校交通有序、平稳运行

本次研究针对规划方案优化做了诸多深入、细致的研究工作，以定量和定性分析相结合的手段，逐步解析项目的开口数量、管控要求，车库数量与功能划分要求，进出交通与临时落客组织管理等，促进规划方案日臻完善。

4. 交通组织方案细致可靠，具有推广意义

交通组织方案粗分为上学到达交通组织方案和放学离开交通组织方案。流线设计具体到每个出入口，按不同主服务方向和对象，制定到发流线，以便更好地诱导交通，避免车流、人流过于集中，放大交通矛盾。针对接送学生交通组织的特殊性，采用了可推广的交通组织方式。

工作成效

本次研究成果是进行项目规划审批之用，主要服务于区教育局和区自然资源和规划局，研究内容得到两部门的一致认可，主要意见已经纳入方案设计。规划研究不局限于方案平面布局本身，以学校方案优化设计为切入点，注重区域交通改善，同时结合上学和放学交通组织设计对教育管理等提出相关优化意见，具有较好的示范和推广意义。该学校不仅能缓解东西湖区东部学位紧张的矛盾，也可为改善区域交通发挥重要支持作用。

武汉市中心医院杨春湖院区建设项目交通影响评价

项目背景

交通区位：项目位于武汉市洪山区，杨春湖高铁商务城，沙湖港北路以南，仁和路以东，礼和路以西。

规模定位：用地面积约 5.9 万平方米，建筑面积约 12.1 万平方米。规划建设一所融医疗、科研、教学、预防、培训于一体的功能齐全的大型现代化三级甲等医院。武汉市中心医院杨春湖院区开发效果图如图 4-38 所示。

图 4-38 武汉市中心医院杨春湖院区开发效果图

研究内容

1. 交通条件评析

周边团结大道、欢乐大道等几条主干道基本已经按照规划形成，区域道路交通整体运行平稳，沙湖港北路、园林路等支路未建成，次支路网仍有待完善。

2. 交通预测与开发规模论证

按照开发规模进行预测，在既有规划条件下，项目建成后，沙湖港北路（义和路—礼和路）新增交通量与通行能力之比控制在规范值以内，且区域整体服务水平仍处于 C 级及以上，交通运行情况总体平稳。从交通角度而言，项目建设对区域路网的影响在可接受范围内。

3. 地块交通设施布局要求

结合规划用地布局，提出了各地块出入口设置，内部通道设置，建筑平面控制，车库出入口布局、数量及其与周边公共活动空间的衔接等方面的要求。

（1）遵循人车流线分离的原则，最大限度地减少车流与人流交织。

（2）医院急救车辆主要通过义和路出入口，急救车辆与社会车辆进出地库产生干扰，结合急救病人上下客布局，调整急救车位布局至东侧道路一侧。

（3）该院区为“平战结合”医院，建筑方案布局中部分建筑设定“二级转换”模式。在突发重大公共卫生事件时，感染楼、住院 2 号楼先转换，住院 1 号楼再转换为“战时”医疗楼，其余门诊医技楼对普通患者正常运营。

平面布局优化：西侧地块在义和路增加一处车行出入口；东侧地块沙湖港北路沿线平时只开放一处车行出入口，沙湖港北路东侧的车行出入口平时封闭，“战时”开放；急诊人行入口向东移至车行开口西侧；急救车位布局至东侧道路一侧；调整东侧地块内西北侧地库出入口方向，与北侧通道顺畅衔接。武汉市中心医院杨春湖院区经优化的项目平面布局图如图 4-39 所示。

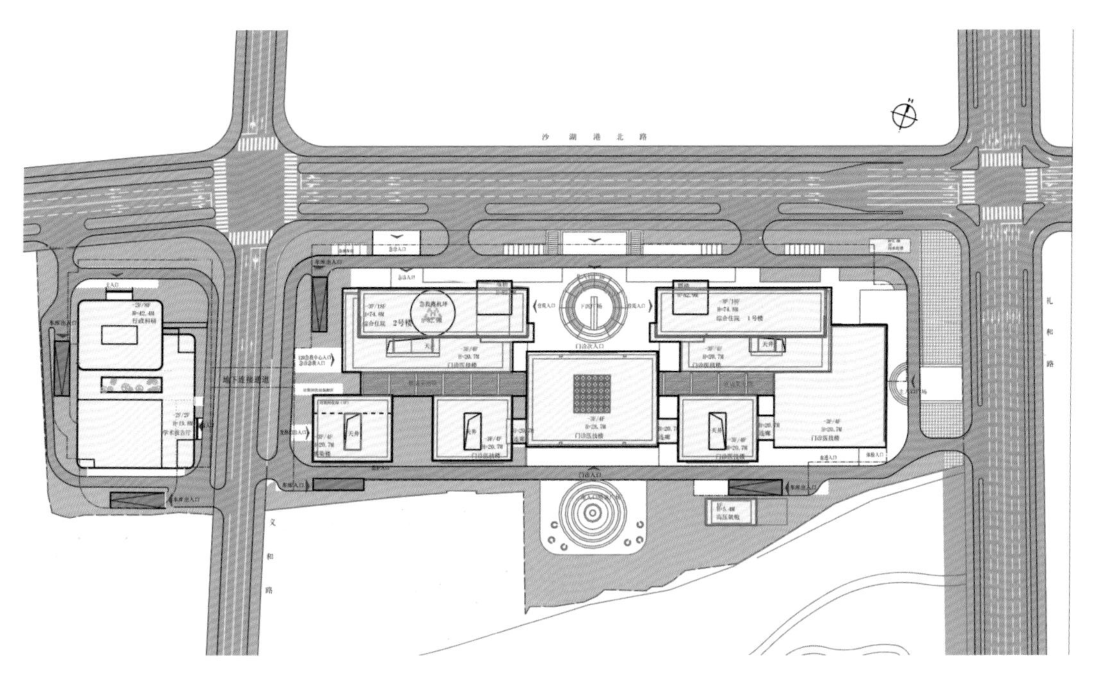

图 4-39 武汉市中心医院杨春湖院区经优化的项目平面布局图

4．交通组织方案

项目外部车行交通组织分为“平时”和“战时”两种情况进行设计，到发车辆主要通过团结大道、欢乐大道、礼和路、沙湖港北路、义和路、仁和路等道路到达和离开。同时，外部行人主要通过周边轨道交通站点及常规公交站点，故应对仁和路、礼和路、沙湖港北路等进行交通组织。武汉市中心医院杨春湖院区“战时”车行交通组织图如图 4-40 所示。

项目特色

1．从“平战结合”角度出发，配套公共卫生应急管理体系

在疫情防控常态化背景下，为落实中央支持湖北省发展一揽子政策，武汉将建成一批市公共卫生应急管理体系基础设施建设项目库，武汉市中心医院杨春湖院区建设项目为项目库中5个重大疫情救治基地建设项目之一。

2. 贴合项目实际需求，考量医院功能布局科学性

研究成果能够有效满足现代化大型三甲医院的日常工作，内部交通、外部交通、内外衔接等方面交通优化改善措施符合项目开发和区域发展需要。

3. 保障应急车辆优先性，进行专项交通组织设计

为保障门诊车辆、行政科研车辆、住院车辆、急救车辆及“战时”车辆的可使用性，重新梳理地块开口、车库出入口、建筑出入口、内部通道等关系，对医院日常运营、“一级战备”状态与“二级战备”状态分别做交通组织设计。

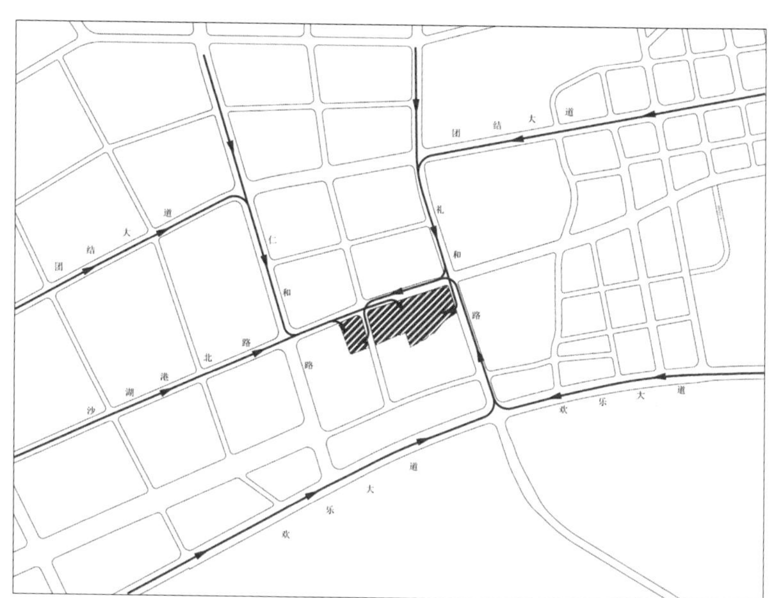

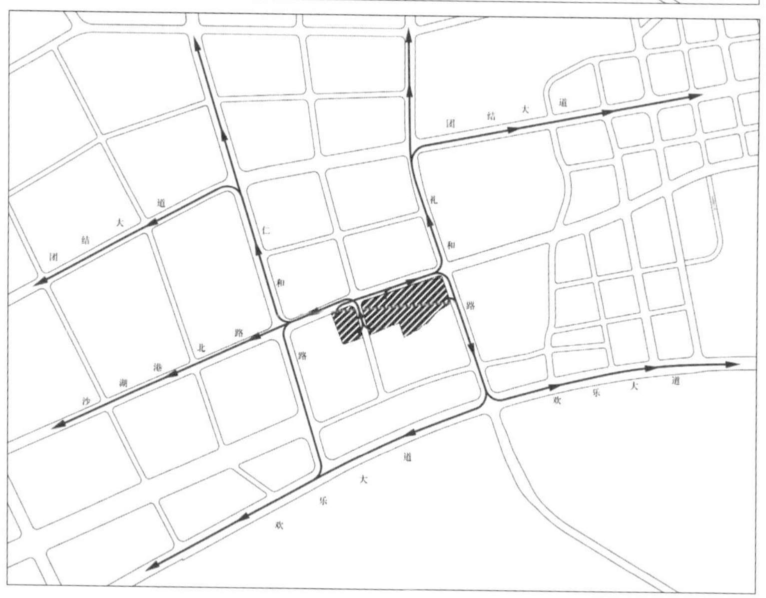

图4-40 武汉市中心医院杨春湖院区“战时”车行交通组织图

工作成效

本次交通影响评价工作基于医院项目的特殊功能要求，分析了区域用地及交通问题，明确了片区功能定位，提出了内部交通、外部交通、内外衔接多方面的交通优化改善措施，并对重点研究区域的交通布局及静态交通进行分析优化，针对不同运营情形下的交通组织要求进行方案设计，确保项目交通功能的完整性和灵活性。研究成果内容全面、论据充分，对项目的情况把握准确，提出的交通优化改善措施全面、系统，具有较好的前瞻性和科学性，具备较强的可操作性，得到了业主方、卫生主管部门和规划部门的一致认可。

武汉经开区东风大道改造工程流量预测及交通影响评价

项目背景

交通区位：北起武汉市三环线汪家嘴立交，南至外环线汉西立交。

规模定位：项目全长14.6 km，采用上层双向8车道高架快速路，地面双向6车道次干道方案建设。

东风大道规划方案主线效果图如图4-41所示。

图4-41 东风大道规划方案主线效果图

研究内容

1. 现状交通分析

东风大道是武汉经济技术开发区（以下简称“武汉经开区”）城市快速路系统的组成部分，同时也是318国道的组成部分，是武汉市西南向最重要的进出城通道。该道路交通量增长较快，部分路段道路交通服务水平偏低，特别是其高架段受通行条件的限制，在雨、雪等天气情况下须实行临时封闭的交通管制措施，难以发挥快速疏解过境交通的作用，交通滞后性逐步显现，与其快速路的功能定位存在一定差距，难以满足未来经济社会发展需要和日益增长的交通需求，因此有必要对其进行升级改造。

2. 交通预测分析

（1）路段流量特征。

东风大道将承担重要的进出城交通量和主城与沌口地区的交通转换，未来年交通流量将有大幅度的增长。从全线来看，东风大道交通构成中仍是通过性交通占比最大，达53.4%，说明需要设置合理的车道数，以便快速疏解通过性交通。东风大道交通需求分布图如图4-42所示。

（2）吸引源分析。

东风大道（三环线—四环线段）兼具转换内外交通与疏解过境交通的双重功能，既是对外联系的纽带，又是内部沟通的桥梁；而东风大道（四环线—绕城高速段）以疏解过境交通为主，转换内外交通为辅。东风大道交通流量吸引范围图如图4-43所示。

3. 初步方案预测分析与优化

（1）路段流量预测分析。

根据初步方案调整路网，预测方案建成后的交通运行状况，预测结果如表 4-1 所示。

（2）主要节点交通流量预测分析。

2035 年东风大道（全线）按照初步方案改造形成后，高峰小时

图 4-42 东风大道交通需求分布图

图 4-43 东风大道交通流量吸引范围图

表 4-1 2035 年东风大道初步方案路段流量预测结果

区 域	车道数	平均流量 /（pcu/d）	高峰小时平均流量 /（pcu/h）
三环线—四环线（高架）	双向 8 车道	147000	6870
三环线—四环线（地面）	双向 6 车道	—	4430
四环线—绕城高速（高架）	双向 8 车道	127000	5840
四环线—绕城高速（地面）	双向 6 车道	—	3660

流量普遍较大，服务水平较低，除了枫树三路—东风大道地面路口服务水平尚处于 C 级，其他路口的服务水平均在 D 级及以下。

2035 年三环线路口高峰小时流量为 21973 pcu/h。在该立交路口上，东风大道方向的直行流向为主流向，约占路口流量的 33%；其次为三环线的直行流向，约占路口流量的 32%。2035 年三环线路口流量流向图如图 4-44 所示。

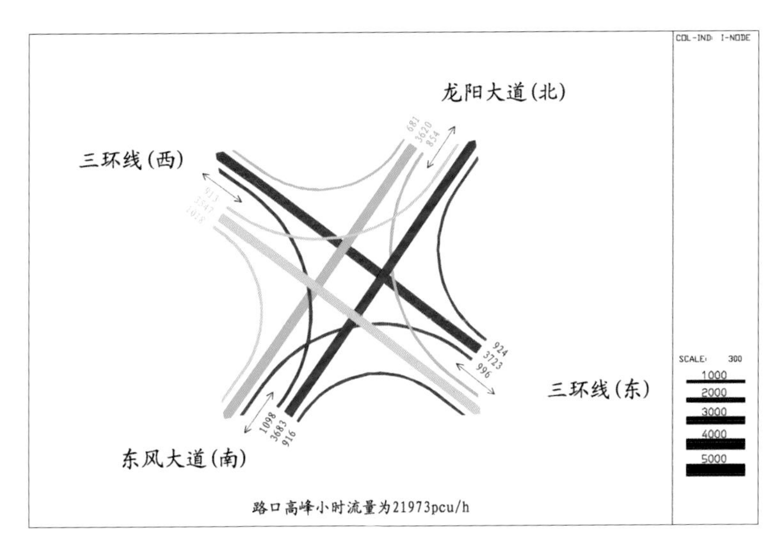

图 4-44 2035 年三环线路口流量流向图

2035 年四环线路口高峰小时流量为 17551 pcu/h。其中在地面路口上，东风大道方向的直行流向为主流向，约占路口流量的 32%；其次为四环线的直行流向，约占路口流量的 27%。2035 年四环线路口流量流向图如图 4-45 所示。

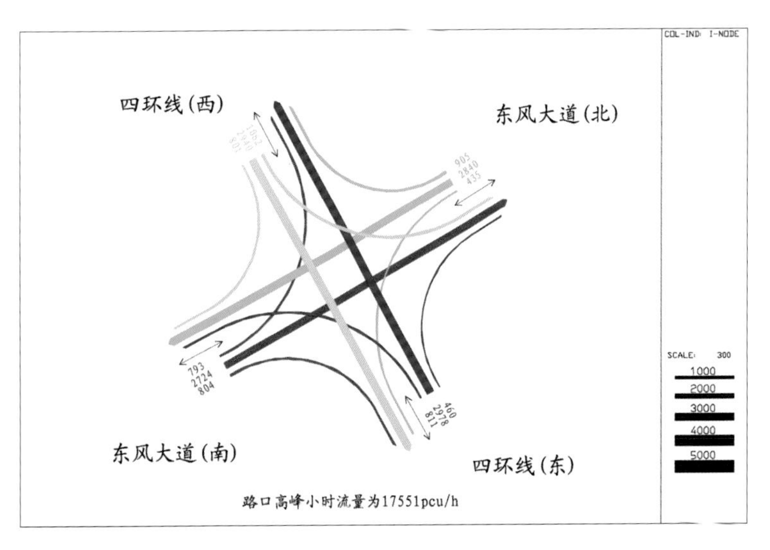

图 4-45 2035 年四环线路口流量流向图

（3）负荷度分析。

2035年东风大道（三环线—规划四环线）按照规划方案改造形成后，最大断面高峰小时交通量约为11300 pcu/h，平均负荷度为0.77，D级服务水平，存在较大延误。其中高架部分平均负荷度为0.72，服务水平为C级，局部路段的服务水平会达到D级；地面辅道平均负荷度为0.86，服务水平为D级，局部路段的服务水平会达到E级。

2035年东风大道（规划四环线—绕城高速）按照规划方案改造形成后，高峰小时交通量约为9500 pcu/h，平均负荷度为0.64，C级服务水平，存在一定延误，通行顺畅。其中高架部分平均负荷度为0.61，服务水平为C级；地面辅道平均负荷度为0.71，服务水平为C级。2035年东风大道交通服务水平预测图如图4-46所示。

图4-46 2035年东风大道交通服务水平预测图

项目特色

1. 基于产城高度互融的城市交通特点，针对关键问题优化方案

结合初步方案的预测结果，根据东风大道的实际道路情况，对关键节点、主线出入口进行优化，形成优化方案，并对各方案的路口、路段流量、负荷度进行分析评价，为方案决策提供有力技术支持。

2. 依托武汉市交通预测宏观模型，进行科学的定量研判

本次研究采用定性分析与定量预测相结合的方法，在充分研究武汉市总体规划及交通发展战略的基础上，结合东风大道功能定位分析，利用我司历年相关交通调查资料及交通预测模型，应用国际通用的专业化交通规划软件Emme进行交通流量预测、交通发生吸引源预测分析及方案测试分析评价。

工作成效

本项目得到了项目业主、规划编制单位、专家、规划主管部门、建设主管部门的好评，在明确项目功能、确定项目规模、优化主要节点等方面发挥了重要作用。武汉经开区东风大道改造工程于2013年得到经开区发展和改革委员会批复，现已建成通车。

江北快速路（二七路—西港路）建设工程综合交通评价

项目背景

交通区位：本项目工程起点为二七路西侧，止点为西港路东侧。综合交通评价范围为江北快速路长江二桥至阳逻段及沿线相关交通疏解工程，交通预测年限为 2020 年，交通量远景年展望到 2038 年。

功能定位：现有汉施公路自身道路等级较低，且与主城道路网络衔接不畅，江北沿江经济带中的谌家矶、武湖等地区的发展相对滞后。江北快速路的建设，将极大加强武汉主城区与东部地区的交通联系，促进主城区与远城区经济一体化发展。

研究内容

1. 现状交通分析

项目周边道路主要有汉施公路、黄浦大街、解放大道、沿江大道、二七路等。其中，汉施公路谌家矶段现状为双向 4 车道，车辆混行较为严重；谌家矶大道现状为双向 4 车道，机非混行，三块板道路形式，道路货运车辆较多；108 省道货车较多，道路设施较旧。区域内路网建设较为迟缓，断头路、堤坝路难以有效承担城市交通功能。

2. 交通预测

（1）交通流量预测。

表 4-2 为江北快速路各特征年份交通流量与服务水平预测表。由表 4-2 可知，预测到 2020 年，江北快速路交通流量将达到 8.2×10^4 pcu/d；综合考虑城市用地发展、交通政策和交通方式结构变化等因素，推测到远景年 2038 年江北快速路交通流量将达到 11.6×10^4 pcu/d。

表 4-2 江北快速路各特征年份交通流量与服务水平预测表

类别		交通预测	2015 年	2020 年	2030 年	2038 年
		交通流量 /（$\times 10^4$pcu/d）	6.4	8.2	10.1	11.6
道路建设规模	4 车道	V/C	0.92	1.18	1.45	1.67
		服务水平	E	F	F	F
	6 车道	V/C	0.63	0.81	1.01	1.16
		服务水平	C	D	F	F
	8 车道	V/C	0.48	0.61	0.74	0.85
		服务水平	B	C	C	D

（2）流量特征分析。

从 2038 年交通方式的预测来看，由于私有小汽车数量的持续增长，使用江北快速路的车辆仍然以小汽车和公交车为主导。根据交通分配结果显示，江北快速路形成后，通行车辆中客车占 73%，公交车辆占 13%，货运车辆占 11%，其他车辆占 3%。

江北快速路的交通流量主要以过境交通为主，因此交通流量主要来自南北两侧的起终点，其中江北快速路与二环线的节点流量较大，为主要流量疏散点，江北快速路与三环线的节点还有部分流量通过三环线汉口段及汉英高速公路疏解。

3. 建设规模论证

根据流量预测，2020 年江北快速路高峰小时交通流量将达到 6400 pcu/h，2038 年将达到 8500 pcu/h。同时考虑方向不均匀系数，预测到 2020 年江北快速路高峰小时单侧流量最高将达 3490 pcu/h，2038 年高峰小时单侧流量最高将达 4630 pcu/h。为满足江北快速路在道路网络中的功能定位，使其服务水平达到 D 级服务水平以上，需要设置双向 8 车道才能满足江北快速路远期交通需求。

4. 建设形式及断面布置

江北快速路为城市快速路，建设形式上应保证主线的快速通行，城区道路建议建设主线高架或设置成平面主、辅路分离的道路形式，以绿化带分离主、辅路，主路保证快速，辅路方便进出，城外道路应结合道路红线、防汛通道、周边用地和纵向相交道路规划等因素合理规划建设形式及断面布置。二七段沿江大道和阳逻西港段标准横断面图分别如图 4-47 和图 4-48 所示。

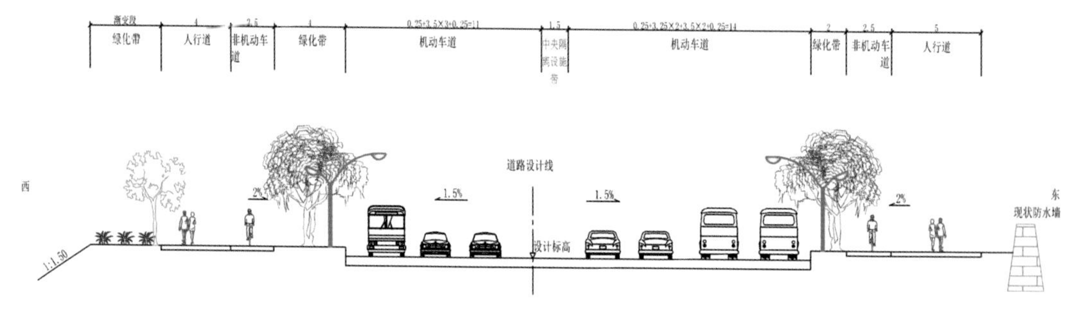

图 4-47 二七段沿江大道标准横断面图

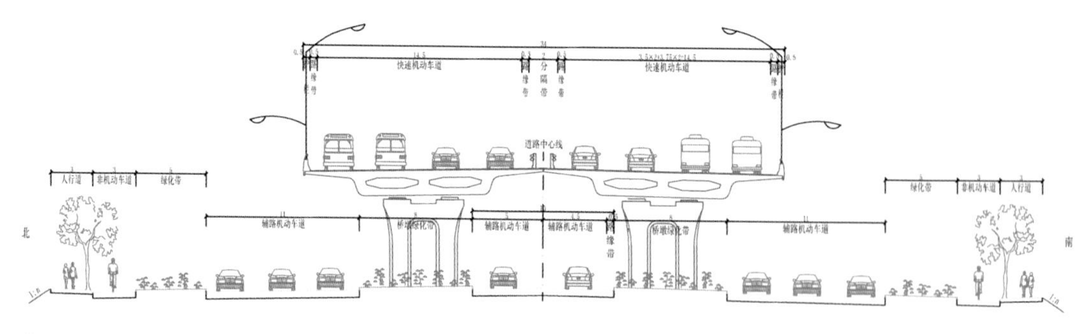

图 4-48 阳逻西港段标准横断面图

5. 节点设计

二七桥立交：该立交采取全互通组合式立体交叉形式。立交主线方向为两层高架分离形式，共设置 8 条匝道形成互通立交，满足各方向间转向要求。二七桥立交疏散方案平面图如图 4-49 所示。

朱家河立交：方案共设置 2 条定向匝道，车道宽 9 m，满足 2 车道通行条件，近期考虑预留。朱家河立交衔接方案图如图 4-50 所示。

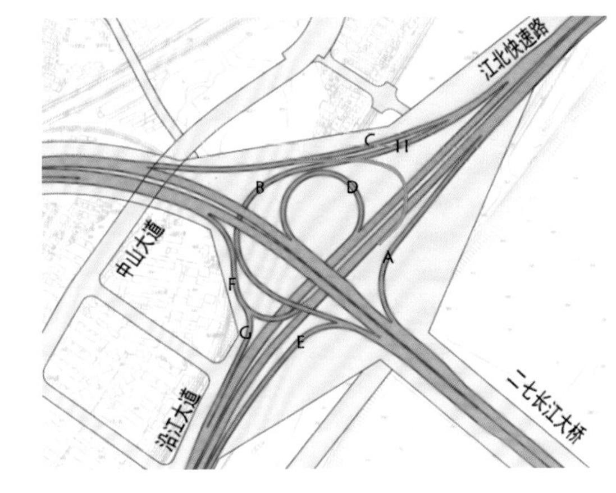

图 4-49 二七桥立交疏散方案平面图

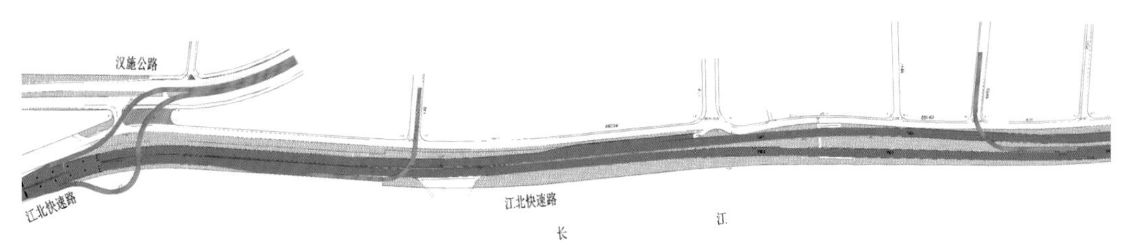

图 4-50 朱家河立交衔接方案图

项目特色

1. 明晰工作思路，依托功能分析、流量预测、方案设计的模式研判方案

通过现状情况的详尽调研和上位规划情况的准确把握，明确道路建设的必要性。同时采用数据模拟分析的手段，合理研判项目的建设规模、建设形式及断面等技术参数，有效指导设计方案的制定，分析方法具有逻辑性，工作思路明晰，项目成果具有科学性。

2. 结合量化分析结果，提供必选方案，为后期设计施工预留弹性空间

结合交通流量预测的分析结论制定断面及节点方案时，既考虑交通需求，又考虑用地等外部限制因素，提出近远期和必选方案，充分保障方案的成功落地，同时为后期设计施工预留弹性空间。

工作成效

通过定性分析与定量分析相结合的方法，为城市路网设计与规划，以及道路设计方案提供重要参考，并为后期交通管理措施提供理论依据，同时交通系统分析可较好解决路网系统问题，避免聚焦单一问题的弊端。交通分析结果可与后期方案设计、现场施工和后期交通管理紧密联系，起到链接设计、施工、管理三大环节的积极作用。

江北快速路的建设是完善武汉城市快速路骨架交通体系，打通城市北大门，加强主城区与远城区快速衔接的重要纽带；同时作为支撑武汉新港水运枢纽的基础性工程，是提升武汉综合交通运输水平的重要支撑和建成阳逻临港产业区的必备条件。

PART 5

静态交通规划

以提质增效为核心，以停车产业化为途径，着眼当前，惠及长远。

静态交通规划是在城市综合交通“公交优先”发展战略、“以静制动”实施策略的前提下，将停车治理作为交通需求管理的重要手段，以提质增效为核心，以停车产业化为途径，着眼当前、惠及长远的宏观规划引导措施。静态交通系统是城市道路交通系统的子系统，与动态交通子系统具备同等重要的地位。静态交通规划一方面需要加快推进停车设施建设，有效缓解停车供给不足；另一方面需要着力提高停车资源使用效率，形成可持续的停车发展模式。静态交通规划需要规划编制者、政策制定者、城市管理者以适度供给、调控需求为基本原则，在建设供给及管理限制中寻求平衡。

在以往的城市交通管理实践中，往往只重视对城市动态交通的疏导与控制，而忽略了车辆停放等静态交通的规划、建设与管理，导致停车难成了困扰城市交通发展的共同难题。目前，在国家大力发展新能源汽车产业，各地方逐步放宽汽车限购政策的背景下，机动车保有量呈现出快速发展趋势。如果不制定合适的静态交通规划，停车问题必将成为城市经济发展的重要制约因素，它所涉及的已不仅仅是交通问题，它给城市空间资源与环境带来的影响已使之逐渐成为一个突出的社会、经济问题。因此，静态交通规划显现出越来越重要的作用，是指导城市停车设施建设、缓解当前停车难题的重要依据。

自2005年以来，武汉市进入机动化快速发展期，停车供需矛盾日益突出。事实上，2014年《武汉市建设工程规划管理技术规定》（武汉市人民政府令第248号）的实施虽然大幅提升了停车配建标准，使得近年停车泊位建设勉强能够跟上机动车增长的速度，但是据统计武汉市停车缺口一直维持在25万左右。与其他众多大中型城市一样，武汉市同样一直受着停车难这种“城市病”的困扰。

武汉市委市政府一直以来高度重视停车场规划建设工作，在此契机下，我司自成立以来始终担任城市停车的智库机构，拥有专业的技术功底，提供全面的咨询服务，奋战在解决停车问题的第一线，深度与职能部门合作，充分发挥规划引领作用，持续推动停车设施建设。

一是参与编制具有前瞻性的规划。在“十二五”前停车供需矛盾尚不突出阶段便提前谋划，于2009年公司还隶属武汉市交通发展战略研究院之时便参与编制了《都市发展区停车场空间布局及实施规划》，在三环内规划布局了620处公共停车场用地，约18万个泊位。二是参与完善停车设施系统。我司明确构建“以配建停车场为主、路外公共停车场为辅、路内停车泊位为补充”的静态交通体系，建立体现区域差别化的建筑停车配建指标体系，统筹布局停车设施，并在此基础上，加强重点区域公共停车设施建设，优化停车设施供给结构。三是参与连贯性的停车场建设实施工作，立足于改善民生。武汉市继2015年提出“停车场年”行动计划以来，2015—2018年连续四年将停车场建设纳入为民办理“十件实事”工作，在我司的技术指导及选址咨询下，四年共建成400余处公共停车场，共8万泊位。2018年以来，我司专门成立了市停车场及新能源汽车配套设施建设工作指挥部，统筹推进全市停车设施建设，结合军运会的举办，推进完成了“新增停车位30万个”的建设目标。

从宏观到微观，从自走到机械，在静态交通规划咨询领域里，在这些年的探索和实践中，我司致力于政策研究、规划编制、技术支持、审批服务等方面的工作，多渠道、多举措齐头并进，为城市停车排忧解难，牢记初心，切实践行民有所呼、我有所应的国企担当。

宏观静态交通规划编制

人口的增长、经济的发展、城市的建设都将导致机动车保有量和机动化出行率增加。宏观的静态交通规划一方面需要通过科学的办法建立数学模型定量测算，构建合适的供给规模；另一方面需要基于定量计算制定城市停车发展战略，从规划布局、土地供应、建设审批、资金保障、收费价格、运营管理等方面进一步加强创新和引导，营造良好的市场环境，充分调动社会资本积极性。最终促进停车供给与道路容量和车辆增长协调发展，形成规模适宜、布局完善和结构合理的停车设施系统，与城市功能、人口、就业发展相适应，与现代化新型综合交通体系相匹配，与动态交通发展相平衡的静态交通发展格局。

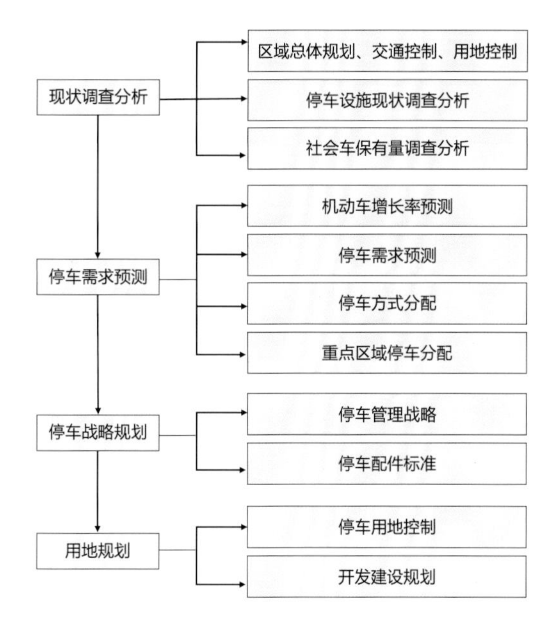

图 5-1 宏观静态交通规划编制技术路线

同时静态交通规划的技术理论体系不是一成不变的，随着科学技术的发展，大数据、信息化的手段为静态交通设施的规划管理提供着有力的支持，GPS 数据、交通检测数据，让测算数据来源更加科学化；信息引导、数据共享，让停车设施的使用及管理更加高效化。

通过理论体系的理解和掌握，我司承担了《武汉市“停车场年”实施性规划》《东湖高新公共停车场规划》等区域乃至市域的停车规划。为近几年规划引领全市的停车设施建设，保障每年的停车场建设任务顺利完成，缓解机动车停车难问题提供了有力的支撑。宏观静态交通规划编制技术路线如图 5-1 所示。

微观静态交通设施规划论证

微观静态交通设施规划同样需要通过定性与定量相结合的方式开展论证。

首先需要对现状情况展开调研，对周边土地利用情况加以了解，对周边道路交通条件加以分析，对周边停车设施使用情况加以梳理，定量测算停车缺口；其次需要对上位规划加以解析，从国民经济发展规划研判区域人口经济发展趋势，从国土空间规划研判土地的利用情况，从交通专项规划研判区域的交通发展战略；再次需要通过数学模型来测算具体项目的停车需求，同时还需要通过交通模型来研判周边道路交通设施能否承载测算的停车规模；最后需要通过技术规范来优化具体项目规划方案。微观静态交通设施规划论证技术路线如图 5-2 所示。

过去的几年里，我司一直利用自身优势，一方面为企业提供规划咨询，另一方面还为审批主管部门出谋划策，降低审批风险，协助多个建设单位开展停车场建设审批工作，有效缓解了矛盾突出区域的停车难问题。同时，还促进了明玉路公共停车场、韵湖公园公共停车场、青少年宫综合公共停车场等一批具有代表性的停车场建成落地。

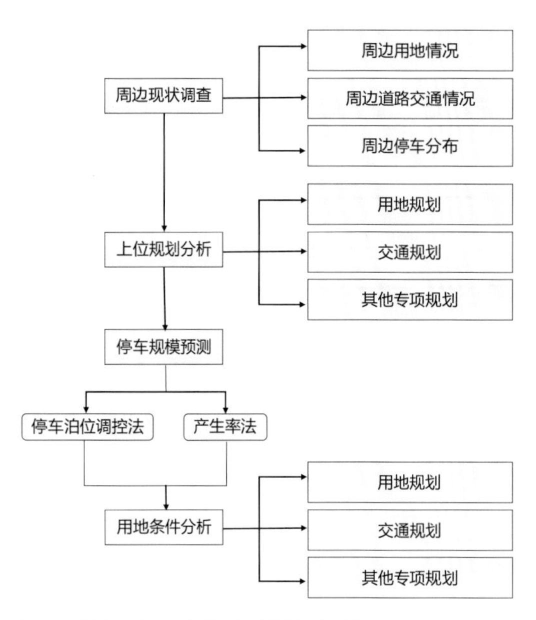

图 5-2 微观静态交通设施规划论证技术路线

机械式停车库规划方案咨询

与常规自走式停车库不同，机械式停车库具备占地少、投资少、见效快、占地灵活、易于实施的特点，一方面可以适应停车配建标准的提升，有利于提高停车泊位供给水平，另一方面可以节省投资、节约占地，与建设投资单位的利益趋于一致。正是上述特点，使得机械式停车库成为应对老城区车辆较多而可用停车面积较小的一种解决方案，能够有效缓解老城区停车难的问题。

技术特点上，机械式停车库也与常规自走式停车库有着较大区别。常见的机械式停车库分为两大类——全自动机械式停车库及复式机械式停车库。全自动机械式停车库又可以根据设备类型的不同，进一步细分为垂直升降类（PCS）、平面移动类（PCY）、巷道堆垛类（PXD）三种；复式机械式停车库亦可分为升降横移类（PSH）、简易升降类（PJS）两种。全自动机械式停车库即室内无车道且无驾驶员进出的机械式机动车库。复式机械式停车库又称为半自动机械式停车库，即室内有车道、有驾驶员进出的机械式机动车库。在适用条件方面，垂直升降类设备适用于地形狭小、高度限制较小的场地，结合城市用地条件现状，可用于企事业单位红线范围内的自有用地、城市开发的边角余料空地、老旧社区等场合。平面移动、巷道堆垛、升降横移类设备均对场地有一定要求，适合用地条件较为方正的地块。简易升降类设备规模小，应用范围较为灵活。

一方面，不同类型的机械式停车库由于设备类型的差异，在技术指标把控上存在较大差别；另一方面，机械式停车库与常规自走式停车库不同，因使用效率具有差异，其在方案设计过程中需要对排队空间进行测算。我司经过多方面研究、探索，形成了一套科学、完整的机械式停车库规划咨询评价体系，并且基于排队理论开发了机械式停车库排队仿真软件，并在多项咨询成果中使用（图 5-3）。

目前，已经有一批占地面积小、智能化程度高、建筑设计美的极具代表性的机械式停车库在我司提供的技术服务支持之下建成落地。梅隐寺停车场是我市第一个调整规划用地性质后建成的公共停车场，项目已于 2020 年年底全面投入使用。常青五路绿化复合停车场，是江汉区第一个与绿化景观紧密结合的公园地下停车场，项目已于 2021 年取得了工程规划许可并全面启动建设。

图 5-3 排队仿真软件

武汉市“停车场年”实施性规划

项目背景

武汉市委市政府将2015年定为“停车场年”，将“停车场规划不科学、建设滞后”的问题列入2015年市委市政府治庸问责“十个突出问题”，并提出全市1.5万个停车泊位的建设目标。

研究内容

本规划编制工作分六个阶段进行。

（1）调查研究阶段。调查统计出二环内夜间6.4万个路内停车位总量和需求分布，并以此制定三年建设5万个泊位的目标，并按区分解建设任务。

（2）政策研究阶段。指导并参与《武汉市人民政府关于加快推进我市停车设施建设的通知》（武汉规〔2015〕7号）及《武汉市停车设施建设管理办法》两项政策的出台。

（3）停车场选址阶段。实地踏勘500余处点位，最终完成了104处点位的选址。

（4）方案审批阶段。提出创立市区两级审批模式，市级部门通过市政专题审查会集中审查一批重难点项目，区政府召集各相关部门联席审批停车场项目，简化审批流程，加快项目审批速度。

（5）推动建设阶段。项目组采取定期现场服务及不定期调研相结合的形式，深入建设现场，协调解决建设难题。

（6）竣工验收阶段。制定泊位验收标准，对2015年建成的104处点位、1.6万个泊位逐一验收，确保按照标准建成并投入使用。2015年武汉市公共停车场规划点位分布图如图5-4所示。

项目特色

整个项目编制过程在技术手段、理论研究、政策制定及工作形式方面具有较大特色创新。

1. 在技术手段方面

采用全景影像车遥感技术，结合GIS系统，全面掌握城市道路停车状况及分布情况，采集的信息全面，真实性强，为制定泊位目标和停车场选址提供定量支撑。

2. 在理论研究方面

创新工作思路，提出独立选址建设、结合项目开发进行指标控制、老旧小区利用自有用地建设、机关企事业单位利用自有用地建设、利用其他闲散用地建设五种建设模式，多种建设模式相结合，因地制宜，指导全市停车设施建设。

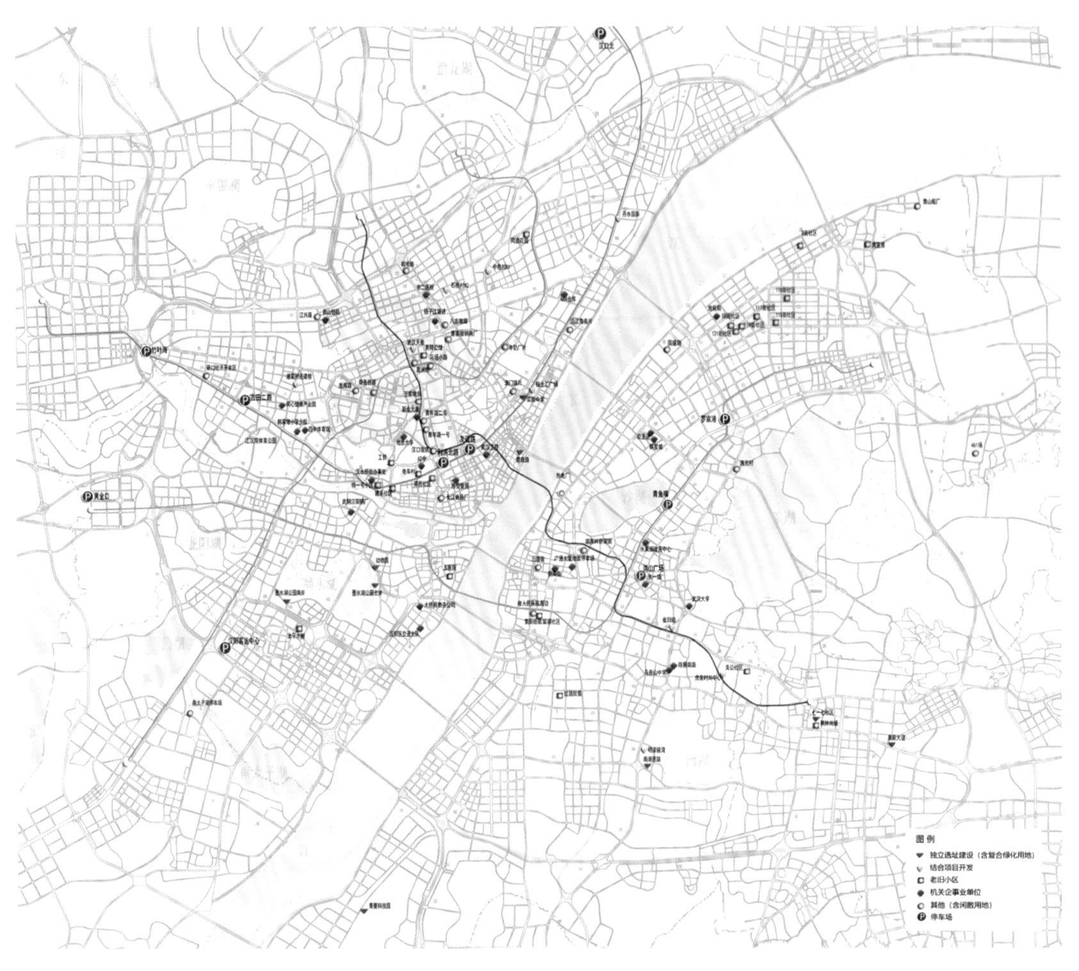

图 5-4 2015 年武汉市公共停车场规划点位分布图

3. 在政策制定方面

本次政策研究具有较强的主动性、超前性，同时兼顾可操作性。

4. 在工作形式方面

建立了部门、社区、市民选点的“多通道机制”，加强与市民互动，广泛征集意见，开展“规划人员进社区”活动，同时做好调查研究和宣传培训工作。

工作成效

《武汉市“停车场年”实施性规划》科学有序地推进了武汉市停车场规划与建设，实施效果显著。经过一年的努力，2015 年 12 月底全市建成停车场 104 处、1.6 万个泊位，超额完成了 1.5 万个泊位的工作目标。建成点位中围绕老旧小区、学校、医院、商圈等重点区域共计 86 处、12749 个泊位，约占全市建成泊位的 80%，有效缓解了武汉市的停车难题。

东湖高新区公共停车场规划

项目背景

武汉市委市政府将 2015—2017 年定位为“绿道年、路网年、停车场年”，并在阮成发书记召开的专题会议上进一步明确了 2015—2017 年武汉市停车场建设目标。东湖高新区正处于城市跨越式发展的关键时期，城市停车作为城市交通运行的重要环节同样处在发展的十字路口。

研究内容

（1）采取多种方式对东湖高新区停车现状进行全方位梳理。采取了详细实地调查、调档查询、问卷调查、连续观测等多种方式，共派调查员 15 人对三环线内区域进行了路内停车调查。

（2）借鉴国内外案例，并结合东湖高新区实际情况制定停车规划目标与实施战略。借鉴国内外城市停车发展案例，制定了东湖高新区停车发展的培育、成长、成熟三大阶段目标，通过“五大战略”和“十大策略”逐步、持续地推进停车场建设。

（3）分区域、分类型对东湖高新区停车需求进行科学预测。建成区以实际调查数据为基础确定停车缺口，非建成区以传统分析方法与配建泊位对比确定停车缺口。

（4）以网格化方式对东湖高新区用地实施层面的公共停车场进行布局规划。将东湖高新区分为 50 个网格，调整现有规划，调整后停车场点位为 95 个，总泊位约 2.7 万个（图 5-5）。减少的独立停车场用地可调整为公园绿地以提升城市形象。

（5）以“停车场年”指标要求为导向，规划选址近期年度实施点位。规划建设 11 个点位，共计 3831 个停车泊位，并将选址、

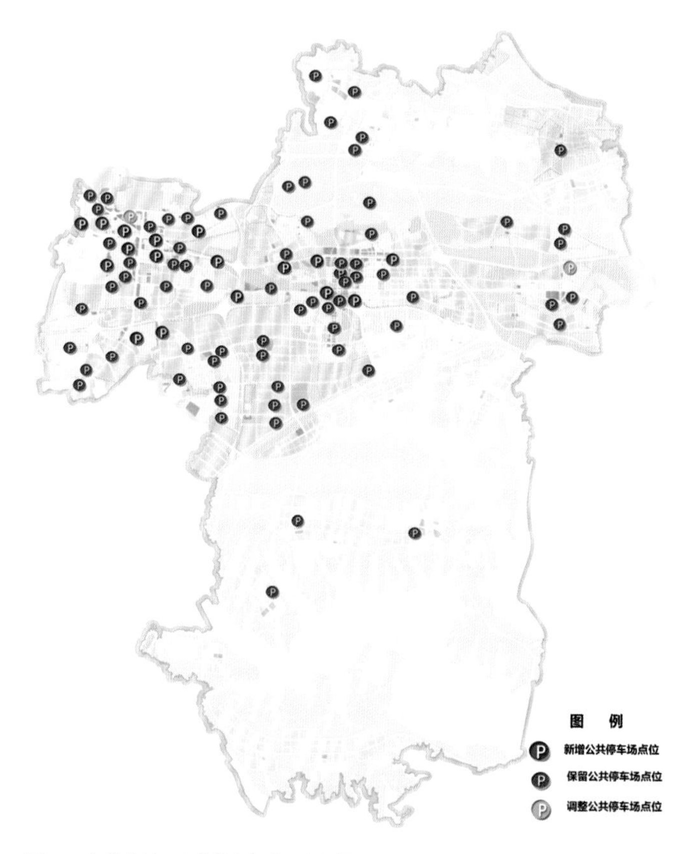

图 5-5 东湖高新区公共停车场布局规划图

建设形式、泊位数等落实到年度实施计划中。

（6）系统梳理政府、技术等多方面的保障政策与措施。结合东湖高新区自身特点，制定两大方面、七个小点的措施来保证东湖高新区停车产业的发展。

项目特色

1. 针对东湖高新区产业新城的特点，重点研究新型工业用地的停车规划思路

东湖高新区大规模工业用地实际用途为办公、研发等，与传统产业存在较大差别，配建指标上有近一倍的差距。同时，产业园区有较大的通勤及货车需求，规划中除传统的小车泊位外，还应重点布置大巴车及货车停车场。

2. 制定了选址规划深度的近期建设计划，有效指导“停车场年”的落地实施

针对“停车场年”的要求，制定了分年度的实施计划，深度达到选址规划的要求，有效指导了高新区近年来停车场的落地实施。

3. 重新审视东湖高新区特殊区位与功能背景下的公共停车场建设需求

武汉市现行配建标准远高于新城区 310 辆 / 千人的机动车保有量控制线。新城区应减少公共停车场泊位供应（特殊功能除外），以公园绿地的形式预留远期用地。

4. 采用了契合东湖高新区鲜明用地建设区分的公共停车场分析思路和规划方法

建成区主要通过分析点位的交通便利性、服务半径等进行方案筛选。非建成区除具有特殊功能点位外，其他停车需求由配建满足。

5. 规划多元化的公共停车场类型，以停车场规划促进城市品质提升

规划了 12 处“P+R”（即 park and ride，停车和换乘）停车场、3 处货车停车场、3 处大巴停车场。减少的独立用地公共停车场，近期可建设公园绿地等，远期仍预留建设公共停车场的条件。

工作成效

东湖高新区管理委员会、规划委员会原则上已通过该规划及实施方案。近期规划 11 个点位，3831 个停车泊位。明玉路、智慧城公交枢纽站、光谷奥林匹克公园、湖口二路公共停车场处于在建状态，光谷之星公园公共停车场为 2019 年新建项目，东湖高新区停车场建设圆满完成“停车场年”及后续建设的要求。

实施情况

1. 高新大道公共停车楼规划咨询

高新大道公共停车楼如图 5-6 所示。该停车楼位于武汉东湖高新区高新大道与佳园路东北角，是全市首个复合公交功能自走式公共停车楼，共有600个停车位。项目周边多以居住小区为主，停车位供应紧张，项目建成后缓解了小区停车的压力。

图5-6 高新大道公共停车楼

2. 明玉路公共停车楼规划咨询

明玉路公共停车楼如图5-7所示。该停车楼位于东湖高新区明玉路与新南路东南角，是全市规模最大的地上独立自走式停车楼，共有454个停车泊位。该停车楼具有建筑形式新、示范性强等特点，建成后解决了该区域范围内住宅小区及学校、办公等停车位不足的问题。

图5-7 明玉路公共停车楼

3. 韵湖公园公共停车场规划咨询

韵湖公园公共停车场如图5-8所示。该停车场位于武汉东湖高新区汤逊湖湿地公园西侧，是结合公园建设的地上地下生态停车场，共有408个停车位。该停车场最大限度地解决了周边小区及公园游玩人员停车难问题，同时大大改善了道路交通运行状况，实现了静态交通和动态交通的协调发展。

图5-8 韵湖公园公共停车场

4. 教育中路公共停车场规划咨询

教育中路公共停车场如图5-9所示。该停车场面积约1.1万平方米，现状用地内为绿化用地。地下设两层自走式公共停车场，地面为景观绿化，车库与高新大道侧地铁站及国创地下室共用基坑支护结构，车站1～3号出入口与车库合建，公共停车场与南侧地下室之间设2处连通道，地面设3个车行出入口，提供停车泊位1060个。教育中路公共停车场地下室平面布局如图5-10所示。

图5-9 教育中路公共停车场

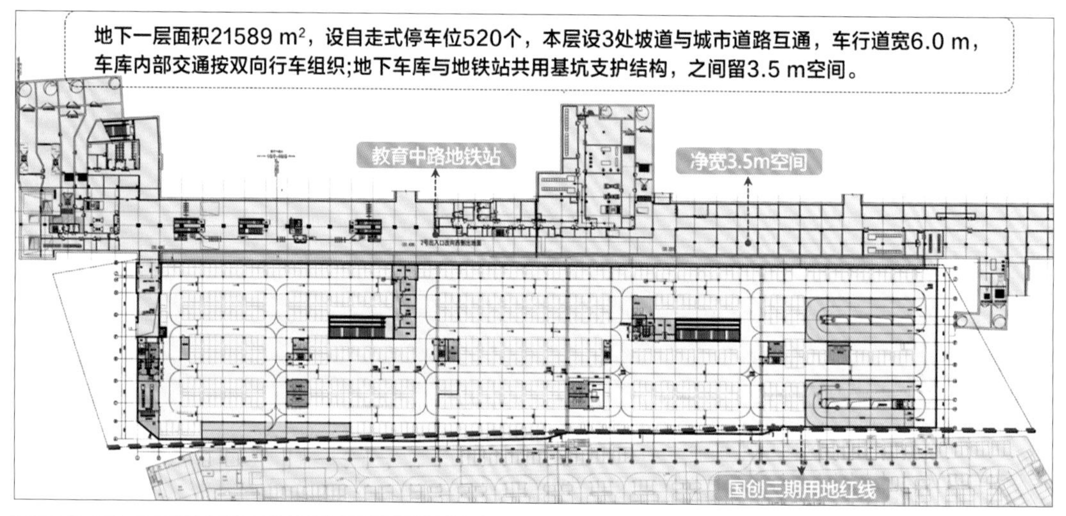

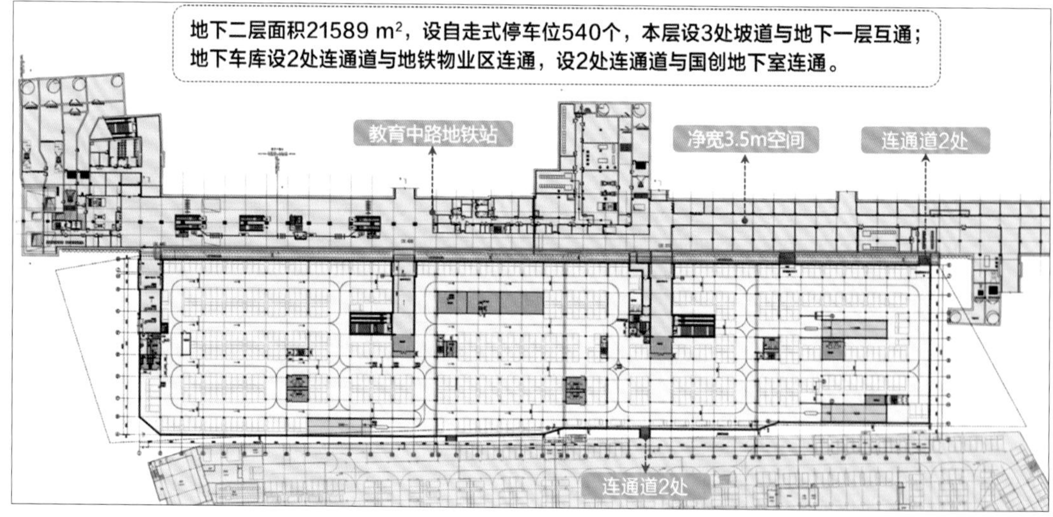

图5-10 教育中路公共停车场地下室平面布局

青少年宫综合公共停车场工程可行性研究

项目背景

近年来，随着社会经济的快速发展和居民收入水平的提高，武汉市机动车保有量不断增加，目前机动车保有量已经突破 160 万辆，城市停车需求大幅增加，但是受到配建停车场建设历史欠账太多、公共停车场建设滞后等因素的影响，我市目前停车泊位严重不足。为有效缓解城市中心区停车难问题，在武汉市委市政府的大力支持下，本着“先易后难、能建尽建”的原则，武汉市将大力建设一批路外公共停车场，其中青少年宫综合公共停车场是迫切需要建设的点位之一。项目处于汉口青少年宫内，该停车场的建设不仅可缓解周边停车难问题，还可以减少区域拥堵状况的发生。青少年宫综合公共停车场如图 5-11 所示。

研究内容

（1）研究武汉市城市交通发展态势，分析停车产业的发展规划、产业政策及行业准入制度，认为停车难带来的交通拥堵等问题影响了城市居民生活质量，严重制约了城市可持续发展，加快公共停车场建设迫在眉睫。

（2）研究场地建设条件、上位规划、停车需求预测、配套开发规模论证、交通组织方案、交通影响评价，制定

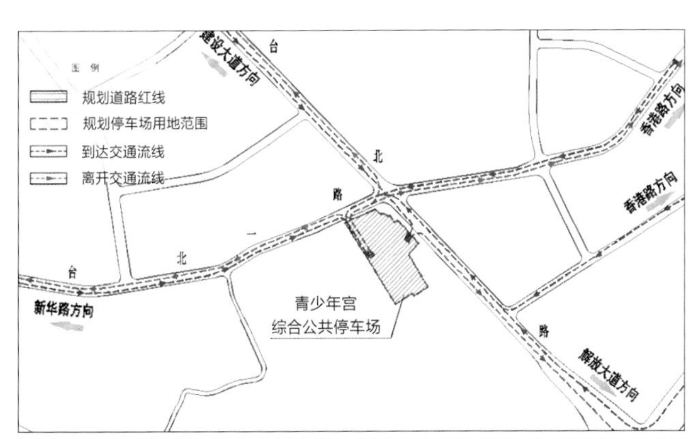

图 5-11 青少年宫综合公共停车场

了3个比选方案，紧紧围绕建设必要性、技术可行性、经济合理性、实施可能性，对项目所在区域的社会经济、建设规模、技术标准、经济效益等进行综合分析和研究，保证设计方案的安全、环保、美观、和谐、经济。

项目特色

1. 首次提出复合利用地下空间资源，开创了公共停车场建设新模式

城市地下空间的开发利用是城市建设的重要内容和发展方向，它的开发利用能有效缓解城市人口快速增长带来的城市交通拥堵、城市空间狭小的矛盾。青少年宫综合公共停车场主要利用人工湖水下空间建设，是全国首个利用公园地下空间进行建设的停车场，它的建设充分落实了武汉市资源节约和环境友好型社会建设要求，提高了土地集约复合利用的水平，为中心城区公共停车场项目解决征地拆迁难度大、成本高等问题开创了新的建设模式。

2. 首次采用多种方法进行需求预测，确保了停车规模的科学合理性

影响停车需求的因素有很多，主要因素有经济因素（如社会经济发展水平）、交通因素（如交通发生量和吸引量、机动车保有量）和人的行为因素（如当地居民的出行习惯）等。本报告结合项目自身特点，采用停车产生率法和停车缺口法分别进行需求预测，同时考虑项目所在区域的相关规划、停车需求管理政策，相互校核后确定项目的公共停车泊位数，为政府决策提供了科学的依据。

3. 探索性地配建商业设施，为公共停车场产业化发展奠定基础

一直以来，公共停车场的建设都面临征地拆迁难度大、建设成本高、运营收益低等问题，严重制约了公共停车场的发展。为了加快推进公共停车场的建设，武汉市政府出台了《市人民政府办公厅关于加快推进我市公共停车场建设的意见》（武政办〔2011〕138号文），提出了允许公共停车场配建部分商业设施。本项目在该政策的指导下，提出了配建46%的建筑面积进行商业开发，此举不仅缩短了公共停车场建设资金的回收期，还降低了项目的投资风险，有利于公共停车场的产业化发展。

4. 引入智能停车综合管理系统，满足武汉市智慧城市建设的需要

该停车场引进了先进的智能停车综合管理系统，具体包括基于ETC和车牌识别的免取卡停车管理系统、基于车牌识别的场内智能引导系统、车位预订服务系统、方便快捷的反向寻车系统，以及多种付费方式的中央缴费系统。该智能系统的引入可调节停车需求在时间和空间分布上的不均匀，提高停车设施使用率，减少由于寻找停车场而产生的道路交通，减少为了停车造成的等待时间，提高整个交通系统的运行效率。该项目是全市智能停车系统的一部分，落实了建设智慧城市的要求。

5. 首个建成并投入使用的水下公共停车场，武汉市停车场建设的先驱

青少年宫综合公共停车场已于2013年9月15日正式投入运营，该项目是全国首个利用公园用地开发建设的水下公共停车场，是武汉市首个配建商业开发的公共停车场，也是首个建成的智能化公共停车场。该项目是武汉市公共停车场的先驱，停车场的建成开创了武汉市公共停车场的新纪元，为今后公共停车场的建设提供了丰富的经验与参考价值，为武汉市停车产业化发展奠定了基石。

沙湖港北路公共停车场规划咨询

项目背景

为进一步加快推动武汉市公共停车场项目建设，武汉城投停车场投资建设管理有限公司申请了停车场专项债，确定了首批建设的52个公共停车场点位。沙湖港北路公共停车场为停车场专项债首批建设的公共停车场点位之一。受政府专项债相关要求，该项目计划配建部分商业设施，以平衡投资收益和风险，为此该地块将考虑采取公开出让的方式进行供地。在此背景下，我司开展了本次“沙湖港北路停车场用地复合开发专项论证”的研究工作，配合制定该地块出让条件，完成土地招拍挂。

图5-12 沙湖港北路公共停车场

研究内容

沙湖港北路公共停车场位于洪山区沙湖港北路—三弓路口西北角，为地上5层框架结构建筑，底层为商铺，2~5层及屋顶为自走式停车库，共设353个小汽车停车位（70个充电桩车位）（图5-12）。针对该停车场，本次编制工作分三个阶段展开。①调查研究阶段：针对项目用地、路网、停车及上位规划进行解析。②政策研究及案例分析阶段：在针对城市停车设施建设及用地政策解读的基础上，以常青五路、怡和路公共停车场为例，对公共停车场复合利用模式进行研究。③停车场规模确定及建设阶段：利用停车场产生率法对公共停车场规模进行测算，并对项目用地的建设规模、范围、平面布局及规划设计要求进行评估，最后对区域道路交通组织进行分析。

项目特色

沙湖港北路公共停车场作为武汉市第一个通过招拍挂方式供地的公共停车场，本次咨询工作涉及停车场规划审批工作的多个环节。①充分论证了停车需求，提出了适宜的交通组织建议，配合完成了该点位的规划选址工作。②基于相关规范及场地条件，提出了停车场适宜的建设形式及规模，指导了后期的方案设计。③配合武汉市土地储备中心制定了停车场的规划设计条件，明确了停车场建设规模、商业配比、建设高度等经济技术指标，完成了土地招拍挂工作，有效推动了规划停车场的建设实施。

梅隐寺立体停车楼项目机械式停车设施规划论证

项目背景

2018 年，为进一步加快推动武汉市公共停车场项目建设运营，着力破解武汉市“停车难”问题。经湖北省政府同意，湖北省财政厅发行了武汉市公共停车场项目专项债券。该债券为湖北省政府首支停车场专项债券，确定了首批建设的 52 处公共停车场点位。梅隐寺立体停车楼（图 5-13）项目作为本次停车建设专项债内的首个示范性项目，其建设不仅能推动新一轮停车场规划建设工作，还能指导武汉市停车场相关政策的制定。该项目排队分析模拟如图 5-14 所示。

图 5-13 梅隐寺立体停车楼

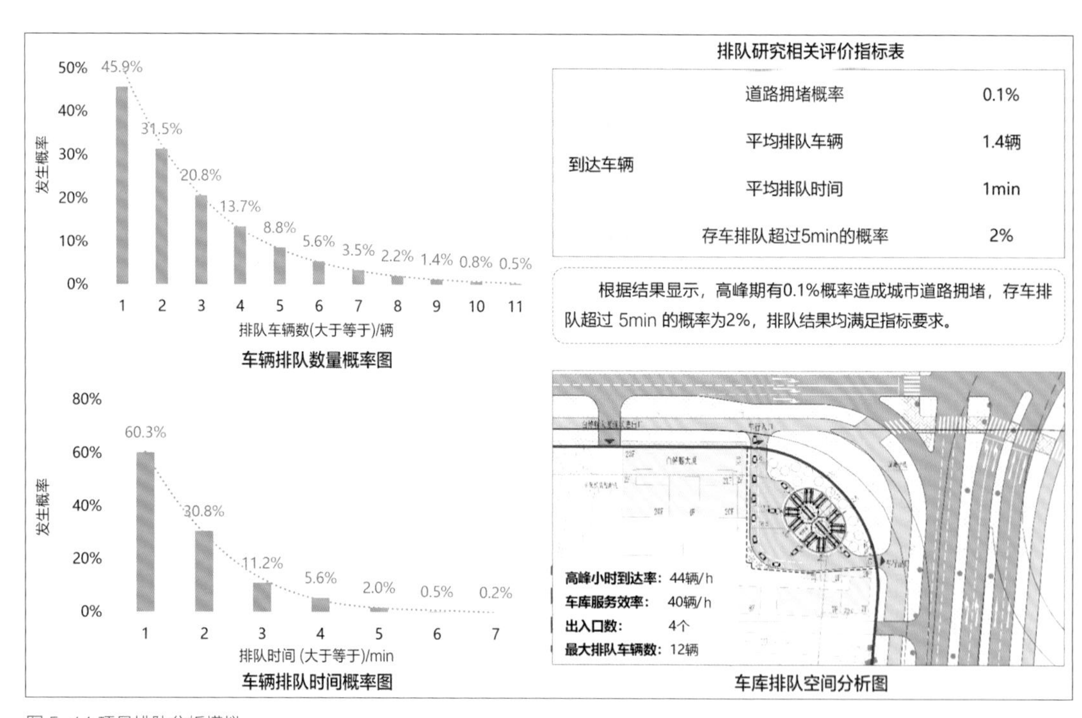

图 5-14 项目排队分析模拟

研究内容

梅隐寺立体停车楼位于武昌区津水路与白沙洲大道交汇处，本次交通规划论证工作系统研究了梅隐寺立体停车楼的建设方案，综合考虑了用地空间布局、周边建筑影响、城市景观、交通组织、车库周转率等各方面因素。该停车楼采取圆形智能垂直升降类停车设备，占地面积仅 480 ㎡，总高 37.4 m，共 15 层，可提供泊位 140 个，建成之后将缓解梅家山周边停车泊位不足的局面，改善武昌南部交通环境。

项目特色

（1）梅隐寺立体停车楼是武汉市按照国家政策首个调整用地性质后建成的圆形智能停车库，其具有典型的占地面积小、停车体量大的特点，采取垂直升降类停车设备，占地面积约 480 m^2，总高 37.4 m，共 15 层，140 个泊位。

（2）本次交通规划论证工作对技术指标及场地条件进行了评估，对排队空间进行了分析，保证了该停车楼建成使用之后的便捷性、高效性。

怡和路公共停车场选址规划咨询

项目背景

图 5-15 怡和路公共停车场鸟瞰图

项目位于武汉市江岸区后湖大道与后湖南路之间，东临规划怡和路。项目用地为规划公共停车场用地，根据 2015—2017 年江岸区公共停车场实施规划，该项目已被列入江岸区 2017 年公共停车场建设计划。项目的用地面积为 5221 ㎡，拟建平面自走式停车楼，停车楼地上 6 层，地下 2 层，并考虑与周边地块地下连通，共提供停车泊位 482 个，其中地下停车泊位 184 个，地上停车泊位 298 个。怡和路公共停车场鸟瞰图如图 5-15 所示。

项目特色

本次工作依据武汉市委市政府对停车设施的工作部署，坚持高标准、高质量的规划原则，加快推进停车场的建设。①运用多种停车需求预测方法进行科学测算，进而合理论证停车规模。②对多个方案进行全方位比选，综合考虑拆迁量、交通便利性、项目用地权属等因素，确定最具可实施性的规划方案。该项目交通组织分析图如图 5-16 所示。

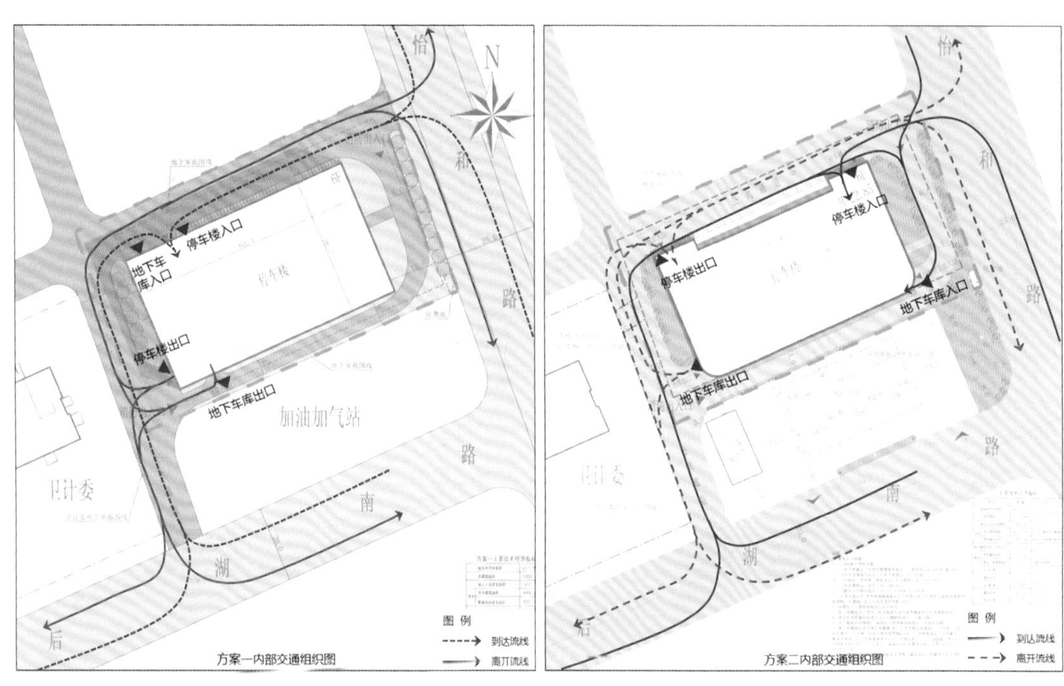

图 5-16 项目交通组织分析图

常青五路公共停车场修建性详细规划

项目背景

项目位于武汉市江汉区姑嫂树路和常青五路交汇处，用地性质为公共停车场用地，用地面积 8642 ㎡，总建筑面积 9377.93 ㎡，其中地下车库建筑面积 9113.36 ㎡，地面建筑面积 264.57 ㎡，共提供 390 个停车泊位，项目实施方案与规划方案略有差异。

项目特色

（1）基于排队理论的停车模式研究，通过对停车场设计方案在不同存取策略下的排队仿真评价研究，对排队结果进行评价，深入细致地对设计方案从修建性详细规划层面提出优化调整建议（图 5-17、图 5-18）。

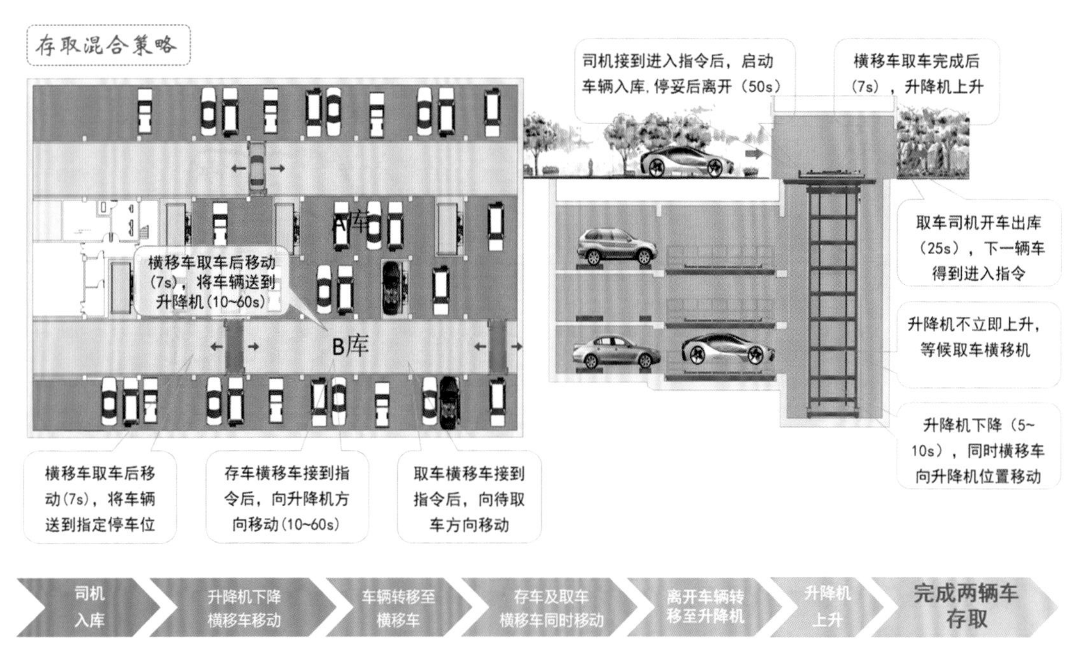

图 5-17 项目存取策略分析

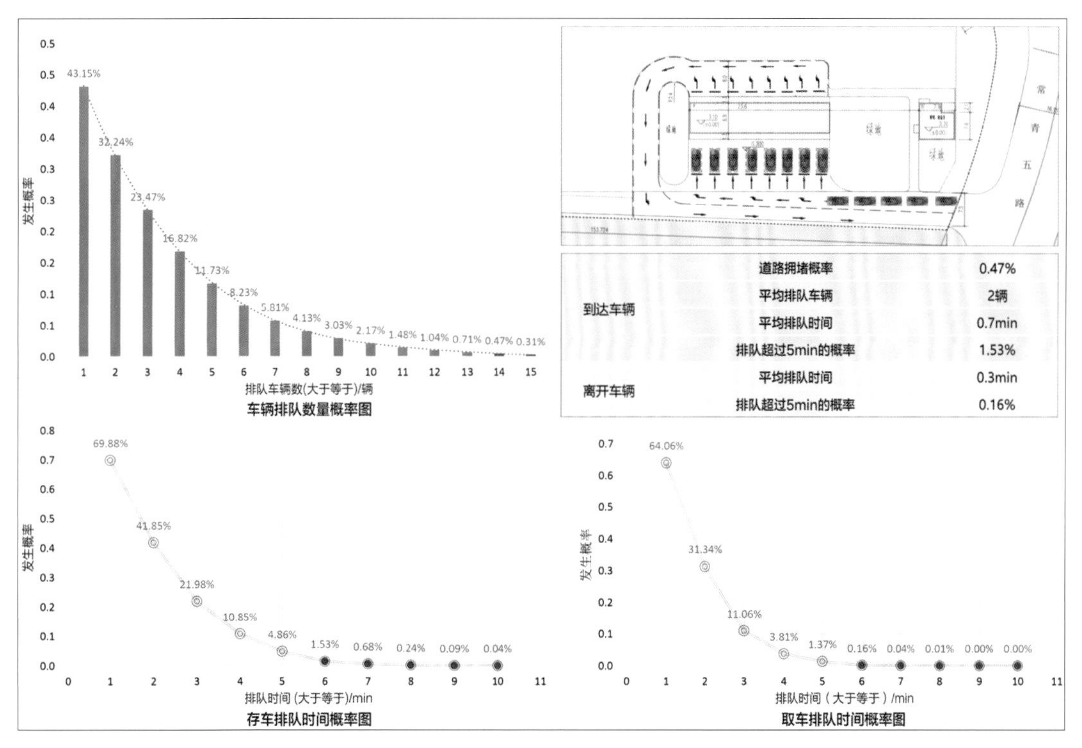

到达车辆	道路拥堵概率	0.47%
	平均排队车辆	2辆
	平均排队时间	0.7min
	排队超过5min的概率	1.53%
离开车辆	平均排队时间	0.3min
	排队超过5min的概率	0.16%

图 5-18 项目排队分析模拟

（2）从整合停车资源、实施统一管理、深化完善停车收费标准、加强停车诱导系统建设等多个维度对区域、内部的车行与人行交通组织进行优化调整。

解放公园停车场项目综合交通优化

项目背景

项目位于武汉市江岸区解放公园南门，解放公园路与光华路交汇处。项目用地面积约 5608 ㎡，用地呈不规则形态布局，并采用“地下停车场 + 地面生态停车场”的建设方式，其中地面建筑面积 28.52 ㎡，地下建筑面积（一层）3151.79 ㎡，共提供停车泊位 211 个，地下 111 个，地面 100 个，其中充电桩车位 21 个，无障碍车位 4 个（图 5-19）。

图 5-19 解放公园停车场

项目特色

（1）深入细致地走访调研区域内停车现状，精准把握停车缺口与实际需求；全方位开展周边道路及路口交通调查，合理确定停车建设规模。

（2）多维度制定交通组织管理方案，从交通管控方式、车行转弯视距、标识引导系统及出入口布局等多个方面提出优化建议，为项目的高效、有序运行提供有力支撑（图 5-20）。

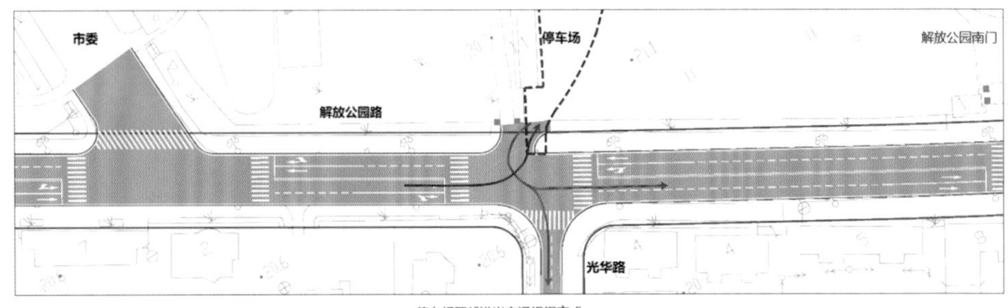

停车场现状进出交通组织方式

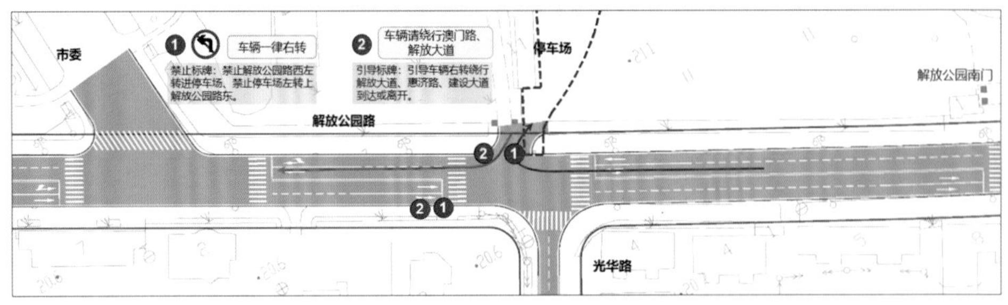

优化后停车场进出交通组织方式

图 5-20 项目交通组织优化方案

九州通机械式立体停车库选址规划咨询

项目背景

项目位于武汉市汉阳区龙阳大道九州通大厦旁，该车库采用垂直升降类机械式停车设备，6个垂直升降式塔库，占地面积仅813㎡，共30层，提供348个停车位。

图 5-21 九州通机械式立体停车库

项目特色

（1）九州通机械式立体停车库（图 5-21）是华中地区体量最大的垂直升降式立体车库，是全市首个民企投资通过租赁零星土地建设的全智能停车库。

（2）前期对该项目的排队空间、场地平面布置、泊位使用策略均提出了技术指引，保证本项目管理智能化、存取快速便捷、运行安全可靠、整体美观环保、节约土地资源，有效缓解了九州通集团及人信汇周边商圈停车难问题。项目排队分析模拟如图 5-22 所示。项目区域交通组织方案如图 5-23 所示。

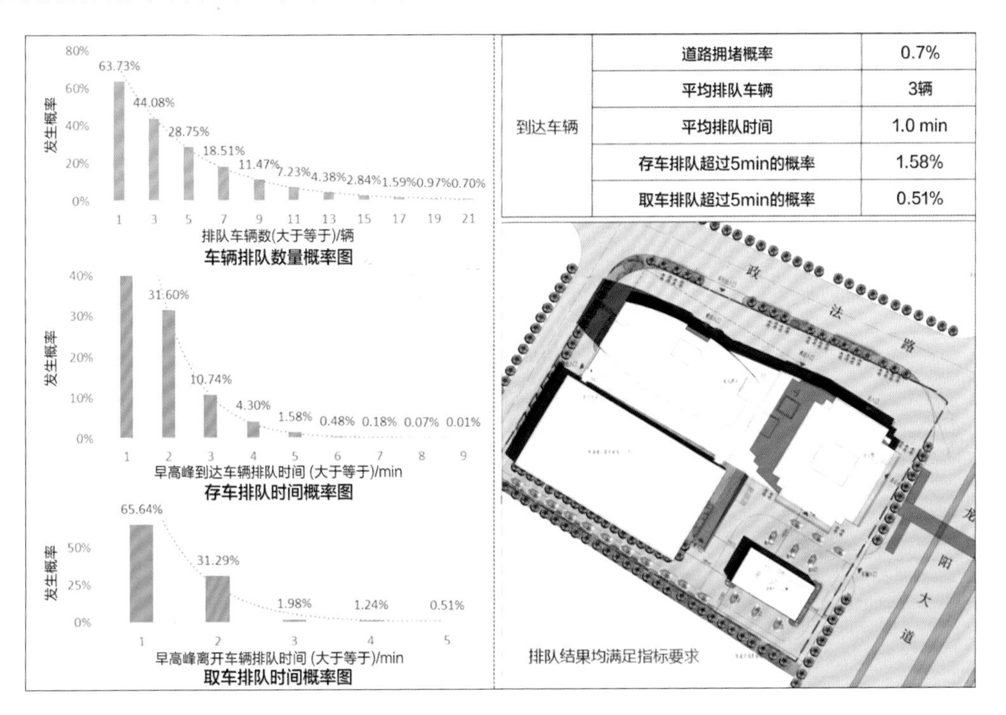

到达车辆	道路拥堵概率	0.7%
	平均排队车辆	3辆
	平均排队时间	1.0 min
	存车排队超过5min的概率	1.58%
	取车排队超过5min的概率	0.51%

图 5-22 项目排队分析模拟

图 5-23 项目区域交通组织方案

武展东路立体停车库规划咨询

项目背景

项目位于武汉市江汉区武汉国际广场购物中心商圈核心地段，西临武汉国际会展中心、北临 SOGO 庄胜崇光百货，周边有协和医院、中山公园以及武商广场、武商摩尔城等大型商业综合体，项目周边停车需求大，周边公交设施完善，交通可达性强，停车供给应采取适度从紧策略。项目用地面积 719 ㎡，由于用地规模较小，考虑建筑布局及车辆组织需要，建议按中、小型停车库设计。方案设计为两组 26 层机械式塔库（图 5-24），车库占地面积为 280.25 ㎡，共提供 100 个机械泊位。

项目特色

（1）落实武汉市要求，增加区域停车设施供给，对缓解武商广场、协和医院停车难的问题，具有重大意义。

（2）运用排队论计算系统对项目运行过程中车辆排队时间进行测算，并优化车辆等候区布局，科学保障车库的服务效率（图 5-25）。

图 5-24 武展东路立体停车库

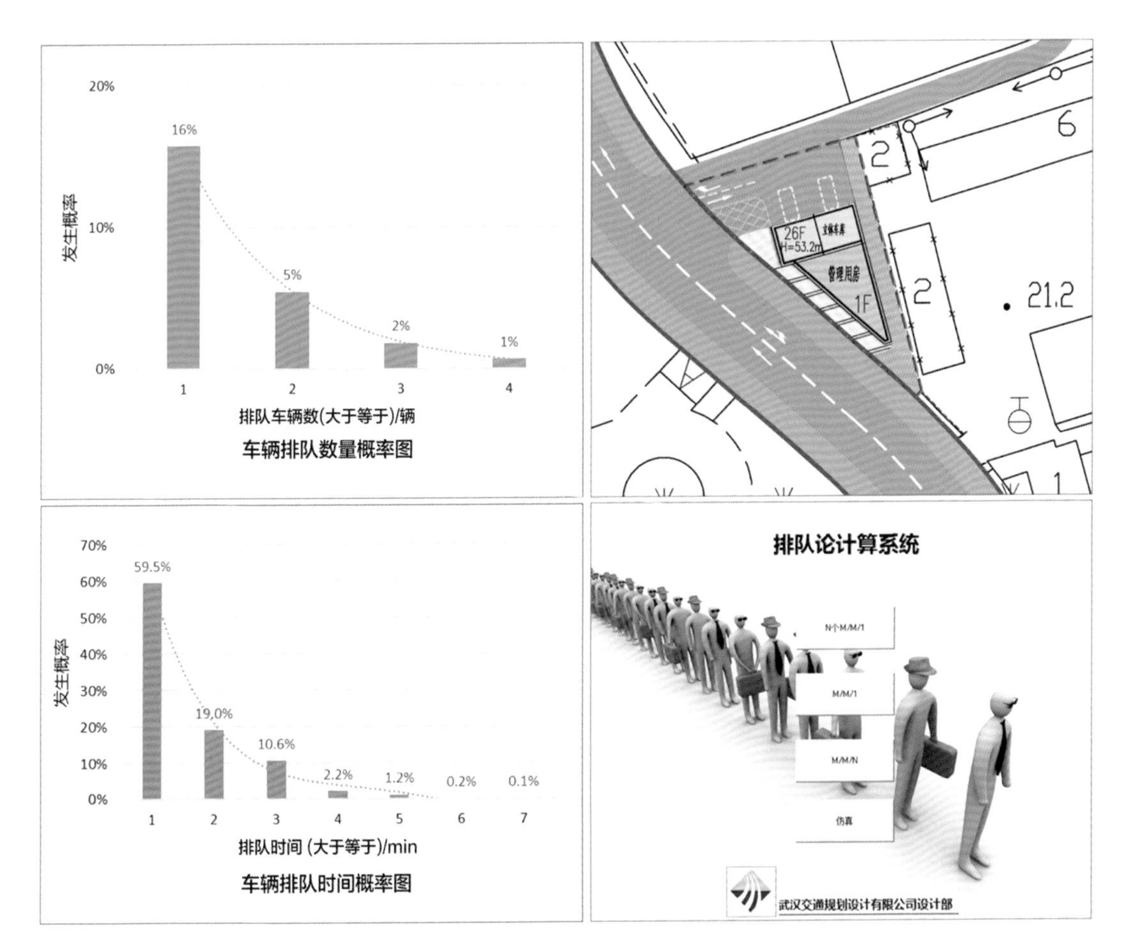

图 5-25 项目排队分析模拟

洪山公园南坡公共停车场规划咨询

项目位于武昌中心区，南临武昌东西向交通主干道武珞路，东临宝通禅寺，北靠洪山公园，西临湖北省农业农村厅和施洋烈士纪念馆，同洪山南坡公园融为一体，是全市首个结合公园坡地建设的地下公共停车场（图 5-26）。停车场占地面积约 1 万平方米，建成停车泊位 242 个。该项目复合利用率高，景观效果好，示范性强，建成后可极大缓解中南路至街道口商圈停车位不足的状况。该项目地下室平面布局分析如图 5-27 所示。

图 5-26 洪山公园南坡公共停车场

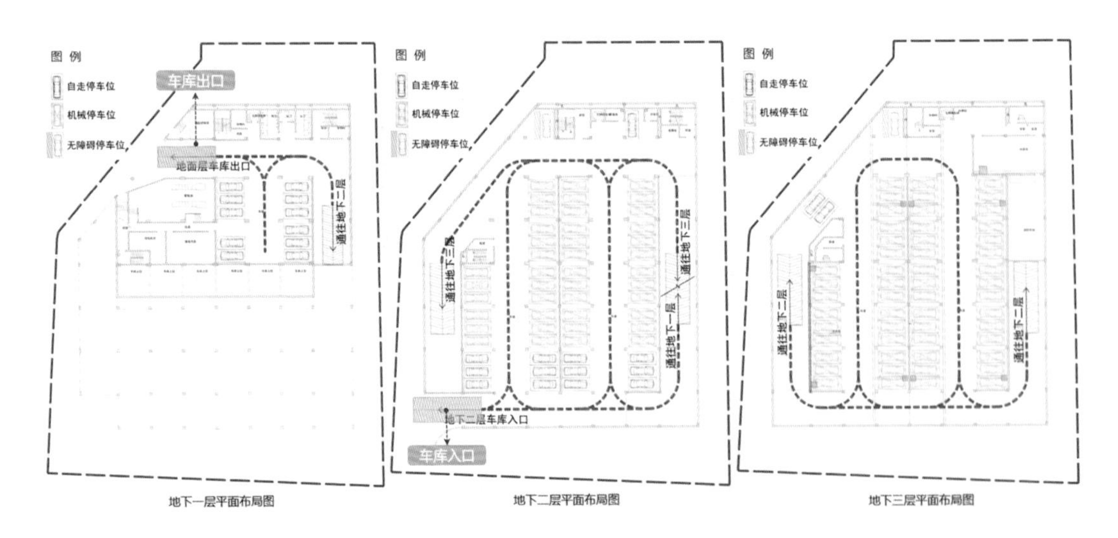

图 5-27 项目地下室平面布局分析

武汉儿童医院妇幼综合大楼静态停车方案专项咨询

图 5-28 武汉儿童医院妇幼综合大楼效果图

项目位于汉口江岸区香港路、光华路、惠济路、球场路合围区域内。武汉儿童医院为我市重点医疗机构，近两年随着医院改建升级，门诊量逐渐提高，高峰日门诊量已达到 7000 人次。武汉儿童医院由于建成年代早，停车问题一直以来都困扰着就诊病患，停车排队甚至导致了周边道路的拥堵。武汉儿童医院妇幼综合大楼（图 5-28）智能车库共地下 4 层，单层可提供泊位 159 个，合计提供泊位 636 个。建成后能有效缓解医院病患、职工停车难问题。我司在前期对本项目静态交通开展了专项分析，对平面布局进行了优化，对排队空间进行了测算，对交通组织进行了研究，为项目后期运转提供了有力的技术支撑。该项目交通组织流线分析图如图 5-29 所示。

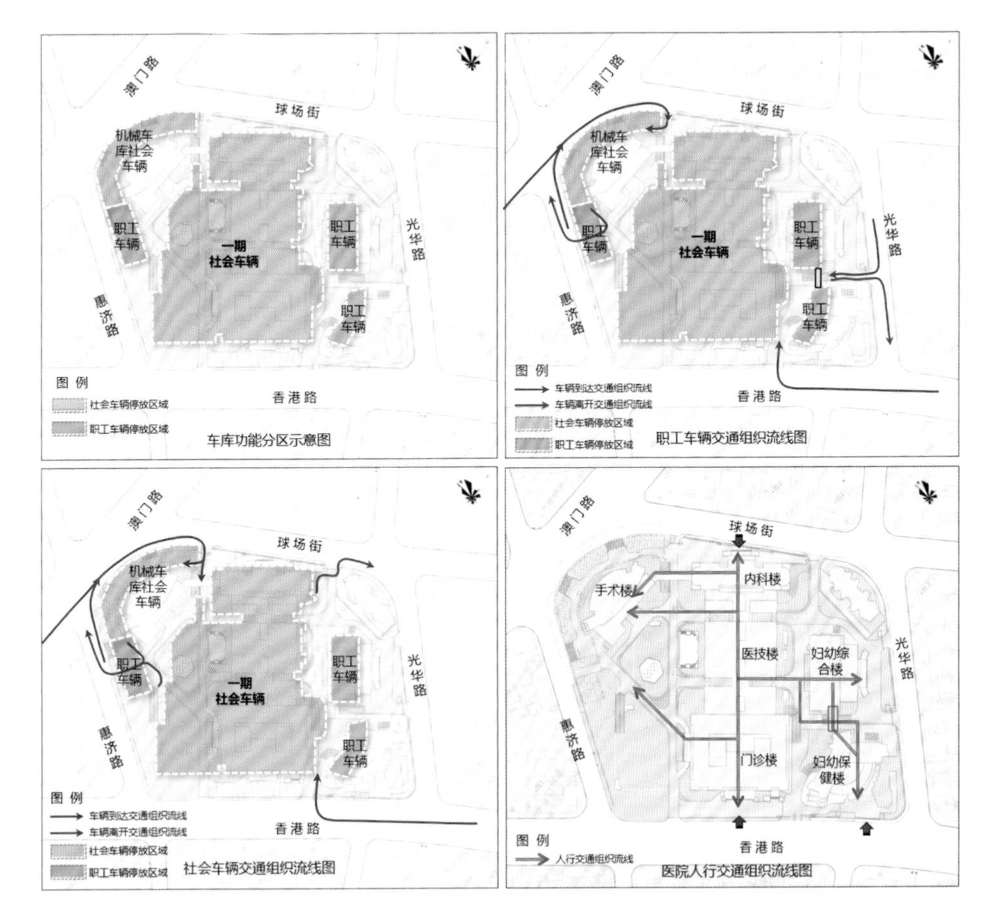

图 5-29 项目交通组织流线分析图

2049 包豪斯大厦立体停车库选址规划咨询

项目位于江岸区沿江历史街区，二曜路和二曜小路之间，胜利街包豪斯大厦院内，是全市首个通过闲置办公楼改造建设的全智能停车库。2049 包豪斯大厦立体停车库（图 5-30）采用全智能垂直升降类停车设备，占地面积 100 ㎡，合计提供停车泊位 52 个，具有占地面积小、停车泊位多、智能化程度高等特点，主要服务于 2049 包豪斯大厦及外来人员停车，缓解了周边片区停车难问题。该项目排队分析模拟如图 5-31 所示。

图 5-30 2049 包豪斯大厦立体停车库

排队分析	
名称	技术说明
排队车辆数	8辆
入库高峰流量	47辆/h
平均存取车时间	30辆/（h·库）
车库数	2个
道路拥挤概率	0.9%（1年出现三次）
等待时间大于5min的概率	10.2%

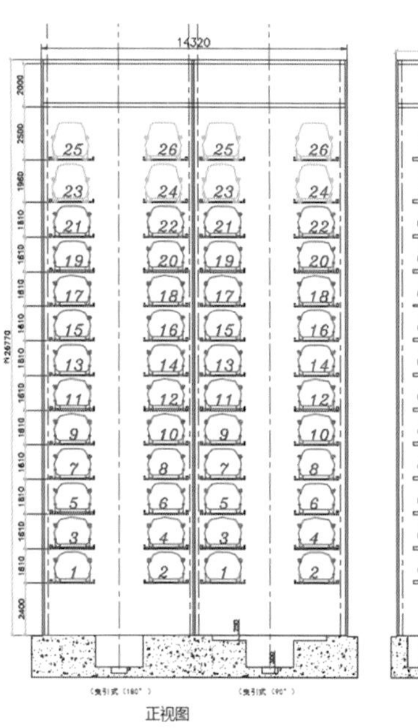

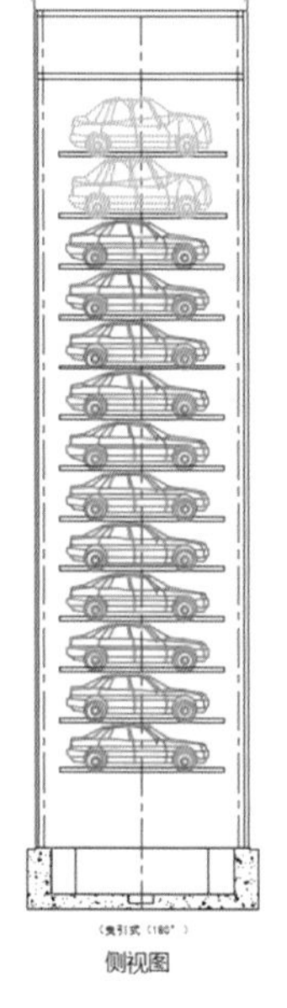

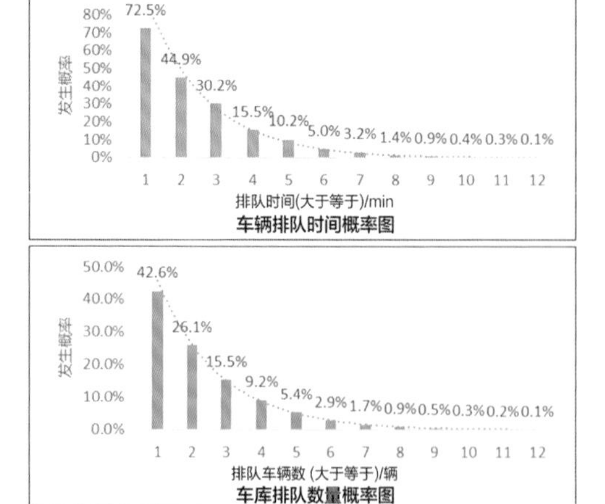

图 5-31 项目排队分析模拟

PART 6

交通规划咨询

城市规划的最大特点就是不确定性，因此，在对城市法定规划的实施过程中，总会因为各种原因而与城市发展过程中的建设项目产生冲突，交通规划咨询的意义就在于协调上位规划与城市开发建设之间的实际问题并寻求最佳解决方案。

交通规划咨询是为城市区域开发、路网调整、建设项目落地等提供专业交通解决方案的一项工作。不同于政府部门委托的交通规划编制，交通规划咨询主要面向开发建设主体，如政府投资平台公司、开发商等。

城市区域开发类交通规划咨询

这类交通规划咨询通常包含以下工作内容。

（1）上位规划及相关规划解读。对上位规划、相关规划进行梳理和解读，调研区域交通设施的建设时序、地区的人口规模、产业特点、游客数量等信息，了解项目的客流特征，并针对上位规划、相关规划中的疑问进行梳理。

（2）交通现状调研。分析研究区域的用地现状、交通设施及道路、公共交通、停车、慢行系统现状，对交通现状进行评价。

（3）交通需求特征分析。根据开发项目的具体业态特征，分析交通需求特征，包括分析项目平峰日、高峰日和极端高峰日客流；预测项目客流的构成和方向分布；预测平峰日、高峰日、极端高峰日客流的交通方式构成；预测项目及周边区域相关道路的背景交通量；分析项目极端高峰日进出交通对基地及周边道路的交通影响。

（4）区域交通系统方案评价与优化建议。结合区域交通需求的特征，建立交通需求模型，对区域进行交通规划概念评议，提供交通专业的相关咨询意见、交通组织设计和优化方案建议，包括制定交通发展目标及策略；梳理及优化区域交通体系，尤其是道路骨架体系；制定重要节点的交通方案；制定重点项目的交通详细组织方案；编制交通研究报告，提出交通分析及综合评估的结果和建议。

（5）制定交通管控策略。根据绿色交通理念，提出可实施的、多样化的绿色交通管控策略及建议。

（6）沟通与协调。配合甲方与相关部门沟通，向相关部门征求对方案的意见和建议，确保方案具有可操作性，并配合政府相关部门调整相应的规划方案。

路网调整类交通规划咨询

这类交通规划咨询通常是基于某些特殊类型的项目落地需要进行的局部路网优化论证工作，通常遵循以下优化原则。

（1）路网指标不降低。对区域路网的优化要以保证道路网长度、密度、面积等指标不降低为前提，以确保区域路网的功能发挥。

（2）道路运行影响小。区域道路在后期的运行中不能有服务水平上的明显下降，不能因道路调整导致拥堵。

（3）交通组织保顺畅。路网调整应保证区域各个地块的进出交通组织及过境交通主要流向顺畅。

（4）交通土地相协调。道路对于不同性质的用地起到一定的分隔作用，同时也应尽量避免对同一性质用地之间的分隔。

（5）快慢交通宜分离。机动车行驶道路应尽量避免穿越人流量集中的区域，以保证车辆行驶的通畅和行人的安全。

建设项目落地类交通规划咨询

这类交通规划咨询通常是针对某些特定项目开展的专业咨询服务，如规模较大的公共建筑，区位交通复杂或敏感、业态复杂、自身交通组织难度大、对交通组织有特殊要求的项目等。

这类咨询通常要求站在区域交通改善及品质提升的高度，从较大范围研究，从较为宽泛的角度出发，全面、系统地分析和评价交通运行特征，从而得到相应的改善方案。区域交通系统优化不仅能有效改善交通运行行为，而且能推动整个区域交通系统的合理化。

鄂州恒大童世界项目综合交通规划咨询

项目背景

鄂州恒大童世界（图 6-1）项目是恒大集团重点打造的大型综合文化旅游项目。为满足该项目旅客及当地居民高效便捷的出行需求，优化项目内外部交通网络系统，合理布置交通配套设施，配合项目控制性详细规划调整，指导交通专项设计，项目组开展了鄂州恒大童世界项目综合交通规划咨询工作。

图 6-1 鄂州恒大童世界鸟瞰图

规划构思

1. 战略引领，目标和问题导向明确

本次规划针对项目高品质、大规模的旅游特色交通和现状路网通行能力不足的矛盾，提出了“打造快旅慢游的交通体系，助力旅游产业发展”的总体交通策略，并分解为道路网络、慢行交通、交通设施三个子策略，指导交通专项方案的制定。

2. 方案细致，内容全面，远近结合

项目不仅有公交、道路、静态交通、慢行等各个交通专项的体系梳理，还对影响交通的关键节点问题进行了详细分析，并针对项目开业初期的交通需求提出了近期实施方案。

3. 工作严谨，结合实际，基础工作扎实

本次规划通过对项目区域用地、道路、公交、停车等方面的现场调研，总结了现状片区交通主要面临的问题，认真分析了规划区域周边的上位规划情况，并通过分析相关案例，确定了乐园的交通规模，据此建立了交通需求预测模型，为制定交通发展战略方案提供了数据支撑。

研究内容

1. 需求预测

在分析同类型主题乐园案例的基础上，通过类比法估算项目年游客量，确定平峰日、高峰日、极端高峰日客流量和高峰小时客流量。其他配套用地交通需求预测以游览人口出行量和高峰时段为基准，对不同业态进行时间和内部折减。

2. 交通策略

本次规划提出了打造“快旅慢游”的交通体系，助力旅游产业发展的总体交通策略，并分解为“构建外通内达、适应性强的道路网络体系”“建立高品质的慢行交通体系，打造人性化旅游目的地”“合理布局交通设施，顺畅衔接出行方式”三个层面的实施策略。项目周边交通概念图如图 6-2 所示。

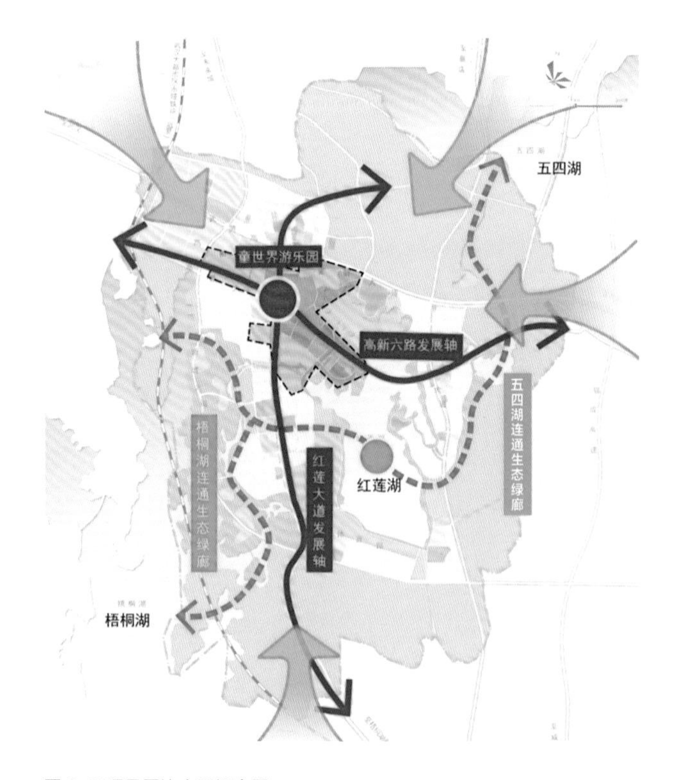

图 6-2 项目周边交通概念图

3. 系统规划方案

公共交通方面：构建了以大中运量为骨架，常规公交相衔接的公交系统。主动对接武汉市轨道交通网络，形成了十字形轨道交通线路。规划3条有轨电车线路，将项目融入东湖高新区中运量线网中。对项目控制性详细规划范围内的公交场站用地进行规模控制。公共交通系统概念图如图 6-3 所示。

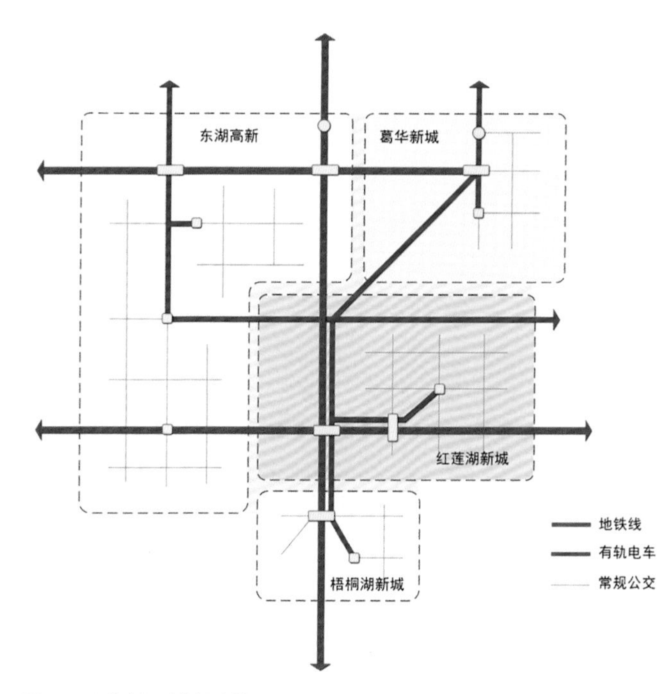

图 6-3 公共交通系统概念图

道路交通方面：以弱化过境交通对项目及项目区域的影响作为道路交通优化的总目标，采用分离、简化、外移的思路，重点弱化过境交通在项目所在红莲大道的两处交叉口的交通转换功能；构建了环绕项目的“高快速疏解环”和“干道保护环”（图 6-4）；明确了项目范围内“五横五纵”的干道网络结构（图 6-5）。

静态交通方面：按照“高峰日满足、大型节日基本适应“的原则，布置项目停车场，对私家车停车场、出租车蓄车区、旅游大巴停车场等进行了指标控制，并对停车场出入口数量进行了要求。

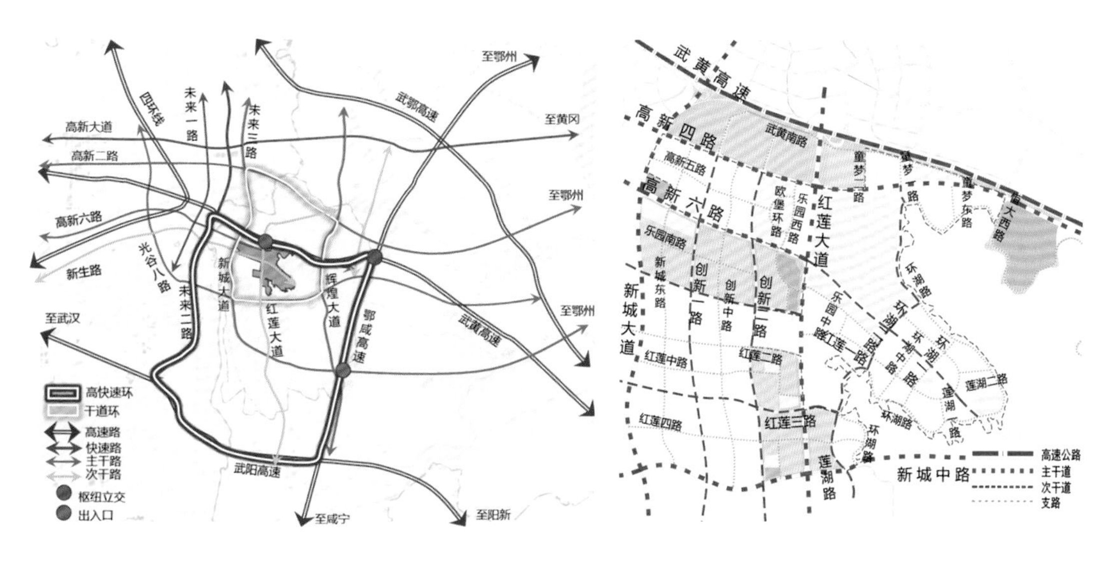

图 6-4 项目外围干道网

图 6-5 项目周边干道网

慢行交通方面：营造良好的慢行交通环境，鼓励慢行交通出行，构建多层次、与公共交通良好衔接，路权保障、空间有序的便捷、连续、舒适、安全、优美、高效的慢行交通系统，构建“一带两环两主多支”的慢行绿道体系（图6-6）。

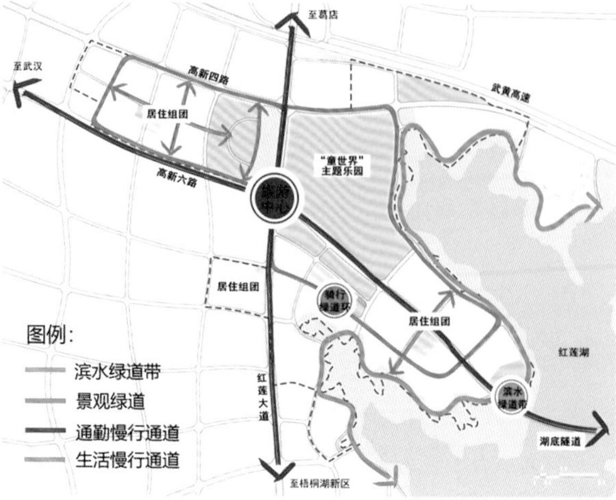

图6-6 慢行绿道结构体系

4. 近期交通方案

预测项目开业初期客流，以此为基础对开业初期的道路交通、公共交通、静态交通等设施改造升级提出要求。

5. 重点工程分析

对影响项目的庙岭收费站迁移及规模测算、停车场交通组织、光谷八路及红莲湖隧道等重点工程进行分析，指导下一步设计方案。

项目特色

1. 在控制性详细规划阶段进行交通专项研究，区块级交通的承上启下作用突显

常规的交通专项研究多为城市综合交通规划等区域规划层面，或项目方案和交通工程设计及交通管控措施等实施层面，而一直缺失控制性详细规划阶段的交通专项研究，造成了过去城市交通发展战略无法得到落实的问题。本项目就是弥补这一缺失的尝试，既能深刻理解顶层城市交通发展战略，又能在此框架下最大限度地优化区域交通，服务城市开发建设项目。

2. 从系统角度分析交通影响，解决项目内外部交通矛盾

本次规划咨询不局限于项目用地范围，而是着眼于区域交通系统的结构性优化。从规划角度对项目区域周边的公共交通、道路交通、静态交通、慢行交通等专项进行系统分析，得出优化方案，并为项目用地方案提供反馈建议，配合控制性详细规划修编工作。根据系统优化方案制定项目内部交通方案，指导项目深化设计。本次规划咨询不仅能解决项目自身的交通问题，也为项目周边的交通衔接提出建议，可为同类大型项目解决交通问题提供参考思路。

3. 创新使用不同的方法，对综合项目中不同业态用地进行交通引发量预测

恒大童世界为旅游业态，暂无有效方法预测其交通引发量。本次研究通过对各地主题乐园的案例分析，选取对客流量影响较大的主题乐园面积、距市中心距离、平均游览时间等因素，与单位面积年客流生成率建立多元线性回归关系，利用类比法估算年客流量。通过确定平峰日、高峰日、极端高峰日客流量，利用高峰小时系数计算旅游业态的高峰小时客流量。其他业态则通过传统的发生吸引率计算高峰小时发生吸引量，并以童世界出行量和高峰时段为基准，对不同业态进行时间和内部折减，获得项目整体的高峰小时引发量。该方法可为同类型旅游综合体项目提供借鉴。

4. 服务重大项目落地，为项目提供交通支撑

鄂州恒大童世界项目是鄂州市政府重点引进的大型综合文化旅游项目。项目总投资 320 亿元以上，预期单日客流量 5 万以上，年客流量 1000 万以上，年消费金额达 130 亿元，带动就业 10 万人以上，年增加税收 6.5 亿元以上。大体量、强集中的客流对项目周边原有规划的交通系统产生较大冲击，本次规划咨询构建了以大中运量为骨架，常规公交相衔接的公交系统方案，梳理了“五横五纵两环”的干道网，确定了项目周边主次干道规模，明确了项目静态交通需求，打造了便捷、连续、舒适、安全、优美、高效的慢行交通系统，并充分考虑了项目运营初期的交通需求，提出了优化方案，为项目的落地实施提供系统、全面、实施性强的交通规划咨询支持。

实施情况

项目一期已开盘，童世界主体工程已完成，周边路网正按照规划实施中（图 6-7）。武汉市新一轮批复的轨道交通线网规划已按照本次交通规划咨询建议延伸至项目地块。

图 6-7 项目实施实景图

绿地咸宁高铁北站项目综合交通规划咨询

项目背景

咸宁新一轮城市总体规划确定了咸宁市空间外拓、拥湖面江的空间发展战略，北部空间是咸宁市城市空间拓展的战略前进方向，除绿地咸宁城际空间站和大洲湖生态建设示范区等在建项目之外，梓山湖长岛未来城、原乡度假小镇、梓山湖养生谷等大型项目已选址于北部空间，城市即将迎来跳跃式发展。咸宁市城区要实现老城区与北部空间新城区高效、有序、健康的交通衔接，应结合城市空间被铁路分隔，项目区域对外整体联系不畅的现状，对咸宁高铁北站区域进行系统的梳理，并结合桂乡大道辐射研究至整个北部空间。在此背景下，咸宁市自然资源和规划局以绿地咸宁城际空间站片区开发为契机，启动了区域交通系统研究方案。

规划构思

该项目以咸宁市城市空间拓展为契机，以绿地咸宁城际空间站项目开发为抓手，以梳理整个北部空间交通体系，支撑城市空间拓展为落脚点，近远期结合制定交通解决方案，为城市健康、有序发展提供科学支撑。

研究内容

本次交通规划咨询立足于咸宁城市空间发展定位，并详细了解项目区域城市建设及交通发展现状，重点研究了道路网系统、关键交通节点、区域近期重大建设项目等。

1. 道路网系统

本次规划从系统角度对项目区域道路网进行分析，采取定性、定量相结合的方式，兼顾道路建设的可实施性，科学合理地优化区域道路网系统。

跨铁路通道：从项目区域规划跨铁路通道布局、通行能力等角度分析，并通过构建交通模型，判定区域近期重点建设的跨铁路通道，以支撑项目建设及区域发展需求。

道路功能：基于交通模型的量化分析结果，并结合道路沿线土地开发业态，确定道路功能，并提出合理的道路断面形式。北站区域交通量及负荷度预测图如图 6-8 所示。

道路线形：结合上位规划，深入分析道路线形优化空间，选择尊重自然，依山就势，尽量避开山水资源，减少破坏，同时避免形成多路交叉的交通瓶颈点。

2. 关键交通节点

项目区域与快速路（桂乡大道）交通衔接方面：桂乡大道不仅是咸宁市目前与武汉联系最重要的

准快速路，同时也是项目区域对外最便捷的快速通道，但却存在项目区域与武汉及北部空间转换功能缺失的问题，本次工作重点针对该节点的建设形式进行研究，完善项目区域对外交通转换功能。桂乡大道—官渡大道节点规划设计方案如图 6-9 所示。

跨铁路通道节点建设形式：基于道路功能，研究跨铁路段建设方法、沿线匝道设置形式以及跨铁路段建设对沿线土地开发的影响。

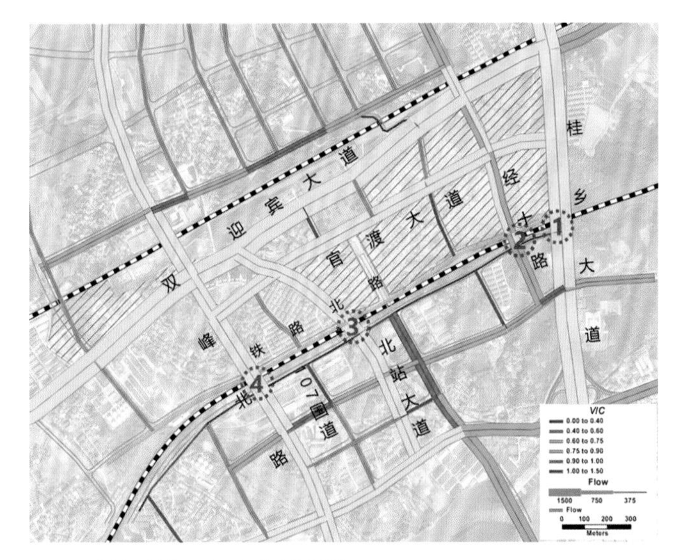

图 6-8 北站区域交通量及负荷度预测图

3. 区域近期重大建设项目

项目区域近期拟建大型建设项目主要为南侧华中师范大学附属咸宁实验中学（以下简称“华师附属实验学校”），规划 132 个班级。本次研究系统分析了华师附属实验学校的交通情况，深入分析了绿地咸宁城际空间站项目和拟建华师附属实验学校之间的交通联系，梳理了两个项目之间的机动车和慢行联系通道，研究了学校外部交通组织情况，并对学校对外主要交通节点及相关交通设施建设提出了建议。

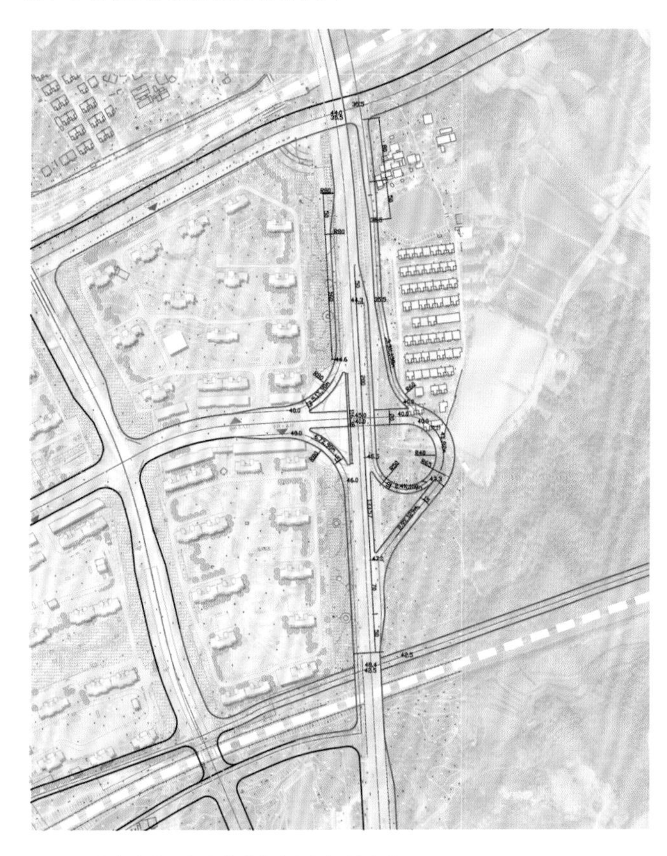
图 6-9 桂乡大道—官渡大道节点规划设计方案

项目特色

1. 为组团发展模式的中小城市以项目建设为锚点，引导城市空间拓展提供实践参考

咸宁作为典型的组团发展城市，中心城区已基本发展成熟，如何引导城市空间拓展，提升城市竞争力，是大多数组团发展模式的中小城市所面临的共性问题。本次交通规划咨询基于项目的战略性区位，立足于支撑咸宁城市空间北拓，拉开城市空间架构，以促进北部空间开发

的全面启动。本次工作主要是系统性梳理区域道路网系统，畅通项目区域与北部空间的交通衔接，充分发挥交通引领城市空间拓展，支撑土地开发的作用，对其他同类型的中小城市具有一定的借鉴意义。

2. 以区域重大建设项目建设时序为基础，统筹安排近期交通基础设施建设

本次交通规划咨询系统性较强，既基于绿地咸宁城际空间站项目开发，同时也兼顾区域其他重大建设项目开发需求，如与项目基本同期建设的华师附属实验学校，以及项目北侧规划的大洲湖高铁商务区等，整体研究区域交通发展需求及定位，统筹安排区域近期交通基础设施建设，真正的从区域全局出发，对区域交通体系进行系统性梳理。本次交通规划咨询结合重大项目建设时序，提出近期建设计划，并分别对项目建设方和政府重点推进的工作进行梳理，明确各类交通设施建设主体，有序推进区域健康发展。

3. 紧扣项目开发和城市整体发展要求，方案兼顾可实施性和弹性

本次交通规划咨询经过多轮现场踏勘、部门调研，并与当地规划院保持紧密沟通，兼顾上位规划、现状困难及建设成本等，提出多种比选方案及分阶段实施安排来满足项目开发要求，并对多种合理的建设形式提出预控建议，为远期建设留有余地。

实施情况

2019 年 5 月 25 日，项目组向咸宁市自然资源和规划局汇报了规划咨询成果；2020 年 7 月 23 日，受咸宁市自然资源和规划局委托，在咸宁市咸安区绿地城际空间站售楼部二楼组织召开了专家评审会。

目前，咸安区绿地城际空间站项目一期已建成，本次交通规划咨询提出的近期建设项目部分已完成，如官渡大道、北站大道局部路段等。图 6-10 为项目实施实景图。

图 6-10 项目实施实景图

路网优化类交通规划咨询

项目背景

城市总体规划强调的是规划的综合性，是对一定区域，如行政区全域范围涉及的国土空间保护、开发、利用、修复所做的全局性安排。详细规划强调实施性，是对具体地块用途和开发强度等作出的实施性安排。

在实际工作中，地块从规划上的“色块”到具体的项目实施过程中，在用地面积的需求、建筑布局的需求、交通设施功能的需求、实际建设条件等方面具有较大的不可预知性，导致从更具宏观性的总体规划到更具操作性的详细规划过程中，会出现一些规划路网不能完全匹配项目的情况。基于此，在一些开发项目的前期对道路网进行优化，既可使项目的建设更加匹配周边交通环境，又可使区域的交通系统更好地支撑项目的开发。

项目实践

1. 海昌海洋世界区域交通优化——基于实际建设条件与运营需求的优化

2008 年，海昌海洋世界 A、B、C 三个地块作为整体报批，地块内无市政道路；2015 年批复的《东西湖区新城组群控制性详细规划导则》中在 A 地块与 B 地块之间增加了一条 15 m 宽的规划支路，在 B 地块及南侧居住地块之间增加了一条 20 m 宽的规划支路。海昌集团拟在 B2 和 B3 地块打造新的热带海洋世界馆，与已运营的极地海洋世界实行一票制互通运营。

从对现场道路的施工条件来看，金银潭大道南侧停车场中间道路受到高压线影响，现状线形与规划路网存在差异，金银潭北侧道路按规划建成后会与其形成异形路口。天澜小区东侧道路现为景观河，慢行环境良好，道路红线进入小区内部，按规划线形建设难度较大。因此，规划道路难以按规划方案形成贯通性道路。现状高压线及景观河如图 6-11 所示。

图 6-12 为热带海洋世界馆概念设计图。从项目主体的运营角度看，新馆建成后，必将引发更大规模的交通出行需求，两个场馆之间的慢行联系需求非常强，市政道路穿园而过不仅对园区的慢行环境影响较大，对交通安全也十分不利。

基于此，在确定区域道路的功能定位、分析区域交通组织主要流线、模拟区域交通运行情况的前提下，提出取消市政道路、市政道路功能定位慢行专用、市政道路功能定位慢行专用且增加公共通道三个路网优化方案。通过对原方案及三个方案优缺点的对比，推荐海洋世界段作为慢行专用道以提升区域慢行环境、在西侧增加公共通道以满足区域机动化出行需求的方案（图 6-13）。

图 6-11 现状高压线及景观河

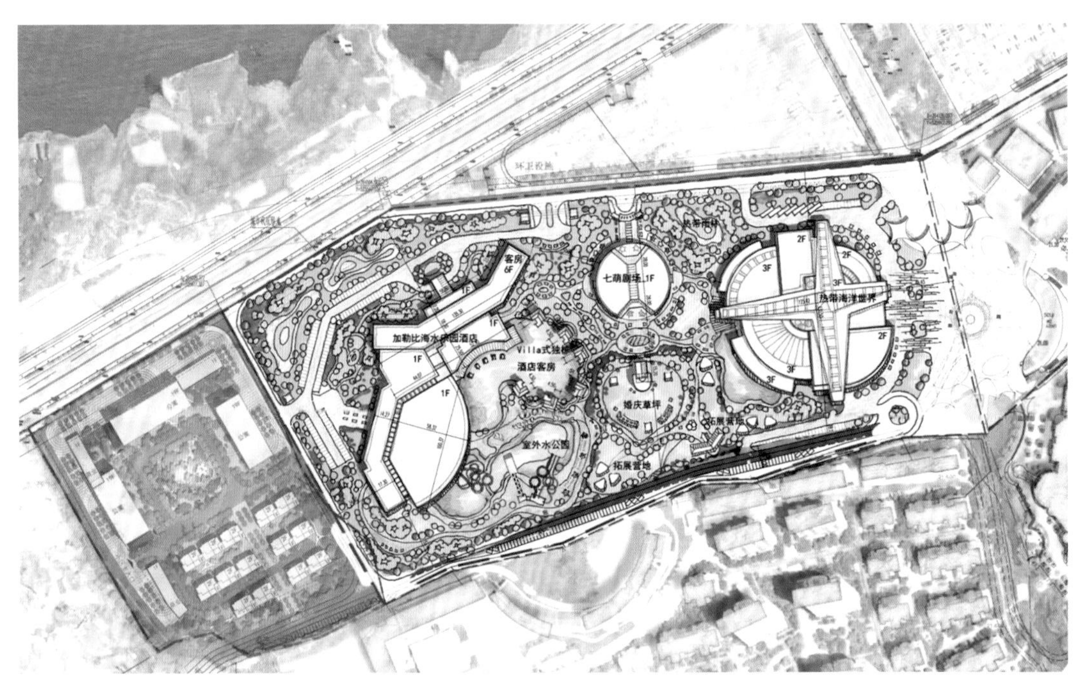

图 6-12 热带海洋世界馆概念设计图

2. 武汉江夏万达广场项目区域交通优化、武汉新洲万达文旅项目区域交通优化——基于用地条件与交通组织需求的优化

目前武汉市已落地的万达广场有 5 座，主城区 2 座，经开区、东西湖区、新洲区各 1 座，占地面积约 4~7 万平方米。为带动区域经济发展，提升人民生活的幸福感，江夏区与万达集团签订了战略合作框架协议，拟在纸坊新城引入万达广场；新洲区在万达广场即将开业的情况下，希望在阳逻打造对标武汉汉街的文旅度假项目，建设 2 个以上室内乐园（冰雪、军事等）、 1~2 座星级酒店等。两个项目因其业态的特殊性，对用地面积有着相对较大的需求，而项目拟选址区域复合规划用地性质的地块面积难

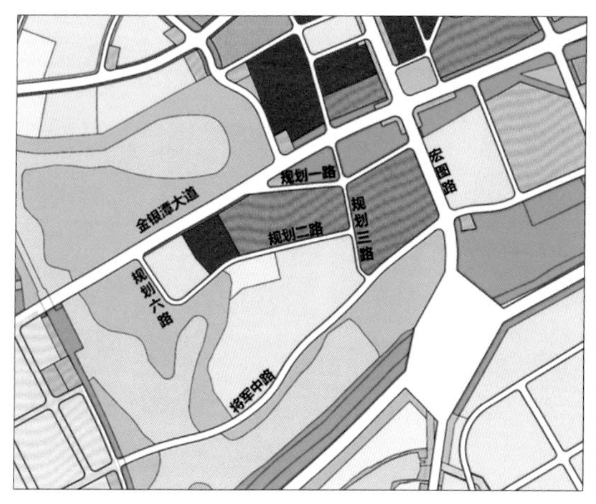

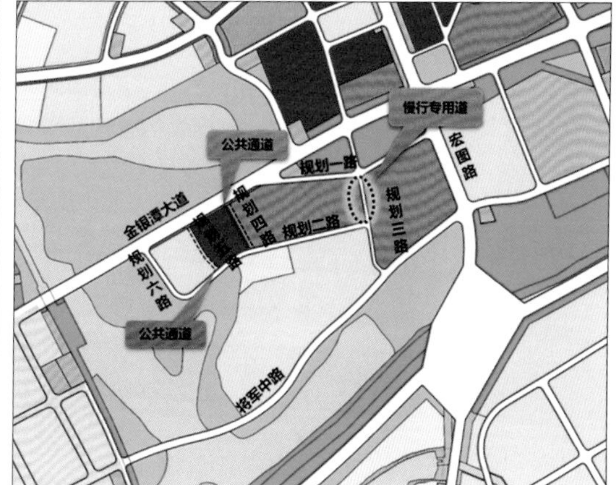

图 6-13 原控制性详细规划方案与推荐方案

以满足实际建设需求。因此，为推动重大项目的落地，结合项目特点，进行了区域的道路系统优化工作。

江夏万达广场项目拟选址于武昌大道以东，紧邻红花路，新洲万达文旅项目拟选址于翔飞路以东，紧邻柴泊大道，两个项目均有规划市政道路从拟选址地块中间穿过。从区域路网的功能定位分析，两条道路贯通性不佳，均为“内部性”的支路，主要为沿线用地服务，属于渗透性连接和到达性连接，其功能为地方性活动组织道路，而项目紧邻的武昌大道、红花路、翔飞路、柴泊大道等干道，交通性功能更强，是服务区域地块对外联系的重要通道。

对于江夏万达广场项目拟选址地块，考虑周边地块用地性质多为商业服务设施用地，优化调整方案将拟选址地块中间道路与西侧地块进行置换，加强了项目与武昌大道的直接联系，有利于项目的对外疏解，同时，通过对区域路网指标、道路运行情况和交通组织方案进行对比，优化调整后对整个城市路网的影响很小，能够在不影响城市交通的情况下，更适应项目开发的要求。江夏万达广场项目原路网方案与优化路网方案如图 6-14 所示。

对于新洲万达文旅项目，取消了拟选址地块中间的市政道路，于地块北侧的居住用地和教育、公园绿地之间增加一条市政道路，一是基于项目本身对用地面积、用地完整性的要求，二是考虑居住地块东侧路口间距及出入口设置的便利性。路网调整以后，从中观层面上更适应整体用地布局，从微观设计层面上也更利于项目落地后的交通组织。新洲万达文旅项目原路网方案与优化路网方案如图 6-15 所示。

项目思考

由于各个层级的规划侧重点不一致，地块开发存在不确定性，从城市的顶层设计到项目的最终落实，往往会存在一定的偏差，城市的用地布局和路网系统与开发项目的实施运营难以完全匹配。路网系统的规划，尤其是一些新城区，窄马路、密路网已经成为标配，随之而来的是地块尺寸小，难以适应大型项

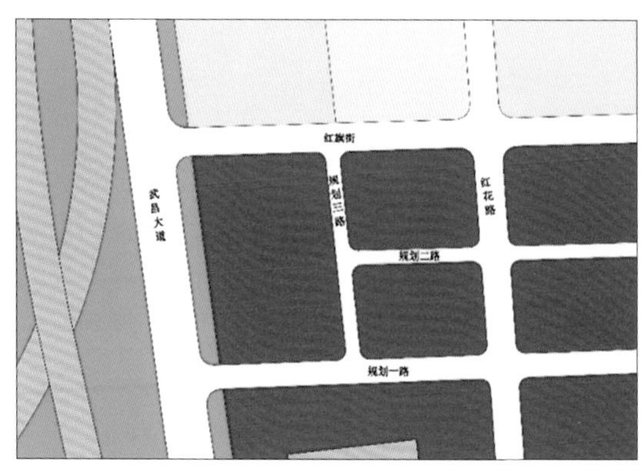

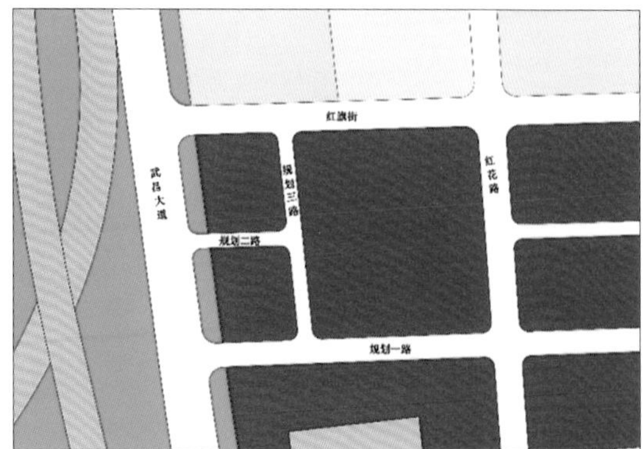

图 6-14 江夏万达广场项目原路网方案与优化路网方案

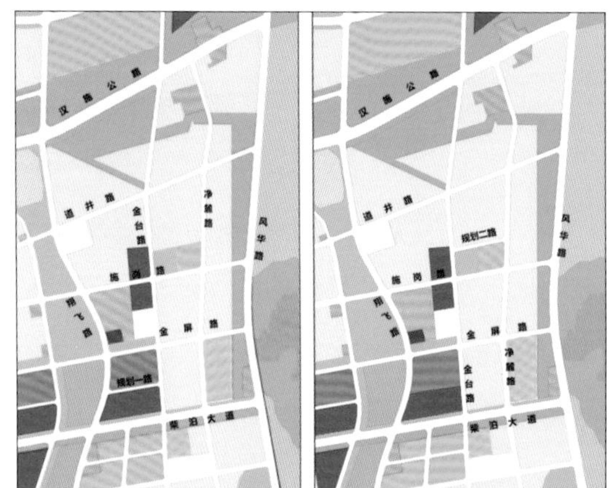

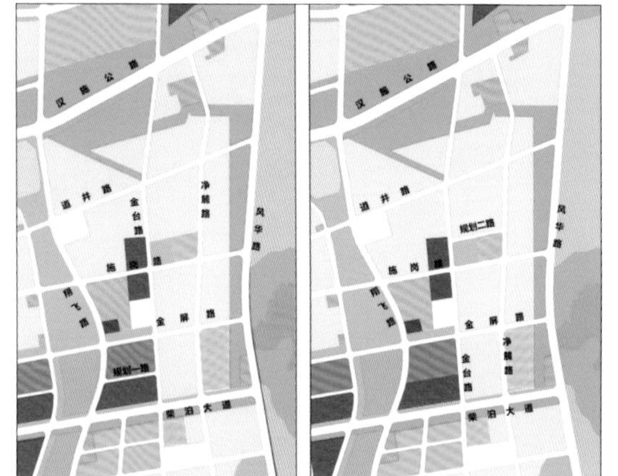

图 6-15 新洲万达文旅项目原路网方案与优化路网方案

目的开发；路口间距小，难以组织项目车辆的进出等问题。例如上文提到的海洋世界、江夏万达广场和新洲万达文旅项目，这类大型商业服务设施、文娱设施有着特殊的用地要求，但对于刚规划好还是一片空白的亟待发展区域，又很难落实到具体的地块。又如工业园区，许多高新产业园区道路“横平竖直”，间距、宽度等指标高度一致，很难适应某些企业生产、办公的需要。这也使得城市在谋求经济发展的同时，又苦于供地上的捉襟见肘。

如何解决这个问题？除了如本文所述的根据实际项目在既有的规划上对道路系统、道路功能进行优化，更多的是要给规划预留弹性。对于同一类型的用地，尤其是工业园区，在城市干道形成对外联络主通道的前提下，可以考虑支路系统是否采用虚线控制的形式，即类似于公共通道，保证道路的走向不变、宽度不变，起止点及线形可以根据实际落地的项目进行调整，真正让支路服务沿线用地的功能发挥出来，同时又给规划更多的灵活性，给审批更多的便利性。

城市的规划从来不是为了完成一张图纸，而是能真正支撑城市的发展、服务市民的生活。道路网系统作为这张图纸的骨架，干道网体系应能搭建城市发展结构，支路网体系、公共通道体系更应能适应地块开发建设。

武汉设计中心区域交通改善及品质提升研究

项目背景

为深入学习贯彻党的十九大精神，建设现代化经济体系，落实武汉市委市政府工作部署，助力“三化”大武汉建设，在武汉市第四届设计双年展期间，江岸区联手法国圣埃蒂安设计联盟、武汉工程设计产业联盟打造“武汉设计之都——长江左岸创意设计城”。

江岸区三阳路片位于长江主轴核心段，由解放大道、武汉大道、一元路、沿江大道围合而成，紧邻长江，东西临靠江滩公园、解放公园。该片区拥有最畅达的交通、最完善的产业基础、最深厚的历史底蕴，是汉口历史文化风貌区的重要组成部分，是长江主轴展示长江文化、生态特色、发展成就和城市文明的重要城市节点。该片区遗存诸多历史建筑，展示出武汉深厚的历史文化底蕴和现代城市气息。

图 6-16 武汉设计中心规划方案效果图

结合该片区特点，以滨水城区为核心载体，整合水资源、历史文化街区、创意产业街区等武汉特色的元素，打造领先中部地区、国内一流、国际知名的长江左岸创意设计城。武汉设计中心规划方案效果图如图 6-16 所示。

武汉设计中心地处长江左岸创意设计城的核心位置，由 2049 集团与远洋集团合作开发，项目位于中山大道与解放公园路交汇处。项目具备良好交通区位优势的同时，也面临了较复杂的交通环境。

研究内容

根据武汉设计中心规划方案，项目净用地面积 24189 m^2，计容建筑面积 150000 m^2，包括办公、公寓、住宅及商业等主要业态，容积率为 6.20，共设计 1123 个机动车停车位。武汉设计中心总平面图如图 6-17 所示。

1. 区域交通预测分析及交通影响评价

经交通影响分析，将项目诱增交通量分配到主要路段和路口，项目建设对周边道路造成了一定影响，但区域整体运行仍旧平稳。项目建成后道路服务水平预测图如图 6-18 所示。

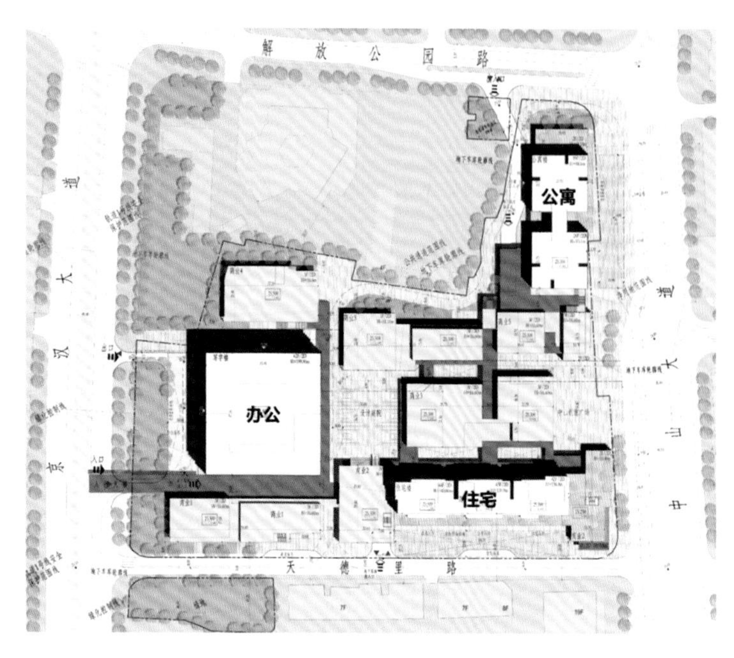

图 6-17 武汉设计中心总平面图

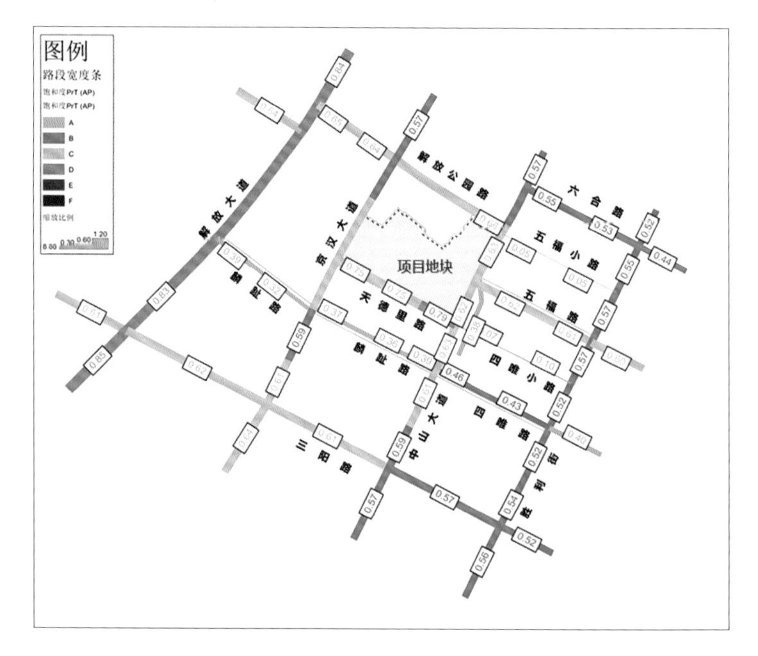

图 6-18 项目建成后道路服务水平预测图

2. 交通改善及品质提升方案

（1）道路系统优化。

结合项目用地开发，对中山大道、解放公园路、天德里路进行优化，包括对路段进行拓宽、增设公交专用道、路口渠化、增设辅道、结合项目用地拆迁、简化路口信号相位、完善非机动车道设置等。

（2）轨道交通优化。

构建以轨道交通为骨干的区域交通出行结构，考虑到主要通道高峰期负荷较大，未来改造空间有限，构建以轨道交通为主导的交通体系，支撑设计之都片区的开发建设；建议尽早启动轨道交通 14 号线的建设规划，满足未来设计之都片区东西向轨道交通需求；加强设计中心项目与轨道站点的衔接联系，实现轨道交通点到点服务。二层空中连廊示意图如图 6-19 所示。

（3）常规交通优化。

区域常规公交主要集中在中山大道，高峰期公交车集中到发，易形成交通瓶颈，结合公交线路走向和中山大道断面条件，建议采用分站式布局方式对区域交通进行优化（图 6-20）。

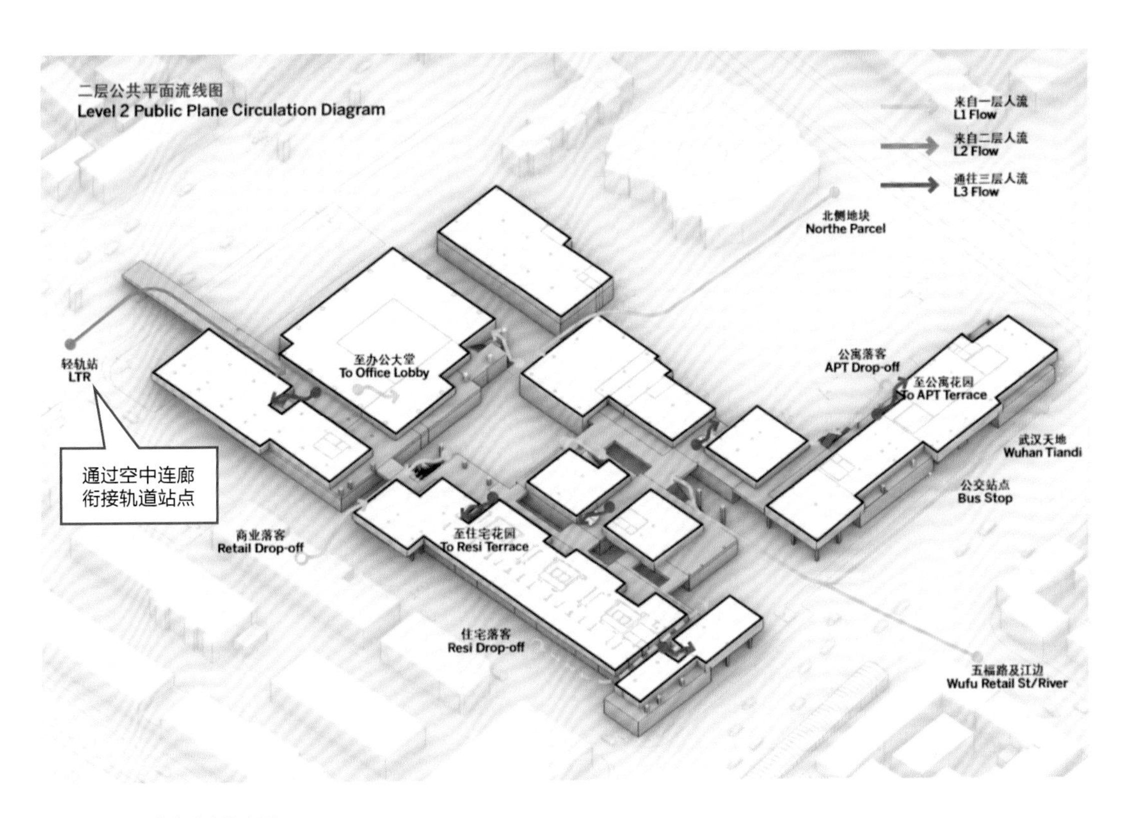

图 6-19 二层空中连廊示意图

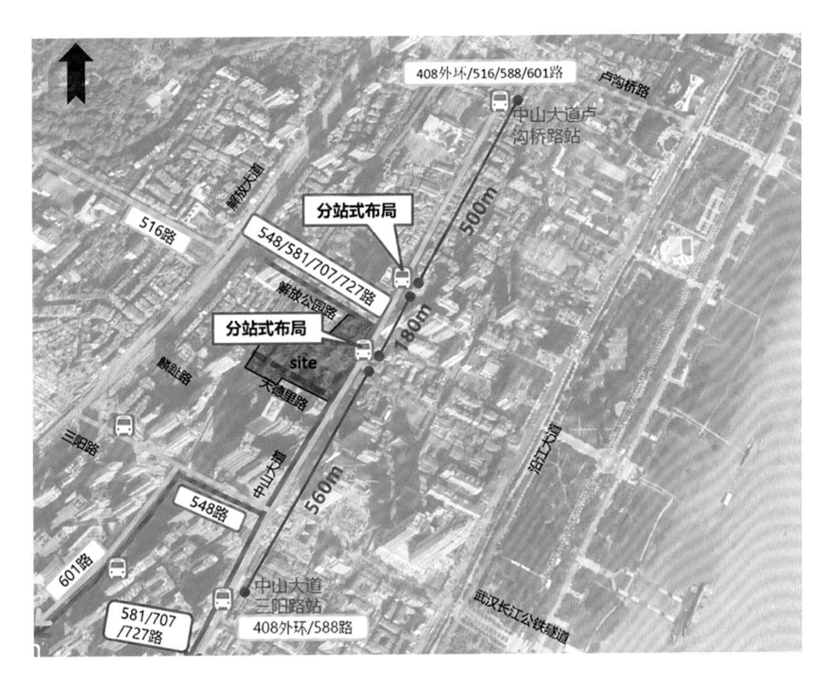

图 6-20 常规公交分站式布局示意图

（4）慢行系统优化。

通过提供安全连续、便捷高效、优质特色的慢行交通环境，强化慢行系统与公交系统的衔接，引导市民绿色出行，增加街道活力和魅力，打造区域高品质的 15 min 慢生活圈环境。

践行“完整街道”理念，以“安全、友好、便捷、活力”为主要原则，通过完善慢行体系、保障慢行空间，营造高品质的慢行生活环境，实现街道回归，激发社区活力，保障独立且连续的慢行空间。

（5）静态交通优化。

根据停车场建设标准及相关规范，考虑地下室建筑退距、地块形状不规整、地下室配套设施等因素，初步估算可知满铺两层地下室难以满足配建要求。建议利用项目用地特征，规整地下室范围，有利于合理排布地下设施，增加泊位供给；结合建筑人行出入口布局，增设地面非机动车停车区。

项目特色

1. 通过总结交通特征规律，发现交通问题症结

结合《江岸区卓越板块整治规划》，区域将结合老城区城市更新，通过交通修补的手段，重点打造绿色出行、公交出行、慢行示范区。

以人为本，以旧城改造为契机，完善慢行空间，改善居住环境。应尽可能维持现状城市肌理，做好新旧开发的深度融合。

分析研究项目交通数据，探索项目周边交通运行规律，准确把握交通问题，合理分析交通现状，制定切实可行的改善方案与解决方法。

2. 结合复杂的交通环境特征，制定可行性方案与改善策略

目前交通调查基础数据众多，评价指标纷杂，使得在制定改善方案过程中，无法对数据准确分析与评价，导致方案与实际情况产生偏差，改善效果较差。本项目将区域特征与改善策略相结合，以此指导交通改善方案的制定与实施。

采取"道路系统提质扩能，提高交通节点运转效率；公交线网布局优化，保障常规公交服务水平；强化轨道交通衔接，引导公交优先出行方式；构建慢行交通体系，营造高品质的街区环境"的区域交通改善措施，确保项目开发与城市道路交通和谐发展。

3. 针对系统薄弱环节，完善区域交通规划

以现状交通运行系统问题为导向，寻找交通系统的薄弱环节，采取合理的措施进行改善，优化措施应能有效应对项目建设可能引发的交通拥堵，以达到提高整个交通系统性能的目的。综合认识项目区域的交通供求矛盾，实现有限资源的合理利用及道路网潜力的充分挖掘，从根本上解决交通问题，最终促进项目影响区域交通系统，乃至整个城市的可持续发展。

PART 7

交通组织设计

交通组织是对城市交通管理模式和各种交通流线的总体安排，通过交通管理与设施改善策略的运用，最终实现改善各类特定条件下的交通拥堵问题的目标。

随着城市的发展，新项目建设、临时占道施工、大型活动、综合性项目开发等均可能诱发局部地区交通需求的高强度变化，从而对城市综合交通系统和人民的生产、生活造成重大影响，因此前置开展交通组织研究工作显得尤为重要。优秀的交通组织方案，是项目成功的重要体现。尤其是大型的公共服务设施，此类项目存在“小汽车出行比例高，对停车位的需求量大；人多、车多、停车场规模大；瞬时到发，造成的交通影响大、持续，且影响范围广”等交通特征，此外，此类项目市民的关注度高，如无法满足使用者的需求，容易造成社会问题。为此，我司积极开展此类项目的研究工作，希望能为城市重点基础设施建设贡献智慧。

总结我司历年来开展的工作，我们认为交通组织建设的服务定位大致可分别两个阶段。第一个阶段是项目建设前期阶段。这一阶段的交通组织研究旨在指导开发项目的方案设计，由大到小，包括功能布局、开口布局、功能定位、收费道闸布局、内部通道及车位布局、地面标线设计、交通标牌的设计等方面。第二个阶段是项目建设后期运营阶段。这一阶段的交通组织研究旨在提升交通可达性，打造良好的交通秩序，最大限度地减轻项目对城市交通的压力，使其与城市规划道路合理接驳，正确划分车流、人流通行空间。

在实际工作过程中，根据所处阶段，开展对应的交通组织研究工作。

第一个阶段研究重点：该阶段重点是引导合理的交通组织方式，通过准确判断项目建成后交通趋势和交通影响，提出交通组织方案，限制车辆的使用路径，从源头上规范内外交通秩序。在实际操作过程中，该部分交通组织研究往往随项目交通影响评价工作一并开展。

本项工作落脚点在方案设计层面，在我们看来，开展本项目工作首要原则是严格落实相关技术规范，包括城市道路交通容量限定、地块开口和城市道路开口距离、通道和开口尺度、车位尺寸和车辆转弯半径等要求。其次是本着“人车分离、车车分离”的原则，结合需要提出机动车、行人、出租车、大巴车、货运车辆等各类车行交通组织方案，指导建设项目总体方案设计。

第二个阶段研究重点：该阶级的交通组织研究重在解决交通存在的问题，是目前最常见的一种研究类型。研究对象包括客运枢纽、体育场馆、会展中心、医院等各类服务设施，研究内容涉及宏观、中观和微观三个层面，涵盖交通发展战略的研究，场内外各类方式的交通组织规划，相关的交通标识系统的设计，以及与其配套的各类保障措施的制定等工作。

本阶段研究思路可总结为：以问题为导向，研判交通趋势，确定区域交通组织总体思路，制定交通优化策略，提出交通组织方案和与之配套的交通标识系统设计方案。一般流程包括调查分析、方案设计、实施及优化等阶段。工作要点：①把握交通存在问题，掌握交通流的特点和分布特征，同时要体现前瞻性；②交通设计方案要贴合实际特征，要能够解决交通问题；③技术标准采用合理，方便落地，利于后期使用。

宏观层面上：主要反映在大区域交通组织思路的制定上，结合周边路网明确主要的车行通道，将机动车限制在有限的通行路径中，规范车辆的使用。方案制定上要充分利用周边城市高快速路资源，实现车辆的快进快出，方便远距离出行人群的到发。

中观层面上：围绕项目自身，重点研究与周边直接相连的城市道路间的交通组织关系。针对大型公共服务建筑，一是要结合项目功能分区，提出不同分区的交通组织方案，既满足不同业态的交通需求，又减少内部车辆穿行，避免各业态相互干扰，从而迷失方向。二是强化车辆引导，车辆快速停放，外围完善智能诱导系统，内部加强车辆停放管理，提升交通运行效率。三是落实VIP车辆、大巴车、出租车、货运及慢行等各类对象的交通组织方案。

微观层面上：主要涉及进出口方案及标识系统精细化设计等工作，均按照修建性详细规划深度进行设计。研究成果将指导下一步硬件设施的建设实施。进出口方案研究包括功能定位、交通组织方案、渠化方案和使用对象划分（出租车、公交车及社会车等）、交管设施等方面。标识系统设计包括版面内容、点位布局、制式和尺寸要求等要素。其中，交通标识系统设计作为停车场交通组织研究最末端环节，是对交通组织方案的落实，其作为交通组织系统最直观的表现，是最能够验证交通组织方案好坏的因素。同时，交通标识系统也是最能体现特色的环节，优秀的标识系统可作为名片，提升项目自身的昭示性。交通标识系统设计要充分考虑人群个体差异性；要有快速识别性，版面形式清晰，内容简洁明了；要有很强的规范性、统一性，避免歧义，视线停留时间越短，图形和文字就越要简单；要彰显地方特色，可以考虑原创性标识系统，为项目量身打造。

我司近年来开展的交通组织研究项目中，比较特殊的项目有武汉国际博览中心核心区交通疏导及标识系统规划咨询、汉口金家墩客运中心项目交通组织方案专项研究、光谷火车站西广场交通组织优化咨询等项目。通过上述项目的实践，我司的交通组织研究工作也渐渐成熟。不管项目处于哪个阶段，具备哪些诉求，都要求设计师充分发挥想象力，充分发掘项目特色，将特色融入项目，力争打造特色精品。

武汉国际博览中心核心区交通疏导及标识系统规划咨询

项目背景

武汉国际博览中心（图 7-1）位于四新新城副中心，东临晴川大道，西临国博大道，北连四新北路，南接四新南路。目前武汉国际博览中心共有停车位 4733 个，其中展馆有停车位 2875 个，会议中心有停车位 732 个，洲际酒店有停车位 1128 个。本次规划在深入分析区域现状交通供给水平及存在问题的基础上，系统梳理区域交通规划及建设时序要求，研判交通趋势，提出展馆、会议中心、酒店等各功能区停车场交通组织，制定交通标识系统设计方案，完善停车道闸系统，指导下一步武汉国际博览中心核心区道闸系统升级及交通标识系统实施。

规划中提出的内部车行标识系统方案充分展现了武汉国际博览中心自身特色，原创性强，较好地解决了武汉国际博览中心“占地广，场馆多，圆弧形设计，缺乏方向感”的问题，并且目前均已建成并投入使用。图 7-2 为武汉国际博览中心核心区交通疏散及标识系统设计。

图 7-1 武汉国际博览中心

项目特色

1. 覆盖面积大，业态品类多，交通组织复杂，实施开展难度大

武汉国际博览中心核心区占地面积 130 hm^2，已建建筑总建筑面积达 74.2 万平方米，展馆最大可提供 6880 个标准展位，室内外展览面积约为 19 万平方米。武汉国际博览中心集展览、会议、酒店、商务等功能业态于一体，业态品类多且涉及多元化交通需求。本次规划的研究成果，将作为指导性文件保障武汉国际博览中心各功能区的正常运营。

2. 调查数据充分，内容分析全面

首先，基于武汉市交通信息系统，对武汉国际博览中心重点区域和主要道路交通运行状况进行监测;其次，基于武汉市公共交通系统，对比分析了轨道交通 6 号线建设前后轨道及常规公交的客流特征，了解公共交通系统对本项目影响程度；最后，采用现场踏勘、问卷调查及信访等方式，对武汉国际博览中心停车现状进行调查分析，梳理项目静态交通存在的问题。

3. 提出了全新的、多层次的交通组织方案

武汉国际博览中心作为综合体开发项目，整套交通系统涵盖了各类交通方式，包括车行及人行。因此，研究分别从宏观、中观及微观三个层面对该区域交通组织进行分析，基于“以人为本”的出行理念，提出一套全新的交通组织方案。

4. 原创性地提出一套交通标识系统

针对武汉国际博览中心“占地广，场馆多，圆弧形设计，缺乏方向感”的问题，在总结国内其他城市先进经验的基础上，参考国家标准及地方标准，从标识牌的版面、制式、内容、标准等方面着手，为武汉国际博览中心量身打造了一套交通标识系统，依据功能定位的不同，可划分为引导标识、定位标识、疏解标识三类。

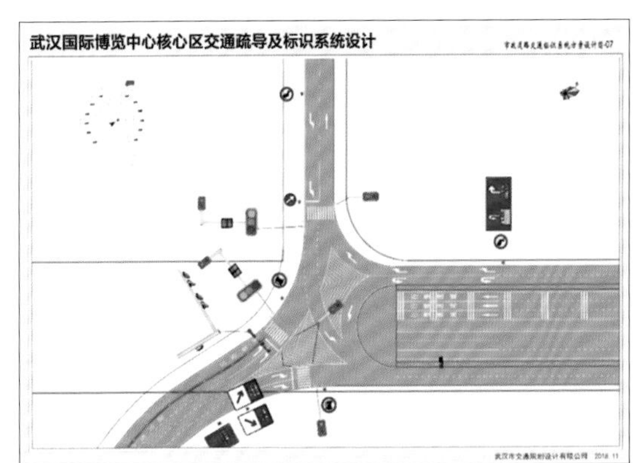

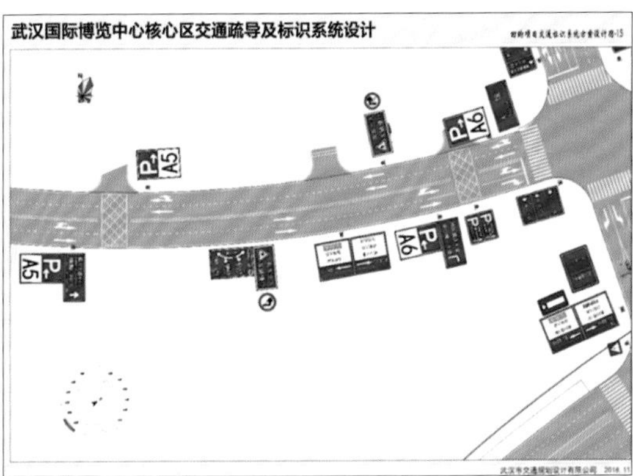

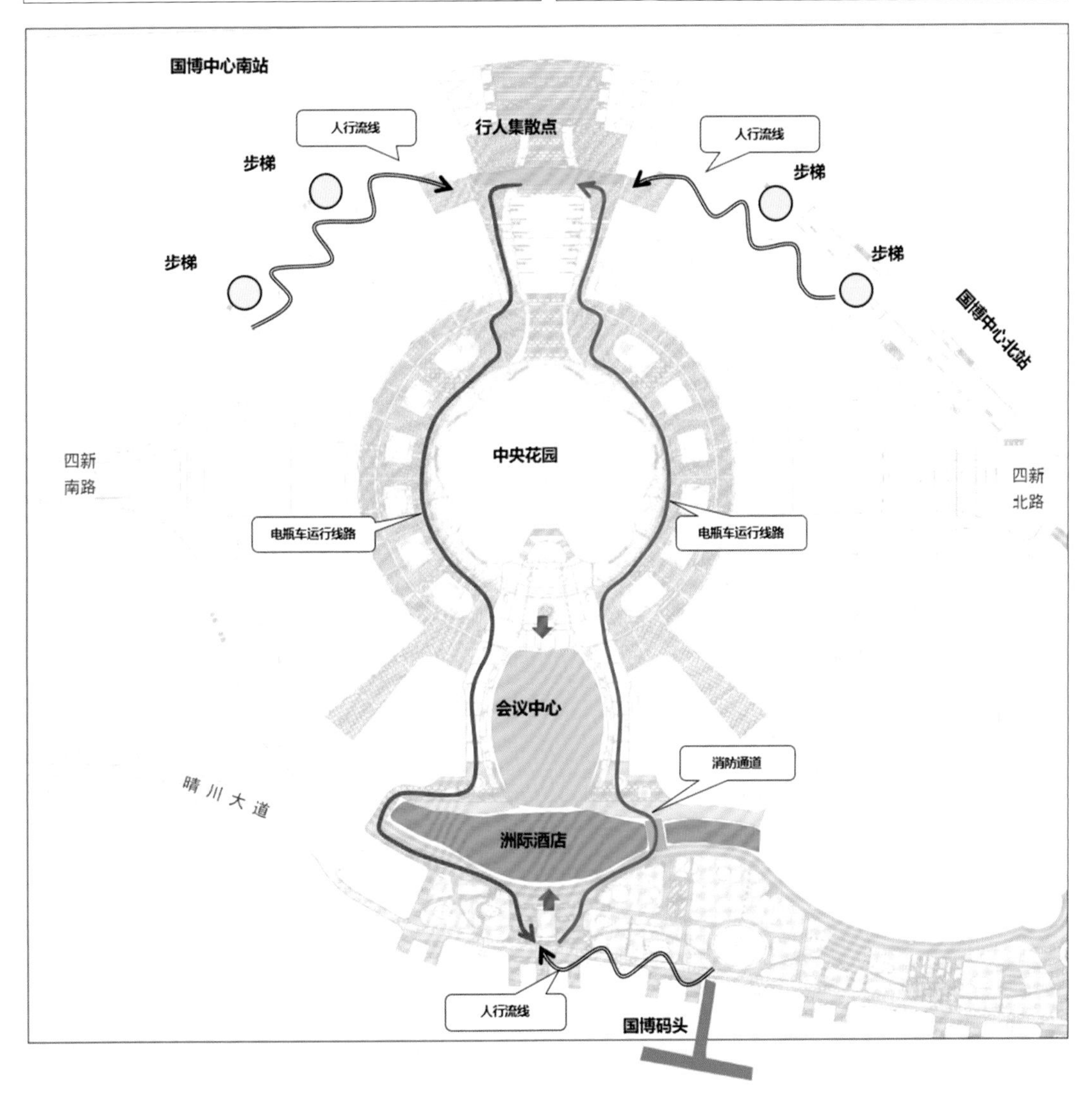

图 7-2 武汉国际博览中心核心区交通疏散及标识系统设计

汉口金家墩客运中心项目交通组织方案专项研究

项目背景

项目原址为金家墩客运站，位于发展大道、后襄河北路、后襄河一路与后襄河二路围合区域，东北侧紧邻汉口火车站，是武汉市重要的旅客集散中心，地理区位敏感，是汉口区乃至武汉市的门户。

根据建设单位提供的建筑方案，总建筑面积 266799 ㎡，其中计容面积 223431 ㎡，容积率 4.82。客运中心地上总建筑面积 84581 ㎡（含还建办公建筑面积 18000 ㎡），地下总建筑面积 45000 ㎡，开发总建筑面积 137281 ㎡（地上总建筑面积 93850 ㎡，其中商业建筑面积 19172 ㎡，办公建筑面积 74678 ㎡）。

项目特色

（1）从宏观层面对客运站多种出行方式的交通组织进行深入研究，并提出相应的改善建议：客运车辆形成主－备流线、社会车辆构建 T 型车型主通道、调整周边路口渠化、优化道路断面形式并提出交通管制改善建议。

（2）从微观层面对客运车辆、小汽车及出租车三种不同类型车辆的交通组织进行深入分析，并利用排队分析模拟对小汽车车库进行科学评估论证，提出车库优化方案。

项目平面布局优化如图 7-3 所示。项目排队分析模拟如图 7-4 所示。项目交通组织分析如图 7-5 所示。

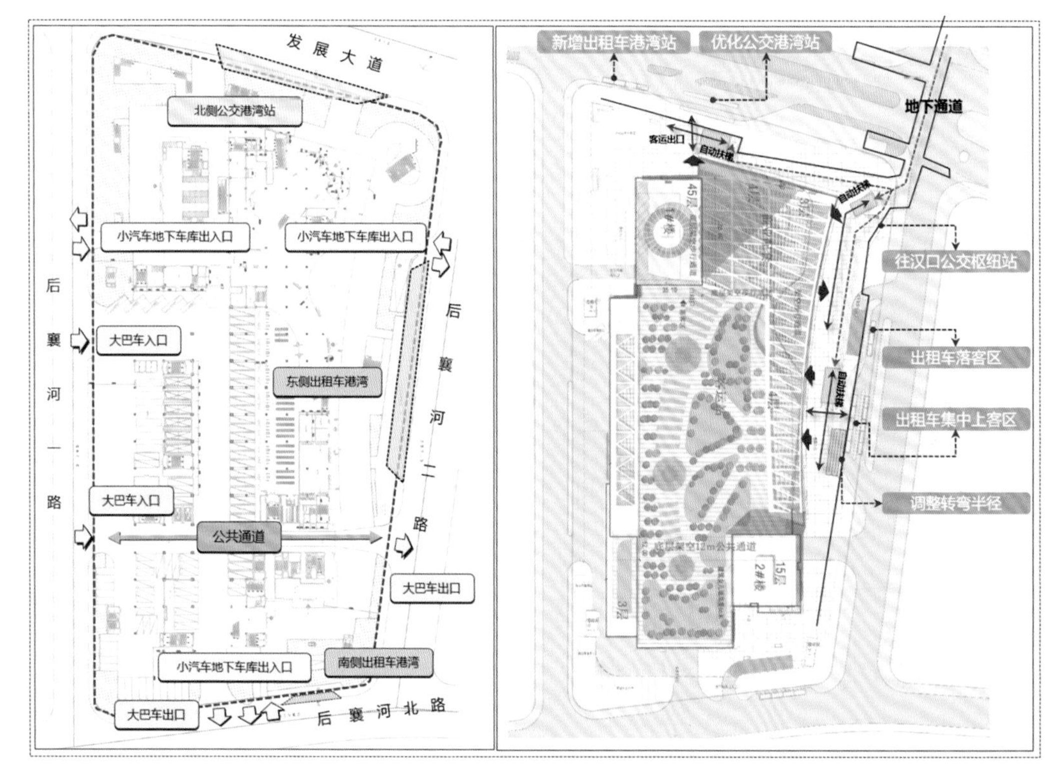

图 7-3 项目平面布局优化

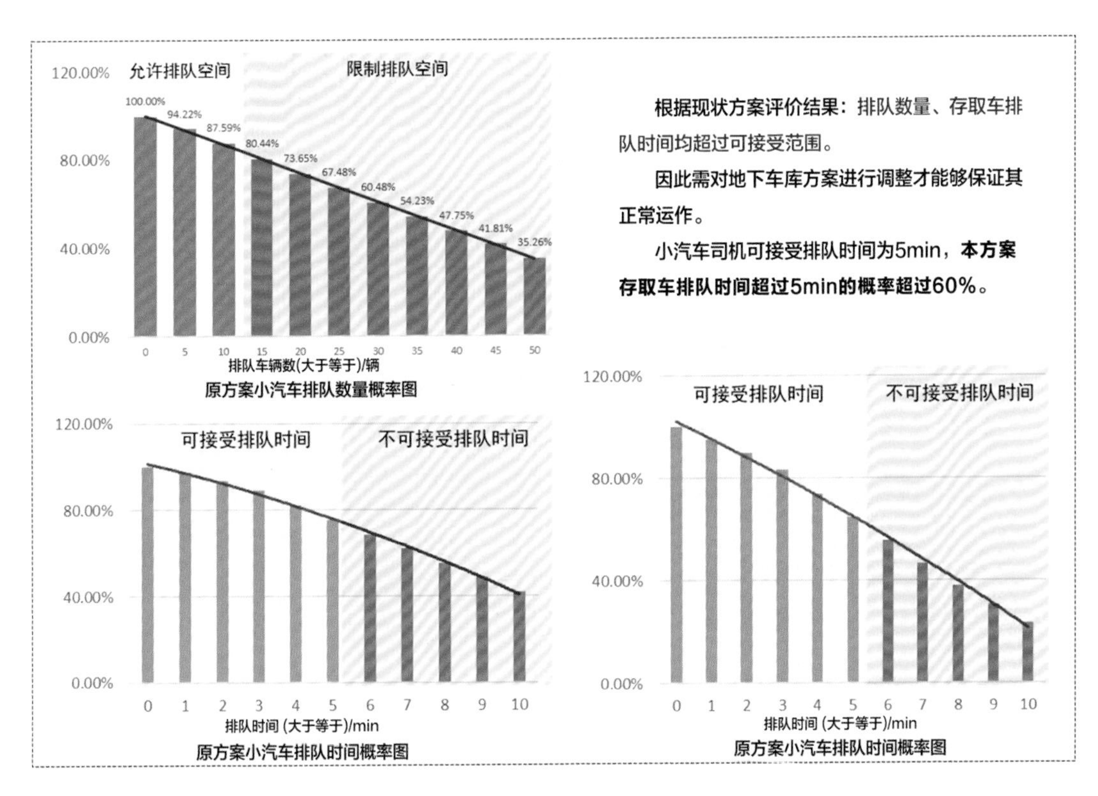

图 7-4 项目排队分析模拟

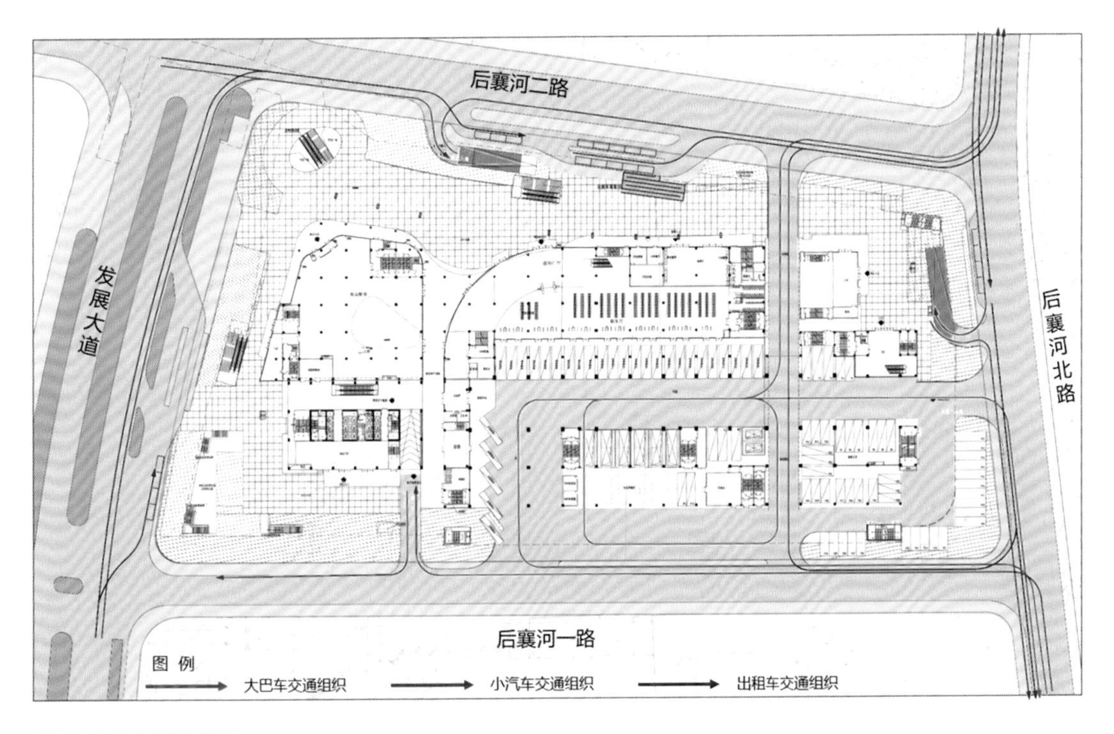

图 7-5 项目交通组织分析

光谷火车站西广场交通组织优化咨询

项目背景

项目位于武汉市东湖高新区高新大道以南、光谷大道以东；光谷火车站规划形成“一轴、一廊、七片区”的空间格局，其中西广场划分为公交换乘区、社会车和出租车换乘区、集散广场三部分。西广场总建筑面积 10.2 万平方米，设地下 2 层，总机动车停车泊位 1397 个。

为提高车辆进出广场效率，结合平面方案设计，将原规划垂直进出场地的流线改为斜进斜出，造成西南角出入口距佳园路路口距离为 35 m，不满足《武汉东湖新技术开发区建设项目出入口规划管理技术规定（试行）》（武新管规〔2014〕76 号）中“出入口确需在次干路上设置时，距交叉口不应小于 50 m”的要求，因此对西广场西南角地面开口进行交通专项论证相关工作。

项目特色

（1）项目自身定位高，本项目是武汉“1+8”城市圈综合交通枢纽、省市区三级重大交通基础设施项目，是武汉市“四主两辅”客站布局中的东南向辅助客运站。

（2）详尽分析了项目周边的交通量，特别是出入口的交通量，在此基础上对项目平面布局提出了节点改善优化方案（图 7-6），并针对多种类型车辆，即社会车流、出租车流、公交车流分别提出具体的交通组织方案（图 7-7）。

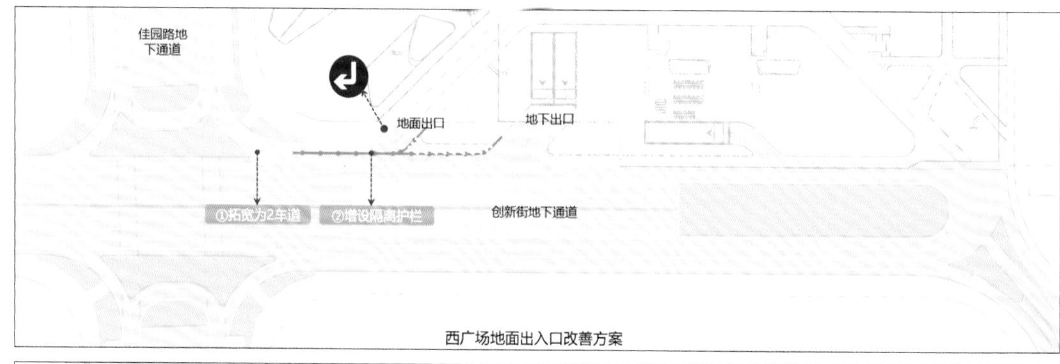

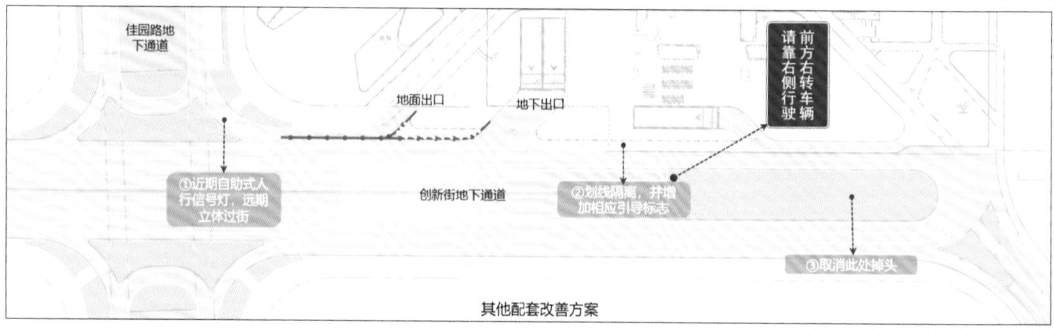

图 7-6 项目节点改善优化方案

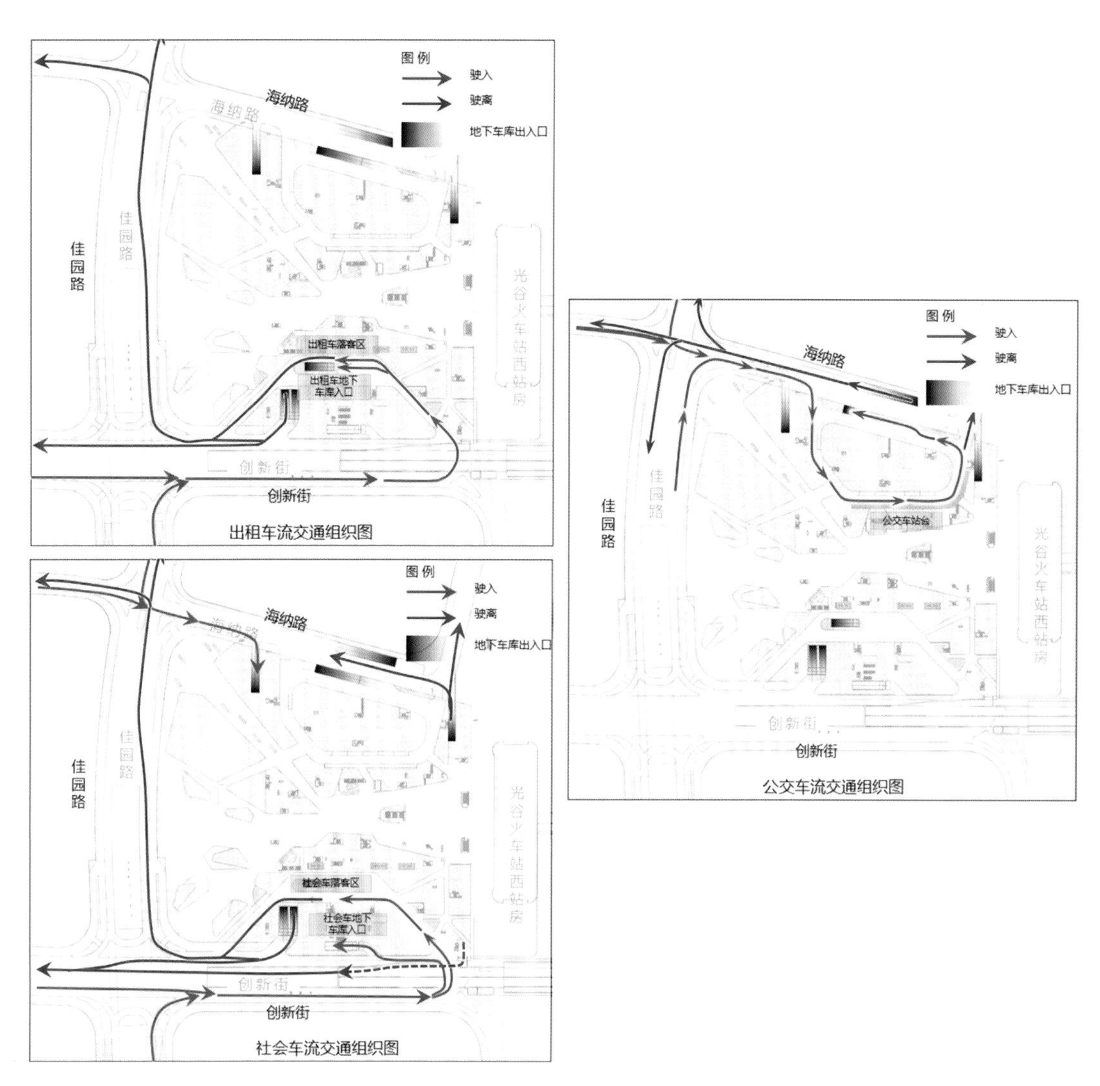

图 7-7 项目交通组织分析图

PART 8

施工期交通组织

道路空间内施工，工程建设与交通运行相互博弈，须于建设程序上合理安排施工工期，于时间空间上科学分配人车交通流，强化各类交通组织管理，综合统筹以完成此项系统工程。

道路施工往往会对城市交通产生较大的负面影响，车辆绕行会增加周边道路的交通压力；局部路段通行能力降低，会形成交通瓶颈；周边建筑物的进出交通，两侧行人的正常通行也会受到影响；沿线途径的公交线路须调整；道路断面变化，易发生交通事故和交通堵塞。

施工期交通组织正是通过各项技术手段，减少施工对城市交通的影响，保障施工顺利进行的一项重要工作。其主要工作内容如下：提出临时便道方案，不能修建便道的，提出分流方案；根据流量变化提出交叉口的信号控制方案；提出施工预告标志、绕行标志和其他临时指路标志设置方案；提出临时可移动信号灯、减速垄、护栏等交通管理设置方案；方案成果图应包括交通组织方案图、交通管理设施设置图。

交通组织原则

道路施工作业交通组织原则如下。

（1）从时间上、空间上使交通流均衡分布。

（2）提高施工点段、周围路网的通行能力。

（3）依次优先保障行人、非机动车及公交车通行。

（4）以诱导为主，管制为辅。

交通组织思路

交通组织思路如下。

（1）区域性交通组织。对于通过性交通，考虑从“面”上对施工路段交通进行分流，采取路网疏导分流的策略。对于到发性交通，尤其是货车交通，在一定范围内采取交通管制措施进行交通总量控制。

（2）交叉口交通组织。分段围挡施工，保证交通的基本通行和转向要求；合理划分交叉口进出口车道，预留车辆转弯等待区；调整信号灯配时，一些分布密集的小交叉口，可利用路侧临时便道集中归并。

（3）公共交通组织。尽量避免公交线路和公交站点的大范围调整迁移；公交站点范围及前后围挡应预留港湾式公交停靠车道。特殊困难路段，可适当考虑路网公交分流，缓解道路交通压力。

（4）沿线单位出入交通组织。沿线单位进出交通尽可能利用临时便道分流，一些次要的出入口在保证“右进右出”情况下，应禁止车辆左转进出，减少交通冲突和事故的发生。条件较好的路段，一定间距范围内应适当预留机动车辆掉头空间。

（5）慢行交通组织。适当预留行人过街通道，满足道路两侧行人过街需求；在条件许可的情况下，尽量实现非机动车和行人分离，若受道路空间限制，非机动车须临时借用路侧人行道通行，则须进行人行道硬化处理和凹处平坡顺接，增设非机动车变道标志牌。

（6）施工车辆交通组织。施工车辆进出，尽量安排在夜间等非高峰时间进行，施工期间围挡前方应布设施工警示标志牌。

（7）迁移市政工程交通组织。应根据施工进度安排和征地拆迁进度，分阶段围挡，逐步迁移，减少对道路交通的影响。

交通组织工作流程

施工期交通组织方案设计标准化流程如图8-1所示。

施工期交通组织是我司重要的业务组成部分。近年来，在大型市政设施、大型建筑、主要道路施工的过程中，我司发挥自身优点，厘清施工期交通难题，缓解交通拥堵，为高质量推动城市交通建设和城市发展做出了突出的贡献。

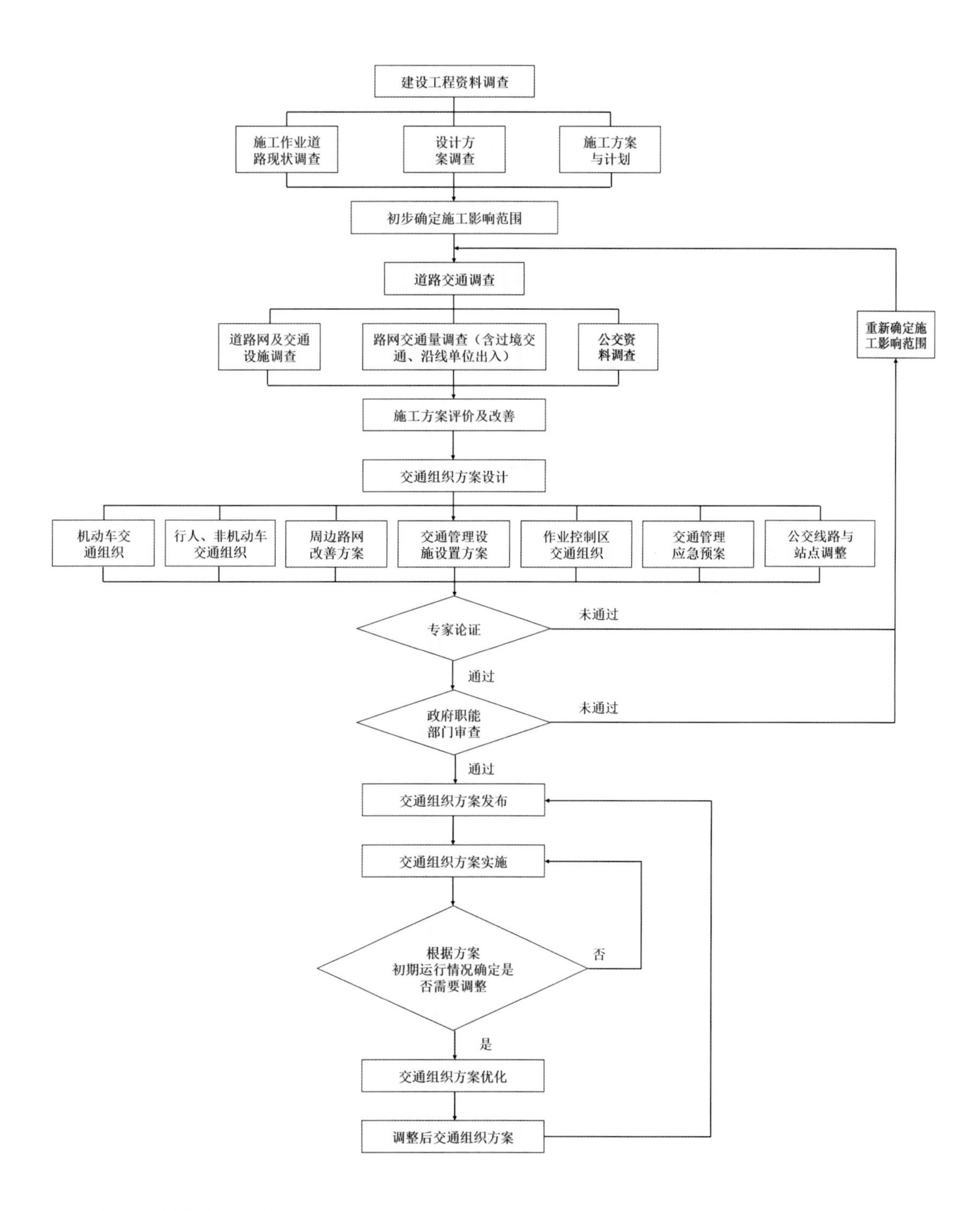

图 8-1 施工期交通组织方案设计标准化流程

武昌八一路、长江大道、雄楚大道、卓刀泉南路施工期交通组织

项目背景

按照年度城建计划，武昌地区四条主要道路将同步进行升级改造，施工期交通影响四重叠加，合理化交通组织至关重要。

八一路全长 1.96 km，规划进行下穿通道改造，工期为 2012 年 5 月—2013 年 10 月。长江大道全长 24.1 km，全线采用主、辅道分离的建设方式，工期为 2012 年 4 月—2014 年 12 月。雄楚大道全长 14.8 km，进行快速化改造工程，工期为 2012 年 5 月—2014 年 8 月。卓刀泉南路全线拓宽为双向 6 车道，工期为 2012 年 4 月—2013 年 5 月。

研究内容

1. 施工期总体交通影响分析

八一路、长江大道和雄楚大道均为武昌地区东西向干道，是贯穿武昌南部，联系汉口、汉阳的重要的客运交通走廊。从现状来看，四条道路高峰小时拥堵情况十分严重，一旦几条道路同时施工建设，将会对武昌南部地区交通造成严重的影响。拟施工的四条路在武昌地区路网中的关系如图 8-2 所示。

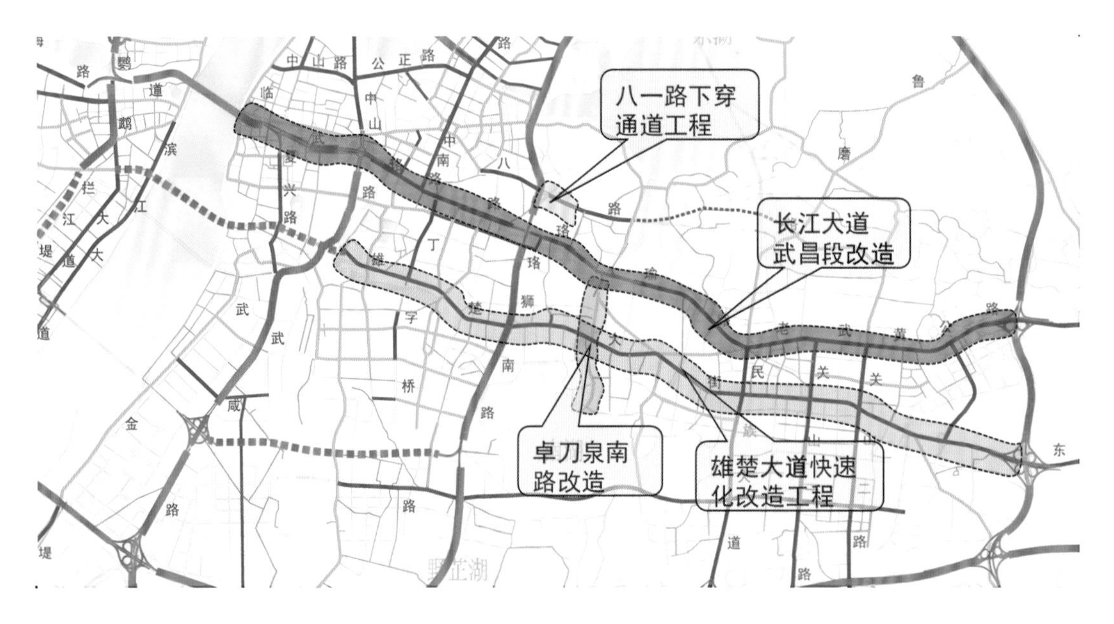

图 8-2 拟施工的四条路在武昌地区路网中的关系

2. 施工期区域交通发展态势分析

长江大道武昌段（武珞路与珞喻路）是武昌地区最重要的东西向贯通性道路。作为联系武昌与汉口、汉阳的重要通道，该段以区域性转换交通为主，主要通过中南路、中北路、中山路、二环线等完成与区域内外的交通转换，周边用地与其他区域联系紧密。图 8-3 为长江大道武昌段（武珞路与珞喻路）交通发生吸引源范围图。

图 8-3 长江大道武昌段（武珞路与珞喻路）交通发生吸引源范围图

3. 施工期交通组织总体计划

（1）统筹安排建议。

施工时序安排优化建议如图 8-4 所示。

第一阶段（2012.6—2012.10）：加速八一路下穿通道主体工程建设，完成卓刀泉南路（珞喻路—雄楚大道段）的改造工作，完成长江大道及雄楚大道沿线的征地拆迁及路面清理工作。

工程名称		第一阶段 (2012.6—2012.10)					第二阶段 (2012.11—2013.6)								第三阶段 (2013.7—2014.8)													
		6	7	8	9	10	11	12	1	2	3	4	5	6	7	8	9	10	11	12	1	2	3	4	5	6	7	8
八一路下穿通道	拆迁、路面清理、管线迁改																											
	主体结构施工																											
	恢复路面																											
	绿化标线完善																											
长江大道	拆迁、路面清理、管线迁改																											
	主体道路快速化改造																											
	辅道建设																											
	绿化标线完善																											
雄楚大道	拆迁、路面清理、管线迁改																											
	下部结构施工																											
	上部结构施工																											
	绿化标线完善																											
卓刀泉南路	拆迁、路面清理、管线迁改																											
	珞喻路—雄楚大道段																											
	雄楚大道—南湖南路段																											
	绿化标线完善																											

图 8-4 施工时序安排优化建议

第二阶段（2012.11—2013.6）：完成八一路下穿通道、长江大道主体快速化改造和卓刀泉南路的改造，完成雄楚大道下部结构施工。

第三阶段（2013.7—2014.8）：完成长江大道辅道工程，全面开展并完成雄楚大道高架上部结构施工。

（2）主要工程措施。

加快八一路延长线的建成通车；打通区域的次支路系统，包括南湖北路和紫阳东路东向延线；综合整治道路，提高道路通行能力；加快八一路下穿通道的建设，建议其在 2013 年 6 月前通车。

（3）交通管制措施。

对货车和施工车辆进行交通管制，只允许 21：00—6：00 进出施工道路；如果出现长江大道和雄楚大道均有大面积围挡施工的情形下，考虑对长江大道（大东门—街道口段和卓刀泉—鲁巷段）实施小汽车（不包括出租车）单双号控制等交通管制措施。

4. 施工期主要交通优化对策与组织方案

项目根据优化的施工时序安排，对围挡断面进行了设计（图 8-5），充分考虑周边居民出行需求，合理设置单位、居住小区、商业设施的出入口，利用机非隔离护栏分离快慢交通，保障慢行通行空间及交通秩序。

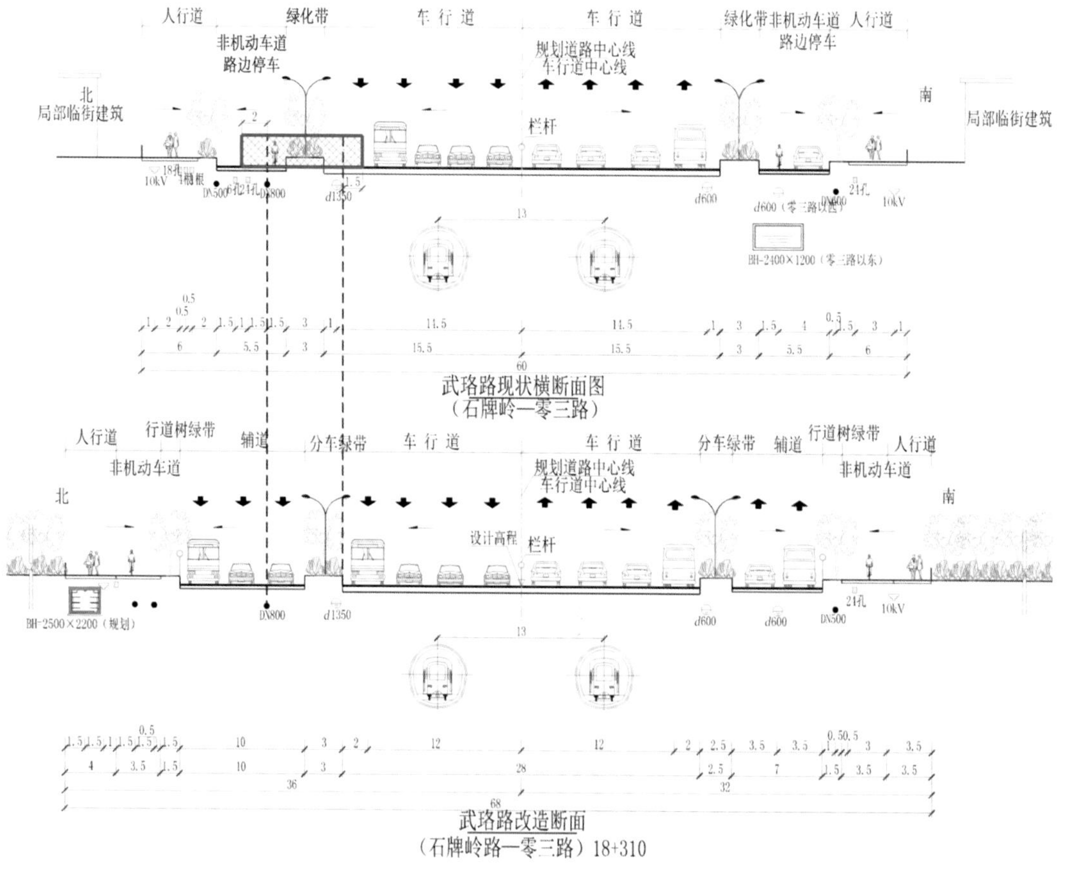

图 8-5 施工围挡断面设计

项目特色

1. 项目影响范围广、强度大，交通组织方案设计十分具有挑战性

武昌地区四条主要道路同步施工，工期长，相互影响，互为前提，对交通组织要求严格。本次交通组织从统筹兼备的高度，结合道路功能、现状流量，对工期安排、工程措施、交通管制措施、公交线路调整、施工道路优化设计、方案比选、标志标牌设计、路口控制措施等都进行了分析和优化。

2. 从系统角度思考，统筹优化四条路的施工进度安排，确保总体风险可控

本次交通组织站在顶层设计的高度，优化道路施工拆迁、清理，管线迁改，主体工程结构施工，绿化标线完善等各部分，合理优化各条道路的施工程序，避免各条道路关键性工序的重叠，减少对区域道路交通运行的干扰，确保整体建设对城市交通影响的可控性。

3. 交通组织设计精细完整，有效保障施工期交通平稳运行

本次交通组织力求精细和可实施性，根据详细的现场调研和相关方的充分对接，确保改善建议能有效落实。项目建设过程中，持续监测交通运行的平稳性，根据反馈对交通组织方案进行调整，有效保障施工期交通平稳运行。

实施情况

武昌地区四条路（八一路、长江大道、雄楚大道、卓刀泉南路）已按计划施工并通车，本项目在整体建设过程中发挥了重要作用，得到了交通管理部门、施工单位和建设单位的好评。本次交通组织有效保障了项目建设期间区域交通平稳运行，道路建设期间未发生较大事故，道路建设对居民日常出行的影响降到最小，城市基础设施实现了平稳升级过渡。

黄石市湖滨大道改造工程施工期交通组织

项目背景

湖滨大道是黄石市老城区现状重要的南北向贯通道路之一，交通流量较大。为保障施工期间城市道路交通系统的正常运行，降低道路施工的不利影响，有必要编制科学、合理的施工期交通组织设计方案。

湖滨大道红线宽度 40 m，全线由双向 4 车道改造为双向 6 车道。建设工程含跨线桥 2 座，隧道 2 座，跨河桥 1 座，人行天桥 5 座，人行地下通道 1 条。工期为 2018 年 3 月 7 日—2018 年 12 月 31 日。

总体施工方案：主线采用分段倒边施工，工程分为三期。主线施工总体可保证双向 4 车道通行，基本实现“占一还一”（图 8-6）。

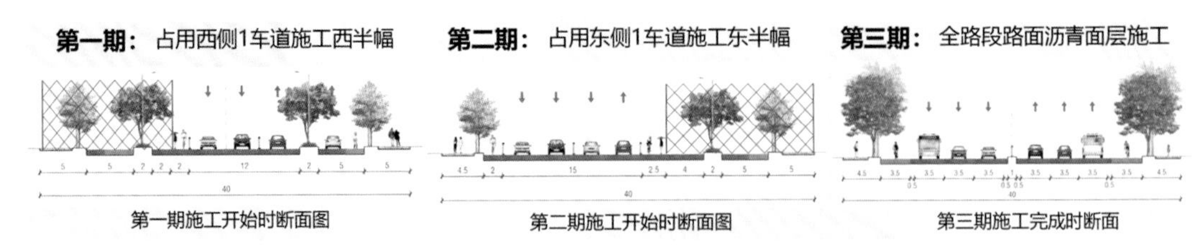

图 8-6 总体施工方案图

研究内容

1. 施工期间交通影响预测

施工期最不利交通影响分析如图 8-7 所示。

总体判断：作为区域性连通道，湖滨大道施工将对黄石市城区路网运行产生较大影响。虽然施工基本保证双向 4 车道通行，但车道通行能力存在不同程度折减。预计施工路段通行能力总体折减约为 30%，而凤凰山隧道段封闭期间，需绕行桂花路，其通行能力约降为湖滨大道的 60%。

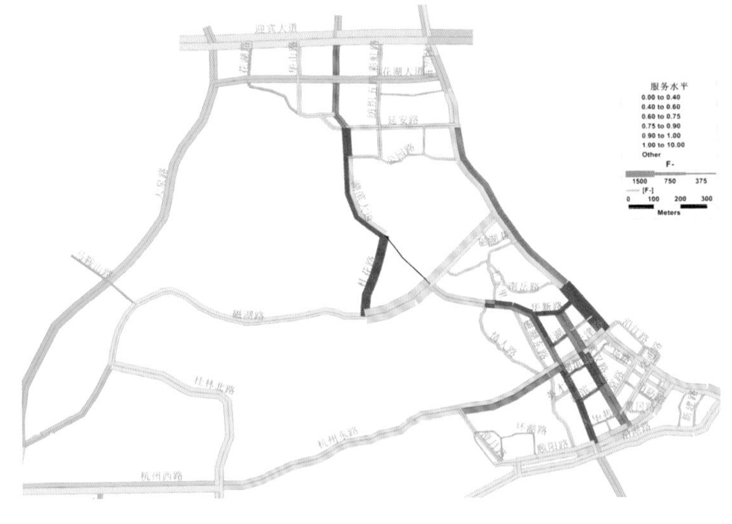

图 8-7 施工期最不利交通影响分析

胜阳港区域：施工路段折减车流主要通过武汉路、黄石大道、磁湖东路、澄月路等平行通道分流，交通压力将显著上升。

黄石港区域：施工路段折减车流主要通过黄石大道、纺织五路、彩虹路、华山路等平行通道分流，交通压力将显著上升。

若不采取相应措施，施工期间黄石市老城区交通压力将显著增加。其中，湖滨大道、桂花路、华新路、武汉路、黄石大道等道路部分路段道路流量超饱和，服务水平降至 F 级。胜阳港区域高峰小时路网整体服务水平降至 E 级，交通系统较脆弱，易发生大面积拥堵。

2. 交通疏解总体方案

（1）远疏方案：围绕黄石市老城区设置外围疏解环：迎宾大道—黄石大道—沿湖路—月亮山隧道—金山大道—圣明路—金山隧道—桂林南路—桂林北路—大泉路。利用磁湖路、沿湖路等连接通道分流，缓解湖滨大道交通压力。远疏方案如图 8-8 所示。

（2）近导方案：在外围分流通道的基础上，对组团内部到达性交通进行疏导，利用组团内部次支路网分流，缓解湖滨大道交通压力。胜阳港组团可利用武汉路、磁湖东路、情人路等平行通道分流。黄石港组团可利用华山路、彩虹路、纺织五路等平行通道分流。近导方案如图 8-9 所示。

（3）重点工程疏解方案：①将迎宾大道双侧辅道由双向通行调整为单向通行，保持单方向 3 条机动车道，并在双侧辅道设置至少 3 m 的非机动车道；②迎宾大道主线收费站方向的车辆由收费站两侧便道通行改至迎宾大道两侧辅道通行；③迎宾大道辅道车辆由施工围挡前进入主线或掉头，考虑东侧围挡端头距离长江大桥收费站不足 100 m，为避免车辆在此处交织，影响收费站运行，建议此处取消掉头，掉头车辆绕行黄石大道；④在西侧施工围挡前段设置人行横道，满足行人、非机动车过街需求，另外，建议在迎宾大道西侧掉头处增设临时信号灯；⑤考虑封闭围挡后行人过街较不便，建议优先施工转盘西侧人行过街通道；⑥迎宾大道沿线公交线路将受到较大影响，需对公交进行临时调整。迎宾路互通立交施工交通分流方案如图 8-10 所示。

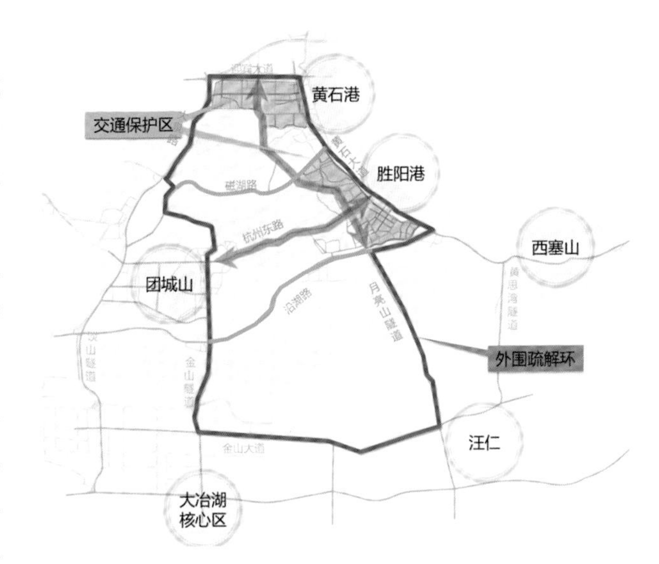

图 8-8 远疏方案

图 8-9 近导方案

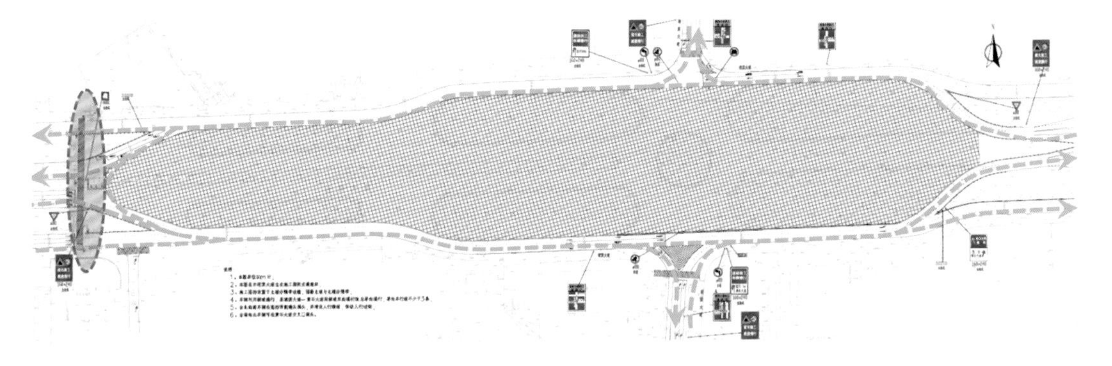
图 8-10 迎宾路互通立交施工交通分流方案

3. 交通组织方案和公交慢行方案

（1）交通组织方案：湖滨大道（沿湖路—颐阳路段），在铁轨前后设置道闸，并与道路信号灯进行联动控制。摩尔城两侧道路、信息巷这 3 条道路均为支路，主要承担沿线到发交通组织功能，且与上下游交叉口距离较近，建议这 3 条道路均采取双向交通组织，与干道交叉口均采用右进右出控制，一方面便于沿线交通流集散，另一方面减少对干道的干扰。

（2）公交慢行方案：结合公交站点布置及现状人行横道分布情况，建议在磁湖路立交桥头、枫叶山路、芜湖路北侧 100 m、摩尔城南侧增加 4 处立体过街设施。两隧道之间共 9 处过街设施，平均过街距离 370 m 左右。

4. 交通宣传与管理保障

（1）加强宣传，取得市民理解。针对过境车辆、沿线居民、学校和企业等不同的对象，通过多种渠道进行施工围挡的宣传和公告，让车辆和行人尽早得知封闭地点、方式和时间，明确绕行路线，做好通过和出行的准备。宣传方式：通过高德地图、百度地图等导航软件，引导车辆提前分流；通过传统媒体（电台、电视台、报纸等）和新媒体（手机 app、微信公众号等）循环发布信息，以提高市民知晓度；街道办事处以宣传单的方式通知周边居民及商户，引导车辆提前分流。

（2）注重协调。由于施工会对沿线居民和企业的人员、车辆出入造成影响，需在施工前一周做好与当地居民和企业的沟通协调工作，杜绝因沟通力度不够而带来的上访、围堵等事件。

项目特色

1. 工作组织严密，融合各方意见，保证了成果的科学性和可操作性

湖滨大道为主城区与奥体中心连接的便捷通道，将作为运动员往返赛场的重要通达性道路。为保障运动会期间交通顺畅，体现黄石市精神风貌，对湖滨大道提档升级是十分必要的。本项目从湖滨大道道路现状、沿线区域交通运行情况分析，征询区政府各职能部门（如规划、建设、交通管理等部门）意见，组织编制湖滨大道施工期交通组织方案，确保项目成果落实到具体施工全过程中，具有较强的可操作性。

2. 系统思维，从宏观角度分析问题，从整体上保障城市交通运行的平稳

本项目通过运用交通规划系统宏观分析方法和理论，采取远疏方案、近导方案、重点工程疏解方案进行合理诱导分流，有效合理组织交通分配。本项目通过完善外围分流通道，有效减少施工区域通过性交通，通过优化湖滨大道施工工序，降低占道影响等，从而在区域整体上保证施工期间城市交通的平稳运行。

3. 基于交通组织方案设计，深入研究交通优化对策，相互支撑，促进城市交通可持续发展

本项目从交通疏解总体方案入手，优化解决区域性交通拥堵问题；结合重点工程设计交通组织疏解方案，确保重要节点交通运行安全和高效；考虑公交与慢行系统的方案调整优化，确保区域交通系统完整，降低居民出行受影响程度；采取合理的交通宣传和管理保障方案，做到应急谋远，确保能够快速解决突发事件；具体交通组织方案与实际施工时序相结合，合理支撑施工有序、有效进行，减少施工对城市交通的影响，促进城市交通的可持续发展。

工作成效

通过实施本项目各环节交通组织对策方案，施工期间路网总体服务水平为 D 级。虽与现状相比路段服务水平均有不同程度的下降，但总体处于可接受范围。改善后湖滨大道、武汉路、黄石大道、桂花路等道路服务水平较改善前明显上升，湖滨大道—杭州东路、武汉路—天津路、黄石大道—天津路、湖滨大道—磁湖路等关键交叉口服务水平多处于 D 级和 E 级。

汉阳区古城片翠微路、西桥路施工期交通组织

项目背景

翠微路及西桥路位于武汉市汉阳区大归元片区的核心地带，区位较为敏感。2021 年 11 月 6 日至 2022 年 6 月 6 日，因远洋商业综合体进行施工，拟完全封闭翠微路（归元寺路至鹦鹉大道）、西桥路（翠微路至归元寺北路）。

西桥路规划道路等级为城市支路，道路红线宽度 20 m，现状断面形式为南向北单向 2 车道。道路主要为短距离地方性活动组织服务，承担周边商业地块到发功能，兼顾少量南北向过境交通。

翠微路直达归元寺正门，是市民步行参观游览、祈福祭拜的主要通道。道路红线宽度 15 m，全长约 480 m，现状断面形式为双向 2 车道。规划道路等级为城市支路（共享街道），以生活服务功能为主，主要提供人行集散空间，提升慢行环境。

研究内容

1. 现状及规划分析

封闭施工道路周边主要为施工区，周边有归元寺、钟家村小学、钟家村第二小学、武汉市第三初级中学等重点设施，并有人保大厦、宏阳大厦等保留建筑。道路封闭施工后，这些建筑须通过归元寺路、鹦鹉大道、汉阳大道等道路进出。

目前区域干道交通饱和度较高，整体路网服务水平偏低。其中鹦鹉大道、汉阳大道等骨干道路交通量正在趋于饱和，服务水平欠佳。学校沿线路段上学、放学期间，接送家长聚集，服务水平到达 D 级或 E 级，拥堵较为严重。

施工期间，区域重要的公共设施、区域交通要道都会受到不同程度的影响，因此，开展施工期交通组织是十分必要的。

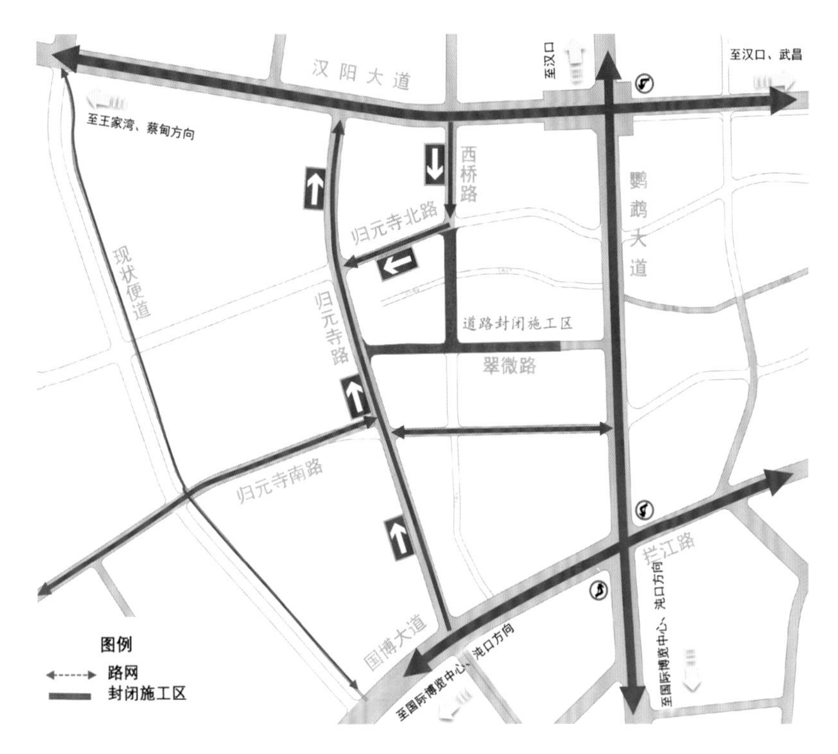

图 8-11 归元寺路交通管理设施设置方案

2. 机动车交通组织

归元寺路交通管理设施设置方案如图 8-11 所示。

归元寺南路（归元寺路至鹦鹉大道）、归元寺北路（归元寺路至西桥路）通车后，与归元寺路（南向北单向通行）一起主要为中短距离地方性活动组织服务，为周边地块进出服务，兼顾部分过境交通功能。

西桥路、归元寺北路、归元寺路分别按北向南、东向西、南向北单向交通组织，形成顺时针单向环路。

骨干路网仍然由汉阳大道、鹦鹉大道、国博大道、拦江路组成，主要承担远距离过境交通功能。

文化宫方向原通过汉阳大道、归元寺路或鹦鹉大道、翠微路、归元寺路来往钟家村第二小学、武汉市第三初级中学、归元寺等方向车辆，可绕行鹦鹉大道、国博大道、归元寺路等道路（图 8-12）。

国际博览中心方向原通过鹦鹉大道、翠微路、西桥路或归元寺路、翠微路、西桥路来往钟家村小学方向车辆，可绕行国博大道、鹦鹉大道、归元寺路、汉阳大道、西桥路等道路（图 8-13）。

3. 行人和非机动车交通组织

归元寺北路（归元寺路至西桥路）通车后，可新形成铁佛寺—归元寺北路人行出入口。行人可通过汉阳大道、鹦鹉大道、归元寺路、归元寺北路等道路来往施工区域周边建筑。人行交通组织图如图 8-14 所示。

4. 交通管理设施设置方案

结合归元寺南路、北路通车及西桥路、翠微路封闭情况，对施工区域标牌、路栏牌、太阳能爆闪灯及进出区域的远端道路指路标牌进行设置。西桥路、归元寺北路交通管理设施设置方案如图 8-15 所示。施工区域远端指路标志设置方案如图 8-16 所示。

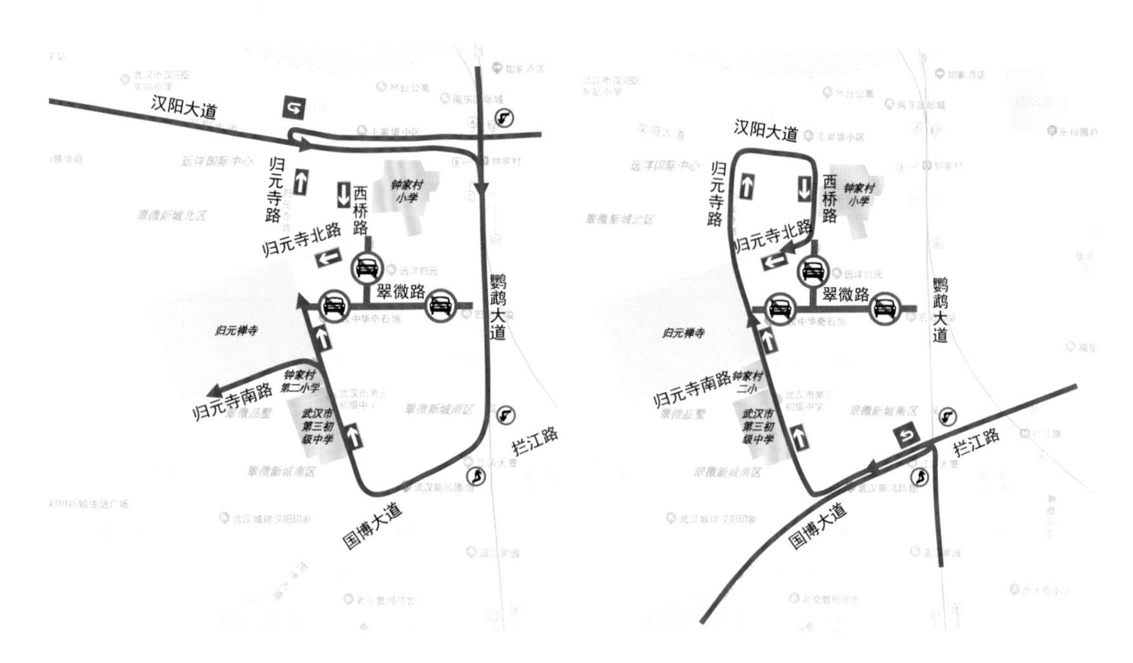

图 8-12 文化宫来往钟家村第二小学、武汉市第三初级中学、归元寺等方向车辆绕行示意

图 8-13 国际博览中心来往钟家村小学方向车辆绕行示意

项目特色

1. 工作组织严密，各方意见相结合，保证了成果的科学性和可操作性

本项目论证充分，内容具体翔实，可实施性强。经过与项目建设方、施工方、汉阳区交警大队多轮沟通，充分吸收多方的意见，满足交通安全主管部门的要求。

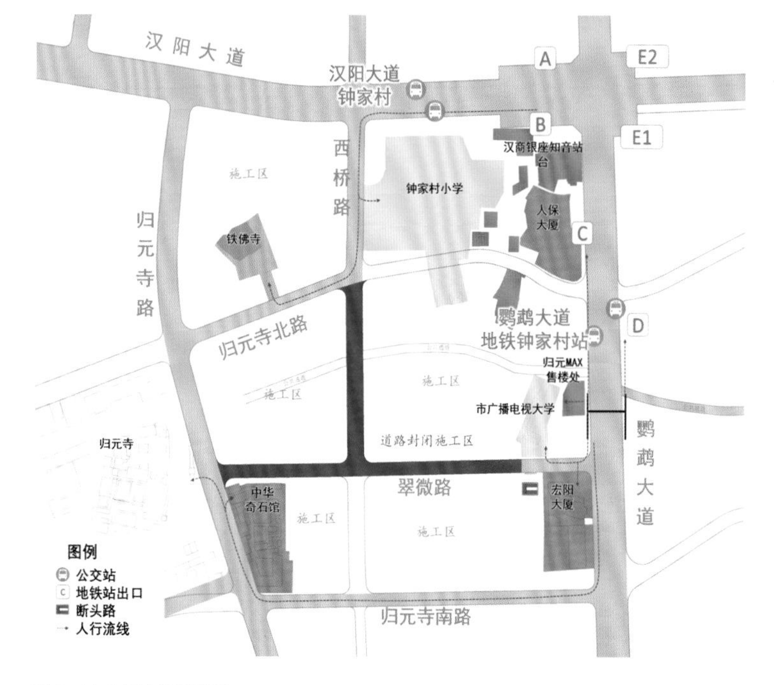

图 8-14 人行交通组织图

2. 针对性地采用单行路组织方案

本项目根据施工区域保留建筑现状特征和钟家村小学出行特征，创新性地采用了归元寺路、归元寺北路、西桥路单行道的组织方案，有效降低了区域交通组织的复杂程度，缓解了交通压力。

3. 工作细致深入，有效助力项目落地

本项目工作细致到每一处标志标牌内容、执勤岗的人数和排班、媒体绕行解读，使得各项建议有可操作性，有效助力项目落地。

实施情况

本项目成果经市区两级政府及相关职能部门审查同意后，武汉市公安局交通管理局于2021年10月29日发布通告，于2021年11月6日开始道路封闭。

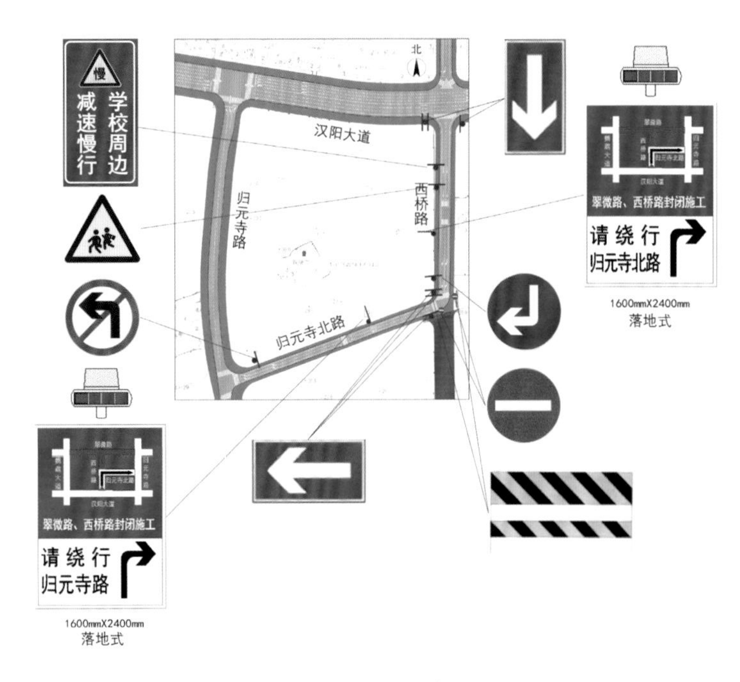

图 8-15 西桥路、归元寺北路交通管理设施设置方案

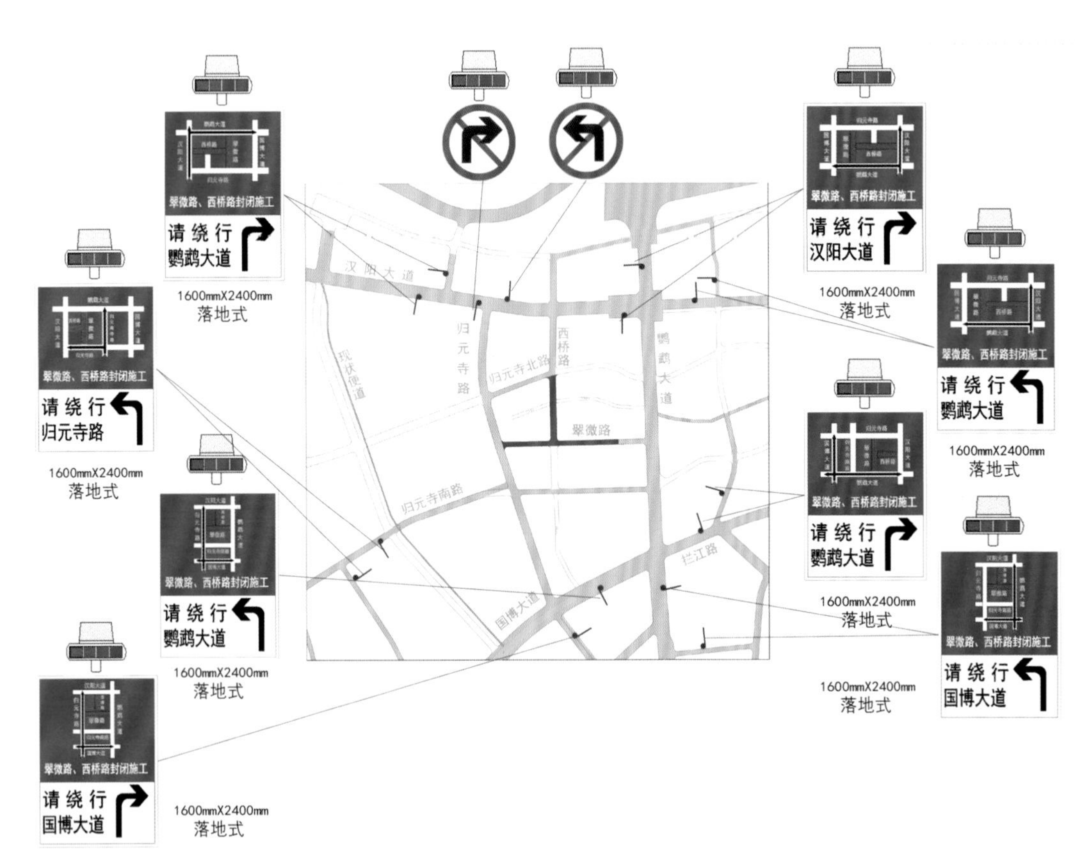

图 8-16 施工区域远端指路标志设置方案

PART 9

建设项目交通论证

建设项目交通论证是一项将规划意图与建设方案进行衔接的工作。

建设项目交通论证主要指针对交通市政类建设项目的建设必要性、建设规模和建设方案而进行分析、比选的工作。主要开展的项目类型包括地下连通道类项目交通论证、桥梁类项目交通论证、道路类项目交通论证等。其中，地下连通有地铁站周边地块与地铁站之间的地下连通道，还有某些统一开发或有地下连通需求的相邻地块之间的地下连通道等。

地下连通道类项目交通论证

地下连通道类项目交通论证通常是结合具体项目需求提出，因此，通常要求达到修建性详细规划的深度。主要论证内容包括必要性分析、交通需求预测、工程可行性分析、方案制定，有时还需要代拟规划设计条件。

桥梁类项目交通论证

桥梁虽然只是一条通道，但通常其影响范围都比较大，跨江机动车桥梁影响范围甚至可以达到半个城市，慢行桥梁影响相对较小。

通常此项工作包括现状交通调查、上位规划梳理、功能定位分析、交通需求预测、规划方案比选评价，以及结论和建议等部分。

现状交通调查范围、规模和内容视项目具体影响范围和城市交通模型校正需求而定；上位规划梳理主要是针对项目的合规性和用地等进行校核；功能定位分析是结合上位规划及实际情况对建设项目在城市交通体系中应该承担的阶段性及远期的功能进行分析，以支撑近远期方案的厘定；交通需求预测要对全需求及不同的规划方案的交通量进行预测，以支撑不同方案之间的量化指标的比选；规划方案的比选评价是在上述工作内容的基础上对规划方案进行定性、定量相结合的比选分析，为方案决策提供科学依据。

道路类项目交通论证

道路类项目交通论证按照项目复杂程度通常可以分为两大类：一类是常规道路项目，只需结合交通预测对道路建设规模进行论证；另一类是快速路、复杂地区干道等涉及立交、复杂交叉口、上下匝道、分段不同建设方案等问题的交通分析工作。工作内容大致阶段与桥梁类项目交通论证工作类似，但涉及沿线用地、城市建设情况等更复杂的影响因素，车道规模、上下匝道、立交形式、交叉口形式等多方案的比选也比桥梁类项目复杂得多。

总体而言，交通市政类项目交通论证应遵循三个原则。

（1）匹配需求：依据预测流量，合理确定建设规模，保证运行畅通的同时不造成浪费。

（2）实施性强：根据用地、管线、断面等各种相关影响因素，确定规划设计方案。

（3）近远结合：充分考虑近远期实施情况，满足近期交通需求，预留远期交通需求。

地下连通道类项目交通论证

地下连通道类项目类型

地下连通道类项目交通论证的主要作用是确定地下连通道的规模、选址，论证连通道建设的可行性，为地下空间出让提供技术依据。根据连通道的作用，地下连通道类项目主要可以分为与地铁站点连通项目和相邻两地块之间连通项目。

1. 与地铁站点连通项目

与地铁站点连通项目以公共建筑类项目居多，主要在于提高公共建筑与轨道交通衔接的便利性。下面以世界城光谷步行街 A 地块地铁对接通道规划咨询和世界城光谷步行街 B 地块接驳珞雄路站地下通道规划咨询为例，讲解与地铁站点连通项目。

（1）案例分析。

项目主要通过分析上海五角场、香港又一城、武汉利济北路站等商业与轨道交通联系的案例，得出轨道交通站点与周边商业应紧密衔接，增加站点疏散效率，提高商业价值的启示。

（2）必要性分析与需求预测。

利用定性分析和定量分析相结合的方法来分析连通道建设的必要性。定性分析：根据项目区位特征、交通功能、商业价值等论证地下通道建设的必要性。定量分析：以轨道交通客流量预测为基础，考虑轨道交通进出站客流量、地下商业集散客流量、市政交通过街客流量等，根据不同出入口的位置、设施条件等判断不同出入口的客流量，并以此预测新增通道的客流量，作为通道规模和设施布置的数据支撑。

（3）工程可行性分析。

分析地下连通道与周边建筑的平面关系、竖向关系、接口条件、与地面构造物关系、与现状及规划地下管线的关系等，根据通道规模要求，确定地下连通道的平面方案、竖向方案，以此确定通道的用地红线、用地面积、竖向标高范围、控制点坐标等规划关键数据，为项目规划设计提供依据。图 9-1~9-6 为世界城光谷步行街 A、B 地块地铁对接通道设计方案。

2. 相邻两地块之间连通项目

相邻两地块之间连通项目类型较多，但相邻地块多为相似业态，主要作用是实现地下人车联系，停车泊位打通使用，有利于满足各地块停车配建要求，降低单车位成本，减少地下车库出入口个数，简化地面交通组织流线。下面以东风村 H1~H2 地块、H3~H4 地块、H2~H4 地块地下连通道用地论证为例，讲解相邻两地块之间连通项目。

（1）地下连通必要性分析。

从配建泊位数平衡、地下车库出入口共用等方面，论述地下连通的必要性。地下连通后可强化各地块间联系，优化项目平面布局和车行交通组织，平衡停车规模，实现停车共享。

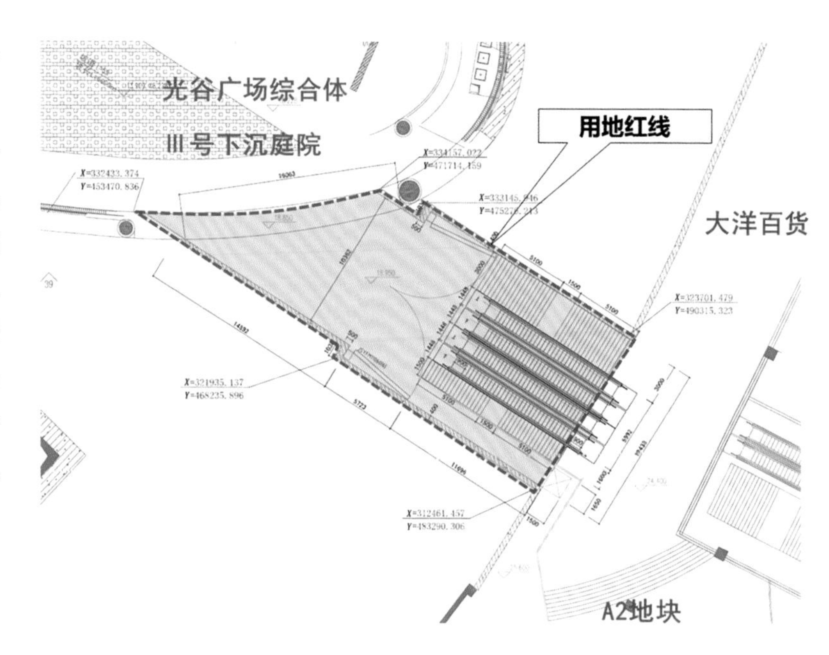

图 9-1 世界城光谷步行街 A 地块地铁对接通道平面方案

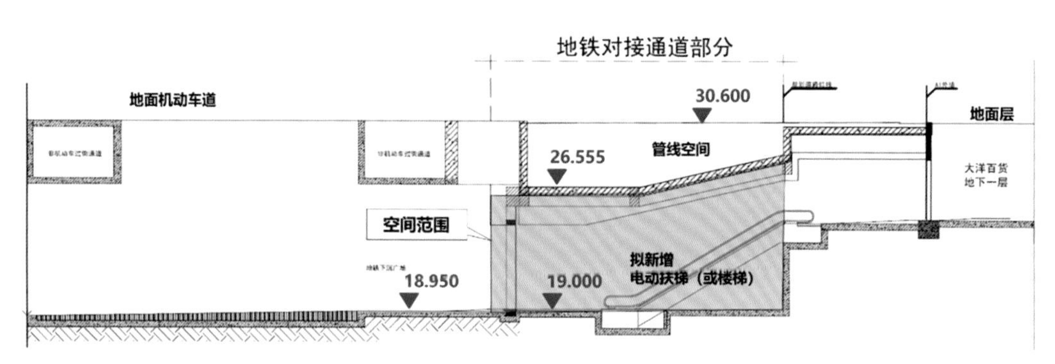

图 9-2 世界城光谷步行街 A 地块地铁对接通道剖面方案

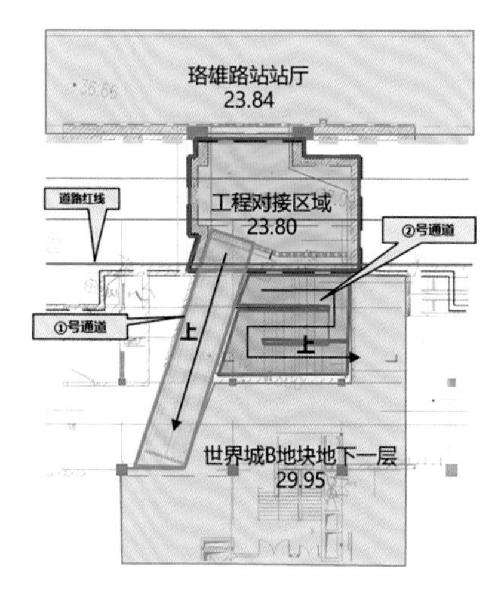

图 9-3 世界城光谷步行街 B 地块东侧地铁对接通道平面方案

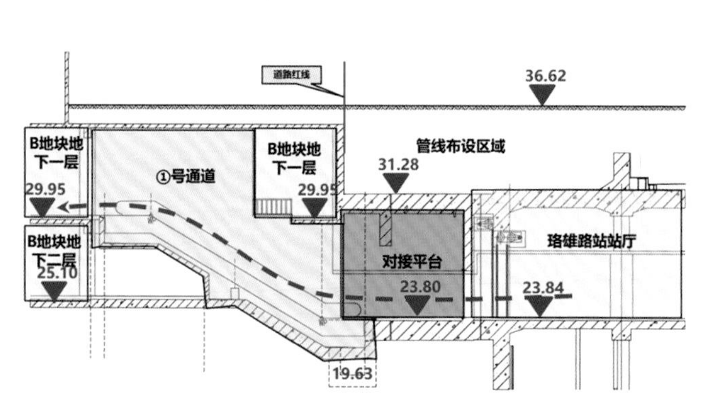

图 9-4 世界城光谷步行街 B 地块东侧地铁对接通道剖面方案

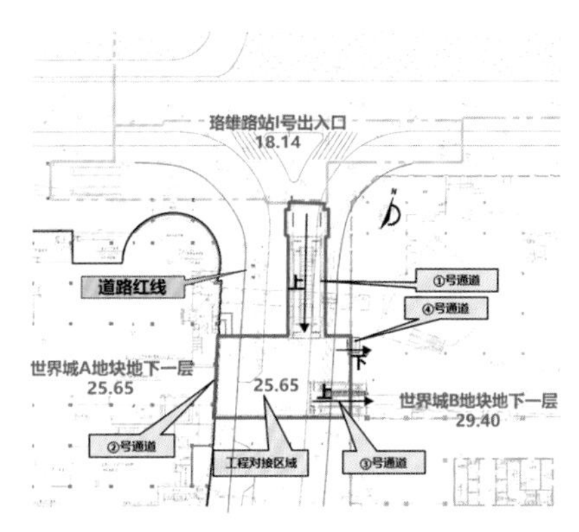

图 9-5 世界城光谷步行街 B 地块西侧地铁对接通道平面方案

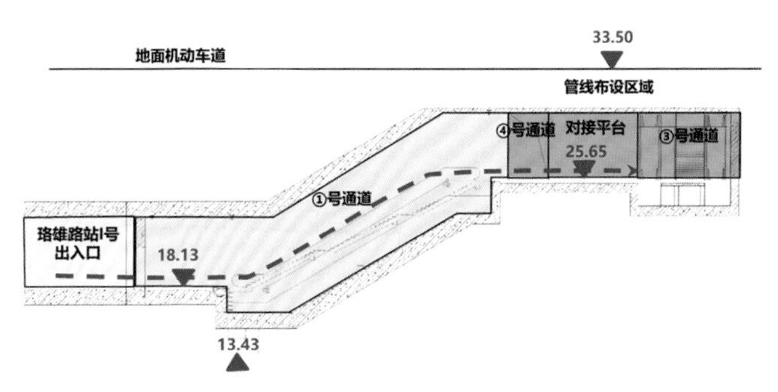

图 9-6 世界城光谷步行街 B 地块西侧地铁对接通道剖面方案

（2）地下连通道方案论证。

核实地下连通道净宽、净高、坡度、缓坡段等指标是否满足规范要求，并校核地下连通道竖向方案是否与现状管线和规划管线冲突，论证地下连通道方案是否可行。图 9-7~ 图 9-9 分别为东风村 H1~H2、H3~H4、H2~H4 地下连通道竖向方案图。

地下连通道类项目交通论证内容

1. 必要性分析

不管是与地铁站点连通项目还是相邻两地块之间连通项目，都应先分析连通的必要性。与地铁站点连通项目的必要性主要从步行的便利性、提升商业价值等方面论证；相邻两地块之间连通项目的必要性主要从机动车角度（如停车泊位指标、机动车出入口数量）论证。

2. 规模论证

规模论证是与地铁站点连通项目的主要内容。人行通道宽度无统一标准，须先对客流量进行需求

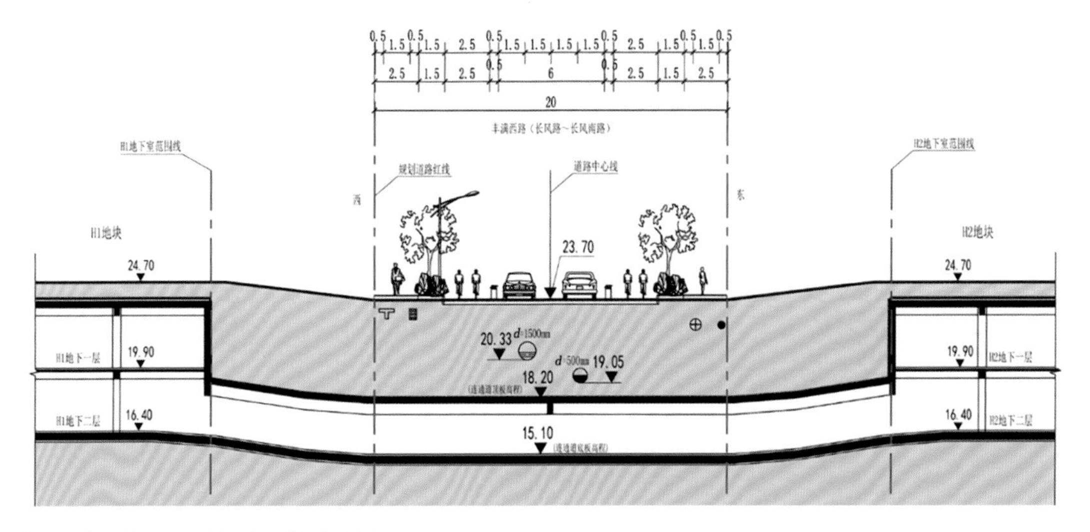

图 9-7 东风村 H1~H2 地下连通道竖向方案图

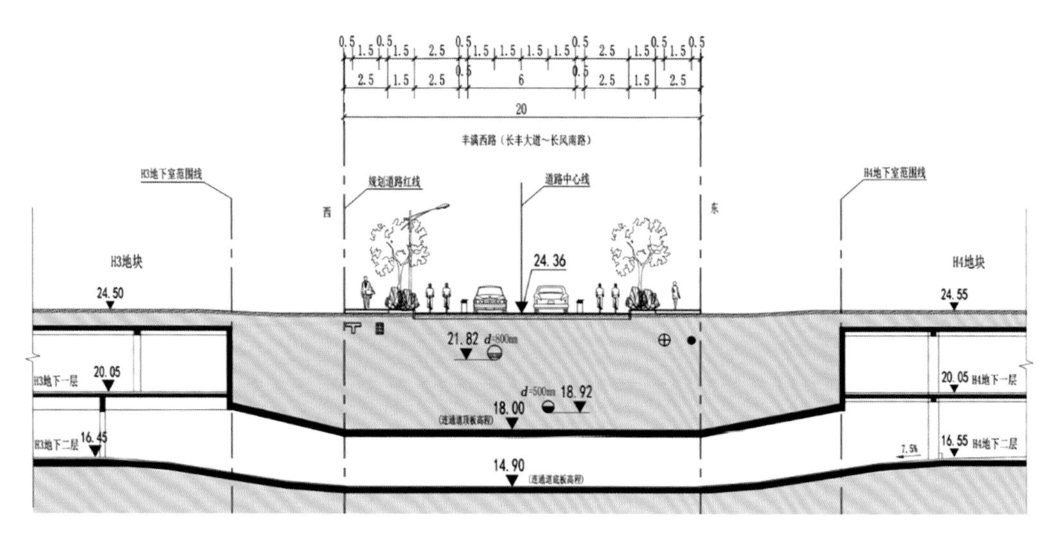

图 9-8 东风村 H3~H4 地下连通道竖向方案图

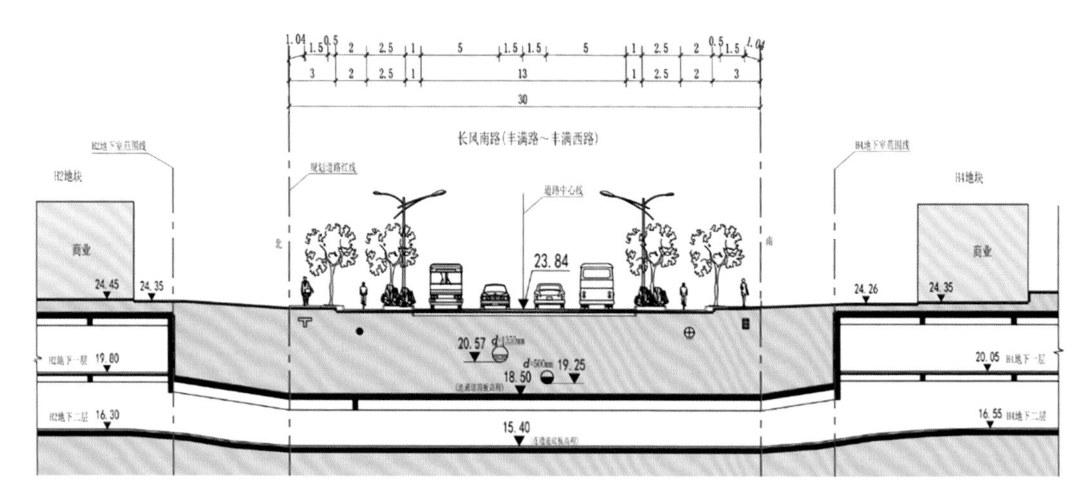

图 9-9 东风村 H2~H4 地下连通道竖向方案图

预测，再计算通道的最小规模。另外，须考虑人行驻足及通行舒适性等其他方面的要求，以及自动扶梯、楼梯等垂直交通设施等的宽度需求，确定通道最终规模。机动车通道宽度相对较固定。在相邻两地块之间连通项目中，通道的规模一般不是主要论证内容，但若两地块之间的车行、人行交换量较大，也有必要对此进行论证，以满足地块之间的交换需求。

3. 地下通道方案论证

方案可行性分析是此类项目最重要的内容，直接关系通道能否实施及如何实施。此部分主要对通道的平面方案、剖面方案进行分析，论证通道与周边建（构）筑物、现状管线、规划管线等的关系，明确地下通道的平面坐标、竖向范围，作为通道规划设计的依据。

桥梁类项目交通论证

项目背景

2016 年 2 月 6 日，武汉市人民政府办公厅印发《武汉市 2016—2018 年两江四岸旅游功能提升三年行动计划》的通知，提出新建具有景观功能，连通汉口与汉阳龟北片的汉江多福路步行桥。为了更好地服务片区居民出行，更加科学地确定慢行桥规模，我司于 2016 年展开了多福路慢行桥项目交通研究分析。

随着汉江两岸（月湖桥以东段）跨江需求逐渐增加，崇仁路跨汉江桥列入了 2021 年城建前期计划初步安排。为明确桥梁功能定位，推进项目前期相关工作开展，我司进行了崇仁路跨汉江桥交通论证工作。

研究内容

1. 研究范围分析

基于新建慢行桥梁的步行和非机动车的可达性分析，确定重点研究范围和总体研究范围。根据《2020 共享电单车出行观察报告》，80% 以上用户骑行距离在 3.5 km 以内，5 km 以上不足 10%；利用 ArcGIS 的服务区分析功能，以月湖桥、江汉一桥与晴川桥的桥头为起点，建立网络，划定 5 km 总体研究范围。重点研究范围确定为京汉大道—友谊南路—琴台大道—江城大道所围合的范围（图 9-10）。

2. 现状分析

汉江北岸以居住、商业为主，汉江南岸以公园绿地、康体娱乐为主，汉江两岸（月湖桥以东段）存在一定的过江需求。区域常发拥堵点段基本集中在快速路和主干道上，尤其是快速路上下桥衔接段，而崇仁路桥、多福路桥缺少直接贯通的快速路。区域内共有 59 条公交线路，通达武汉三镇，以公交站点周边 500 m 作为服务范围，基本实现常规公交全覆盖率，崇仁路桥、多福

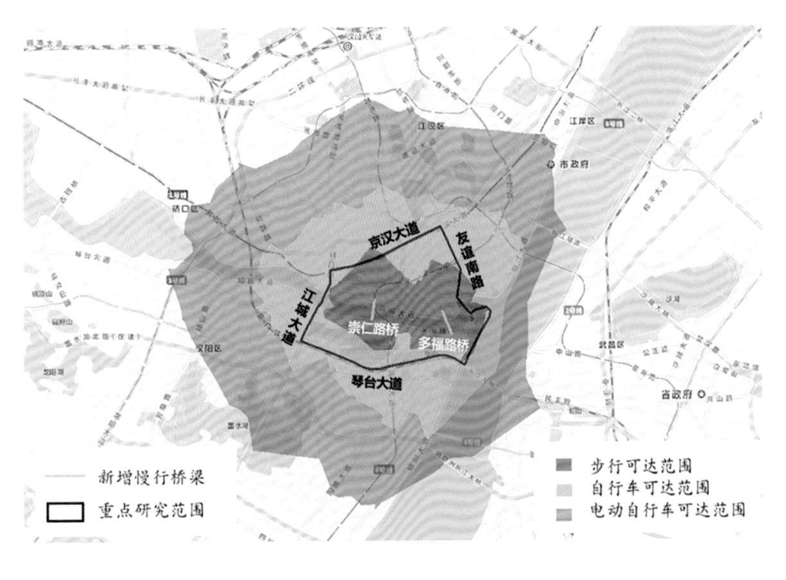

图 9-10 项目研究范围

路桥 10 min 步行范围内设置有多处轨道站点。在机动车方面，过汉江机动车出行总量整体呈现增长趋势。在慢行方面，汉江两岸（月湖桥以东段）慢行出行以非机动车为主，现状 3 座跨汉江桥行人、非机动车混行，出行环境差。

3. 慢行桥功能定位和必要性分析

首先充分解读区域用地规划、综合交通规划、绿道建设规划、相关专项规划等；其次结合未来过汉江的交通需求和工程可实施性等，明确多福路桥、崇仁路桥的功能定位；最后从优化慢行环境、串联城市绿道、打造慢行示范工程等角度阐述建设慢行桥的必要性。

4. 机动车需求预测分析

预测未来特征年过汉江桥梁机动车需求，分析重点研究范围内道路交通流量及服务水平；对比分析新建桥梁有、无车行功能有何不同。崇仁路桥和多福路桥高峰小时机动车流量均较小；崇仁路桥和多福路桥分流相邻桥梁的交通流量约占二者车行总量的 54.8%，二者的车流最终通过知音大道，经由鹦鹉大道、晴川大道疏解，且通过对崇仁路桥和多福路桥有、无车行功能的对比分析，得出相邻两桥梁服务水平变化不大，新增车行功能意义不大。崇仁路桥、多福路桥高峰小时机动车流量来源如图 9-11 所示。

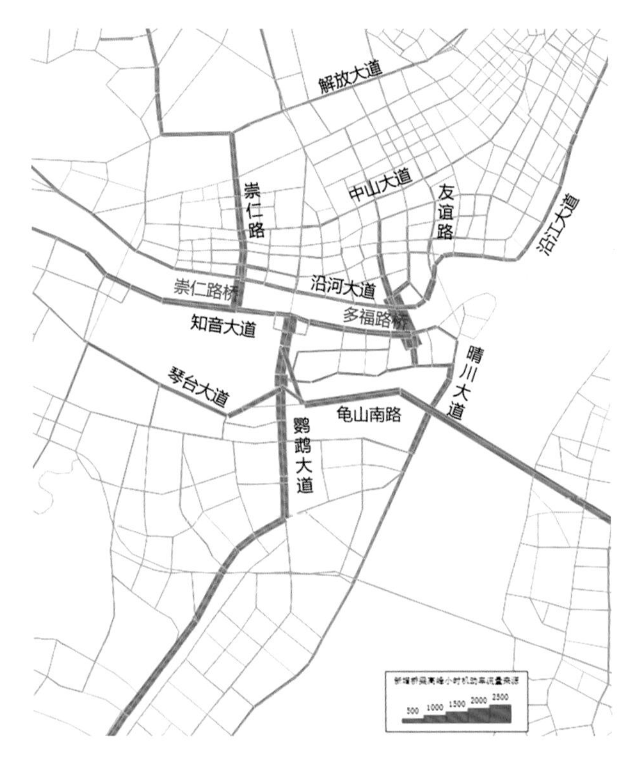

图 9-11 崇仁路桥、多福路桥高峰小时机动车流量来源

5. 新建桥梁慢行交通需求预测

建立总体研究范围的慢行交通需求模型，预测规划年基本分析单元的人口岗位、出行总量及出行结构。基于骑行大数据分析现状出行特征，预测规划年不同慢行方式的出行分布量，预测结果为步行出行量 116 万人次 /d，非机动车出行量 83.5 万人次 /d。根据电动车和自行车的出行分布预测，电动车过江需求高于自行车，两者分布结构有相似之处，汉江两岸的内部非机动车出行需求高于过江出行需求。根据步行出行分布预测结果，汉江北侧步行出行过江需求较小，崇仁片和汉正街片以内部出行为主。江南龟北片区跨江往返汉正街的步行需求最大，月湖片过江步行需求也较大。规划年自行车、电动车、步行出行分布如图 9-12 所示。

考虑周边环境、季节天气等原因对慢行出行的影响，预测研究范围内过江桥梁慢行需求在 9~12.5 万人次 /d，其中非机动车过江需求范围 6~9 万人次 /d，步行过江需求范围 2.5~3.5 万人次 /d。规划年过江桥梁慢行流量来源分布如图 9-13 所示。

6. 建设规模论证

以桥梁步行和非机动车流量预测结果为依据，根据相关规范推荐慢行桥梁的建设规模。

项目特色

项目基于手机信令数据，根据行程速度与经纬度数据，提取研究范围内交通小区的现状步行、自行车、电动车 OD 矩阵，结合规划年人口岗位和用地等情况，得到规划年不同类型慢行 OD 矩阵，从而开展慢行出行需求预测。现状慢行出行 OD 提取思路如图 9-14 所示。

工作成效

项目明确了多福路、崇仁路慢行桥功能定位，不同出行目的、不同类型（步行、自行车、电动车）的慢行出行需求也为多福路、崇仁路慢行桥方案设计提供了数据支撑。目前规划的两座跨汉江慢行桥梁都列入了 2021 年城建前期工作计划，其中，多福路跨汉江慢行桥预计 3 年内启动建设，在汉阳龟北片区落地。

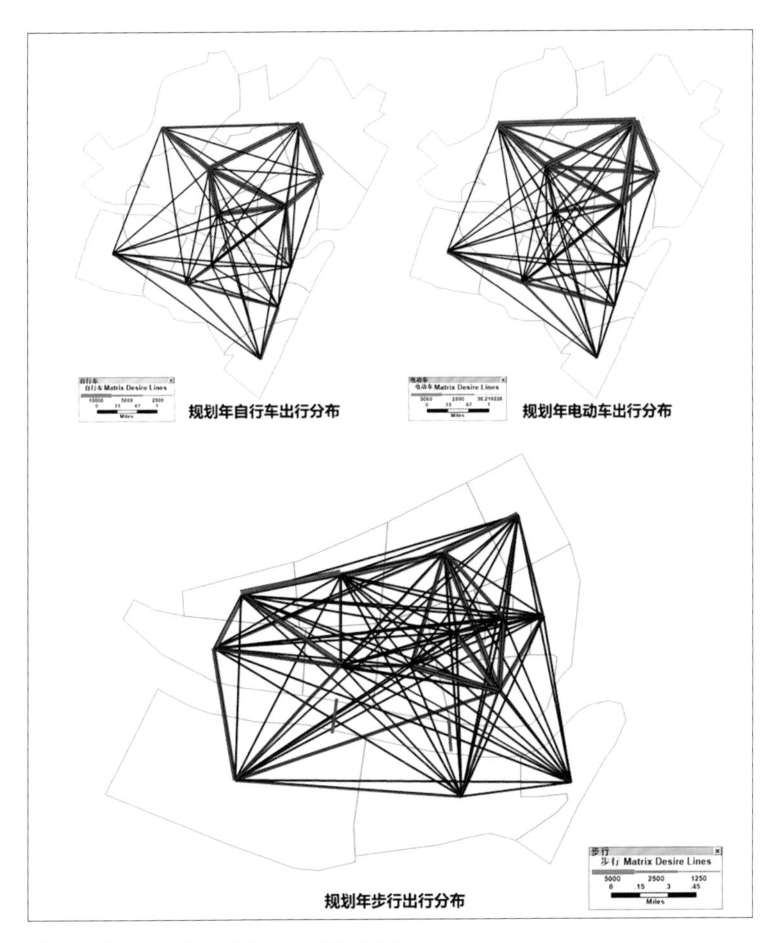

图 9-12 规划年自行车、电动车、步行出行分布

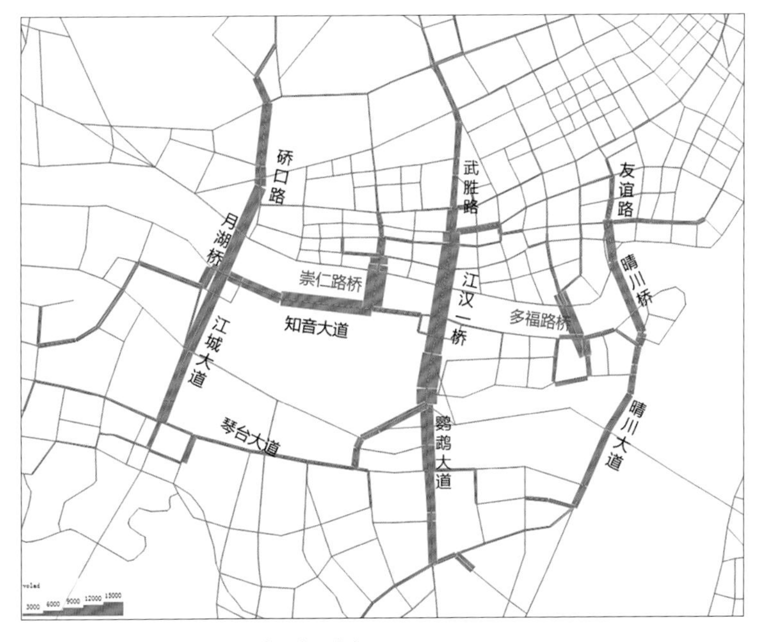

图 9-13 规划年过江桥梁慢行流量来源分布

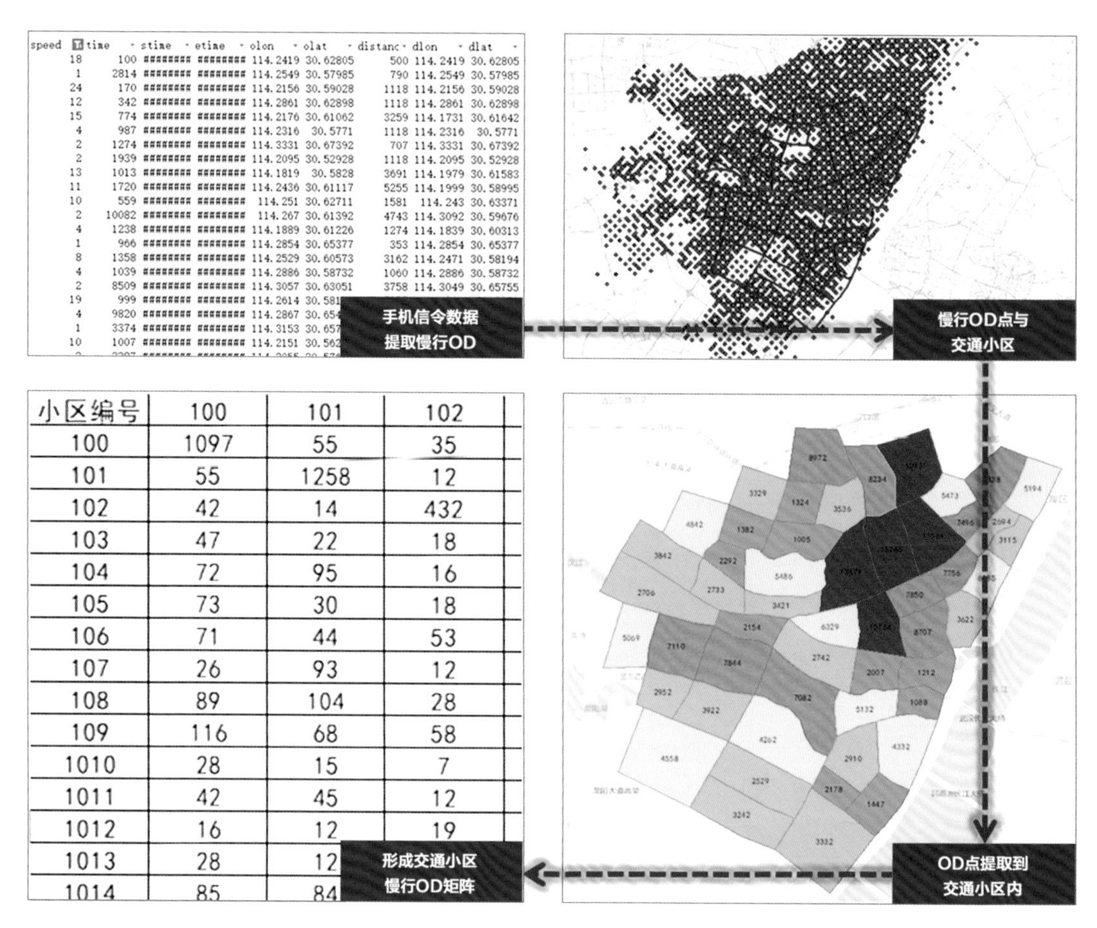

speed	time	stime	etime	olon	olat	distance	dlon	dlat
18	100	########	########	114.2419	30.62805	500	114.2419	30.62805
1	2814	########	########	114.2549	30.57985	790	114.2549	30.57985
24	170	########	########	114.2156	30.59028	1118	114.2156	30.59028
12	342	########	########	114.2861	30.62898	1118	114.2861	30.62898
15	774	########	########	114.2176	30.61062	3259	114.1731	30.61642
4	987	########	########	114.2316	30.5771	1118	114.2316	30.5771
2	1274	########	########	114.3331	30.67392	707	114.3331	30.67392
2	1939	########	########	114.2095	30.52928	1118	114.2095	30.52928
13	1013	########	########	114.1819	30.5828	3691	114.1979	30.61583
11	1720	########	########	114.2436	30.61117	5255	114.1999	30.58995
10	559	########	########	114.251	30.62711	1581	114.243	30.63371
2	10082	########	########	114.267	30.61392	4743	114.3092	30.59676
4	1238	########	########	114.1889	30.61226	1274	114.1839	30.60313
1	966	########	########	114.2854	30.65377	353	114.2854	30.65377
8	1358	########	########	114.2529	30.60573	3162	114.2471	30.58194
4	1039	########	########	114.2886	30.58732	1060	114.2886	30.58732
2	8509	########	########	114.3057	30.63051	3758	114.3049	30.65755
19	999	########	########	114.2614	30.581			
4	9820	########	########	114.2867	30.654			
1	3374	########	########	114.3153	30.657			
10	1007	########	########	114.2151	30.562			

小区编号	100	101	102
100	1097	55	35
101	55	1258	12
102	42	14	432
103	47	22	18
104	72	95	16
105	73	30	18
106	71	44	53
107	26	93	12
108	89	104	28
109	116	68	58
1010	28	15	7
1011	42	45	12
1012	16	12	19
1013	28	12	
1014	85	84	

图 9-14 现状慢行出行 OD 提取思路

道路类项目交通论证

107 国道改造项目交通论证

东西湖区位于武汉市主城区西北部，是四大工业板块中大临空板块的重要组成部分。随着东西湖区不断向西发展，107 国道需从公路向城市道路转变，以适应城市的发展。107 国道改造是贯彻以人为本思想，践行“完整街道”理念，实现客货分离、快慢分离的重要环节。同时，107 国道作为东西湖区临空工业倍增示范区板块现状唯一的贯通性道路，承载着支撑与引导区域发展的重要功能，但现状九通路以西道路均未按城市道路形成，九通路以东段仅为城市主干道，难以实现其快速转运与集散的作用。对 107 国道实施全面、系统的改造，以满足其功能、景观、流量、安全等多方面要求，打造功能明确、级别合理、高效安全、各行其道的交通骨干道路是十分必要且紧迫的。107 国道区位图如图 9-15 所示。

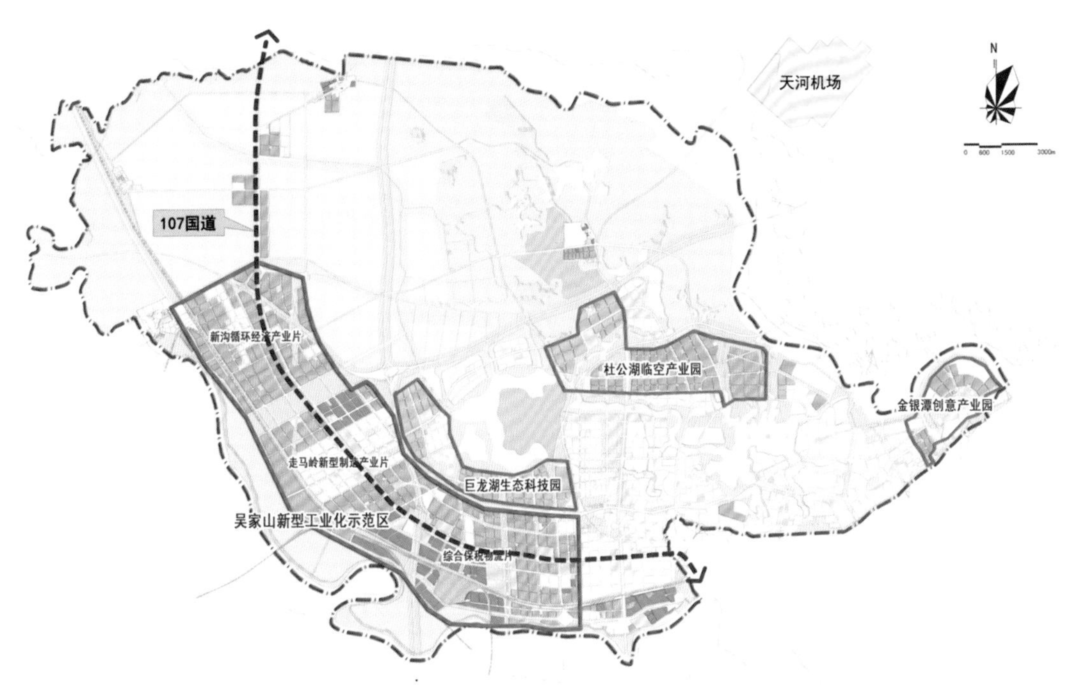

图 9-15 107 国道区位图

以武汉市交通模型 OD 数据为基础，提取东西湖区范围内的 OD 数据，并结合现状调查机动车流量，利用 TransCAD 软件，对现状 OD 进行校核，在此基础上，对本次研究区域的交通模型进行修正，预测得到远期交通量。

根据 107 国道沿线用地与交通互动特征，将其分为 4 个区段：吴家山城区段（额头湾—九通路），交通需求平稳增长区，主要服务周边地块和环线转换车流；工业园区核心区段（九通路—南九支沟），交通需求迅速增长区，主要服务综合组团中、长距离出行；工业园区拓展区段（南九支沟—武荆高速），近期需求较小，远期逐步发展，主要服务长距离出行；城市发展区段（武荆高速—东柏公路），城市未来的拓展区域，主要服务过境需求。

基于道路功能定位、交通预测、沿线交通需求特征等，对 107 国道的车道规模、立交设置、上下匝道设置等进行了多方案比选分析，为方案制定提供科学支撑。

此外，还对项目提出了配套的改善建议。

（1）107 国道改造沿线上下匝道，至少保证 2 车道通行条件，增加变速车道长度，保证地面与高架的顺畅衔接。

（2）全线共设 32 个信号控制交叉口，平均间距 920 m；在路段增设 2 对掉头点，掉头点平均间距 890 m。

（3）107 国道沿线路口转弯半径至少保证 40 m；结合沿线工业分布，设置货运集散通道，减小货车对 107 国道主线的影响；在后期设计施工阶段，建议施划大车道；建议全线高架禁止大货车通行，提高建设标准，保证货车通行。

（4）107 国道沿线公交站点设置为港湾式停靠站；立体交叉匝道出入口段及立体交叉坡道段不应设置公共汽（电）车停靠站。

（5）建议结合地形、用地等条件设置结合立交的立体过街设施，并考虑无障碍设施设置要求；增设两处人行过街信号灯，通过 34 处信号灯控制和 5 处立体过街设施，集中解决居住区、产业园区员工及附近村庄居民过街需求，过街设施平均间距 720 m；信号交叉口应设置人行信号灯，并于路中设置二次过街交通岛。

（6）结合沿线工业布局、绿化带布局，对 107 国道进行总体的专业景观设计；利用 107 国道两侧绿化带打造以绿道为核心的休闲长廊；慢行道与机动车道之间应设置绿化带隔离；施划共享单车等自行车停放点，规范非机动车停放秩序；充分利用街角空间、人行等候空间等，提升慢行空间品质。

107 国道交通吸引范围图如图 9-16 所示。

图 9-16 107 国道交通吸引范围图

港窑路（夷陵长江大桥—桔乡路）快速化改造项目交通论证

项目起于胜利三路与沿江大道交叉口，沿胜利三路至城东大道顺接上港窑路后，至终点桔乡路，北接三峡高速，南接夷陵长江大桥，全长 4.1 km，是西陵组团和伍家岗组团之间的一条重要交通性通道，也是与点军组团联系的重要过江通道（图 9-17）。该道路规划为快速路。

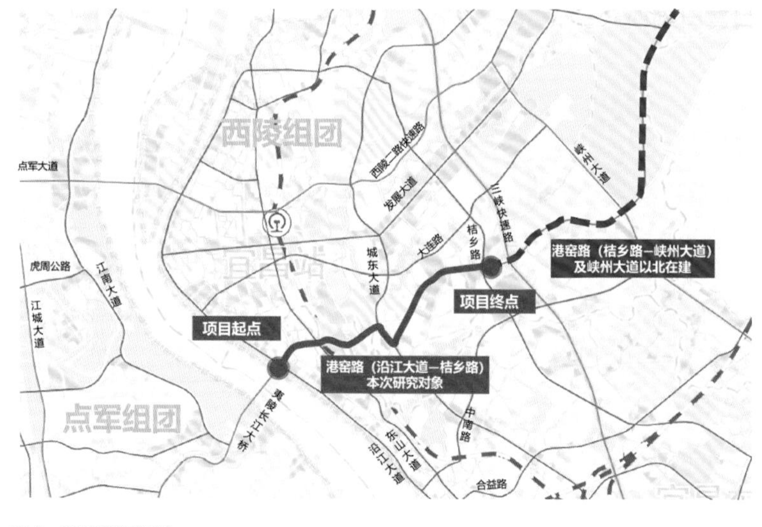

图 9-17 项目区位图

本次论证主要开展了三个方面的工作。

（1）分析现状问题及发展趋势。在对现状道路充分调查的基础上，分析港窑路沿线现状交通存在的问题及成因。同时基于现状和规划情况对道路改造后的运行情况进行预测。2030 年港窑路区域交通服务水平图如图 9-18 所示。

（2）研究建设必要性。从解决现状问题、支撑未来发展、落实上位规划的角度分析港窑路快速化改造的必要性。

（3）提出三种解决方案。以问题为导向，针对现状拥堵的成因，精准提出功能分离、路口渠化、打通微循环的系统性方案。

方案一核心思想：全线高架分离道路过境功能，匝道联系地面服务转向需求。

方案二核心思想：近远期结合，兼顾现状和未来，另辟蹊径分离道路过境功能，路口渠化解决通行能力问题，打通微循环以构建分流通道。

方案三核心思想：优化路网系统，解决根源问题，另辟蹊径分离道路过境功能，路口渠化解决通行能力问题，打通微循环以构建分流通道。

线路调整整体方案结构图如图 9-19 所示。三种规划设计方案比选表如表 9-1 所示。

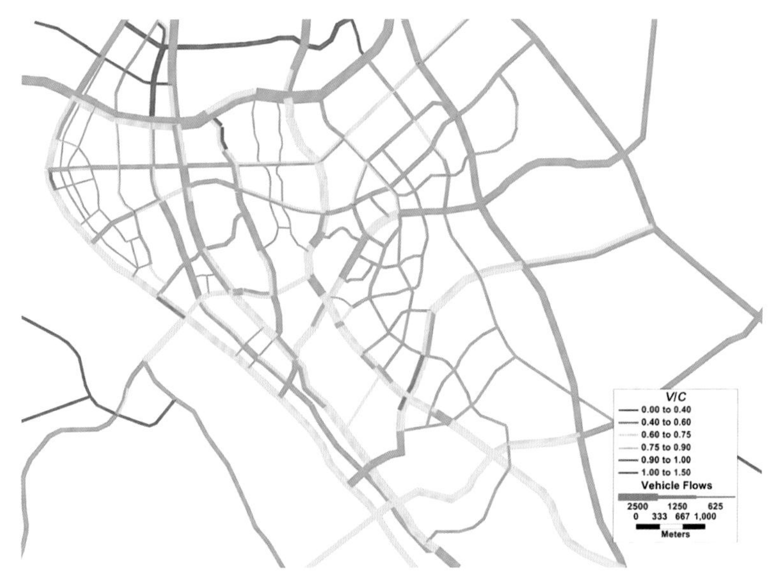

图 9-18 2030 年港窑路区域交通服务水平图

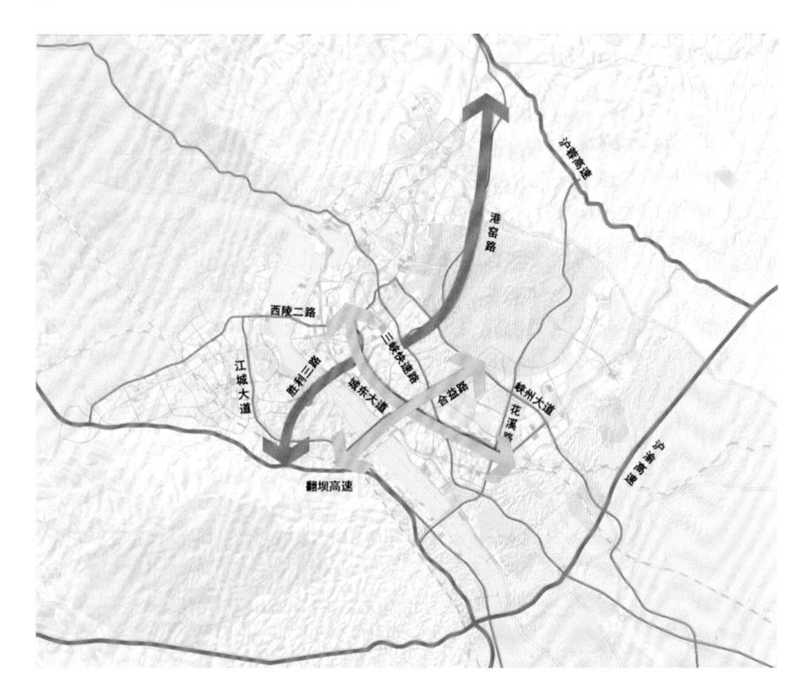

图 9-19 线路调整整体方案结构图

表 9-1 三种规划设计方案比选表

类别	方案一 （港窑路—胜利三路全线高架）	方案二 （快速路调整至合益路，胜利三路为高架）	方案三 （胜利三路、城东大道为高架，合益路为快速路）
交通运行	近期良好，远期压力大	近期良好，远期压力大	近期、远期良好
匝道设置	东山大道沿线同向匝道间距较近	匝道布置及间距合理	匝道布置及间距合理
现状问题解决程度	近期较好，远期拥堵	近期好，远期拥堵	近期、远期明显改善
工程投资	近期投资大，远期投资小	近期投资小，远期投资大	近期投资大，远期投资大
主要优点	①形成了一条南北贯通的快速路； ②有效服务港窑路沿线的快速化通行需求； ③对现状交通拥堵问题有一定的缓解； ④与城东大道联系紧密，解决了城东大道通过胜利三路向老城区方向的交通需求； ⑤利用了现有过江通道	①在解决现状困境的同时为未来发展留有空间； ②对现状交通拥堵问题有一定的缓解； ③近远期工程无关键实施难点，可实施性强； ④利用了现有过江通道； ⑤优化后骨架路网间距比较均衡； ⑥快速路不用穿越组团核心区； ⑦道路线形较好； ⑧对城市用地分割等影响较小	①在解决现状困境的同时为未来发展留有空间； ②有效缓解现状交通拥堵问题，远期明显改善了区域交通拥堵情况； ③与轨道共同实施，有利于集约利用空间、降低分次施工难度和影响、降低造价； ④利用了现有过江通道； ⑤优化后骨架路网间距比较均衡； ⑥道路线形较好
主要缺点	①功能集中于港窑路，加剧老城区拥堵； ②珠海路路口交通压力较大； ③同向匝道间距较近，功能有一定重复； ④城东大道段线形不佳，车速受限； ⑤匝道与建筑距离较近，慢行空间被压缩； ⑥拆迁量较大，成本高； ⑦过多的高架对城市景观有一定影响； ⑧远期交通压力仍然较大	①胜利三路高架段上下桥匝道便捷过江出行的同时，对地面交通带来一定影响； ②需对现有规划进行调整； ③需新增跨江桥梁； ④快速路在核心区外围，存在一定程度的绕行	①需对现有规划进行调整； ②需新增过江通道； ③远期部分调整存在施工难点； ④远期快速路建设里程较大，建设资金投入较多

PART 10

交通设施修建性详细规划

置于宏观规划与设计布局之间，加以详细指引，上位规划意图传导，下层设计施工指导，承上启下。

修建性详细规划是以城市总体规划、分区规划或控制性详细规划为依据，对城市近期建设的工厂、住宅、交通设施、市政工程、公用事业、园林绿化、文教卫生、商业网点和其他公共设施等作出具体布置的规划设计，作为城市各项工程和建筑设施的设计依据，是城市详细性规划的一种。修建性详细规划是以上层规划为要求，以交通需求为导向，以具体、详细的建设项目为对象，以形象的表达方式对交通设施做出的具体规划设计方案，直接指导具体工程的设计和施工，保障项目的可实施性。

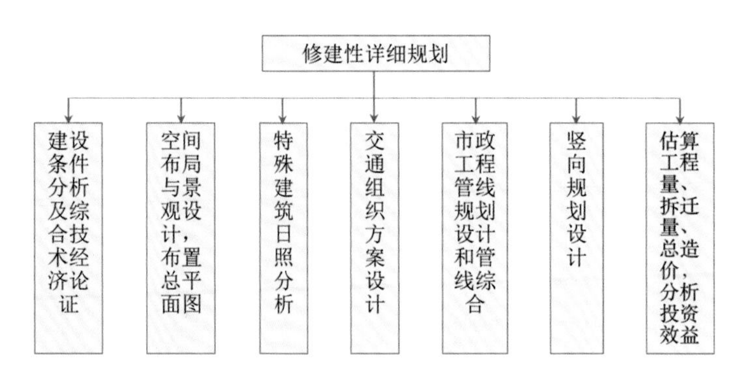

图 10-1 修建性详细规划内容

交通设施修建性详细规划属于城市修建性详细规划中的一种，研究对象主要包括城市道路和排水修建性详细规划、人行天桥与地道修建性详细规划、客货运枢纽与公交场站修建性详细规划、公共停车场修建性详细规划等。

道路修建性详细规划一般应对道路功能定位进行分析解读，明确建设标准，进行规划方案布局研究，具体包括平面规划、横断面规划和竖向规划，制定交通组织基本要求。排水修建性详细规划则需明确雨、污水的排水体制和标准，进行海绵城市系统规划、雨水系统规划、污水系统规划、排水工程管道布局等，并进行投资估算。

人行天桥与地道修建性详细规划主要结合周边用地开发规模测算过街需求，明确人行天桥或地道规模，结合实施条件、建设成本、景观要求等确定过街天桥或地道形式，明确净空、净宽、坡度等技术标准，确定经济、适用且优美的桥形，定桥墩坐标，涉及管线迁改的需做统一安排，同时进行投资估算。

客货运枢纽与公交场站修建性详细规划主要针对城市对外客货运枢纽场站、集散中心等的功能做出必要安排，按需求布置各类设施、厂房建筑等，合理组织交通流线，保障交通功能的完整性、高效性和可持续性。

公共停车场修建性详细规划主要对规划用地范围内的地面停车位布局或立体停车楼、地下车库做出功能性安排，合理组织内外交通流线，协调周边环境等。

修建性详细规划内容如图 10-1 所示。

修建性详细规划的作用体现在以下两点。

（1）承上启下的纽带作用。在整个规划过程中，修建性详细规划上有总体规划，下有各项工程、建筑设计。总体规划是城市一定时期内发展的整体战略框架，因为它面向未来，跨越时空，面临的不可预测因素很多，所以总体规划必须具有很大程度上的原则性与灵活性，是一种粗略的框架规划，需要有下层规划将其深化、具体化才能真正发挥作用。

（2）作为管理的依据和建设的指导性文件。城市规划编制与规划实施相脱节给城市发展事业带来了很大困难，加强城市规划管理要从两方面入手：一方面是健全规划管理法制化制度，提高规划管理人员专业素养和职业道德；另一方面提供事先确定的、公开的、适合的城市规划作为管理的依据和建设的指导性文件。修建性详细规划的层次和深度适宜，能起到这样的作用。

华中金融城空中连廊与地下连通道用地论证与修建性详细规划

项目背景

项目位于武昌区沙湖南岸中央文化区，由公正路、沙湖大道、体育馆路围合区域。基地东北面毗邻沙湖南岸文化商务区、楚河汉街中央文化区、武昌艺术文化区、东湖文化产业示范区等系列偏重文化功能的城市区域。项目涉及5个地块，含住宅、公共建筑两大业态，共设计4处空中人行连廊、1处地下人行连通道和2处地下车行连通道，如图10-2所示。

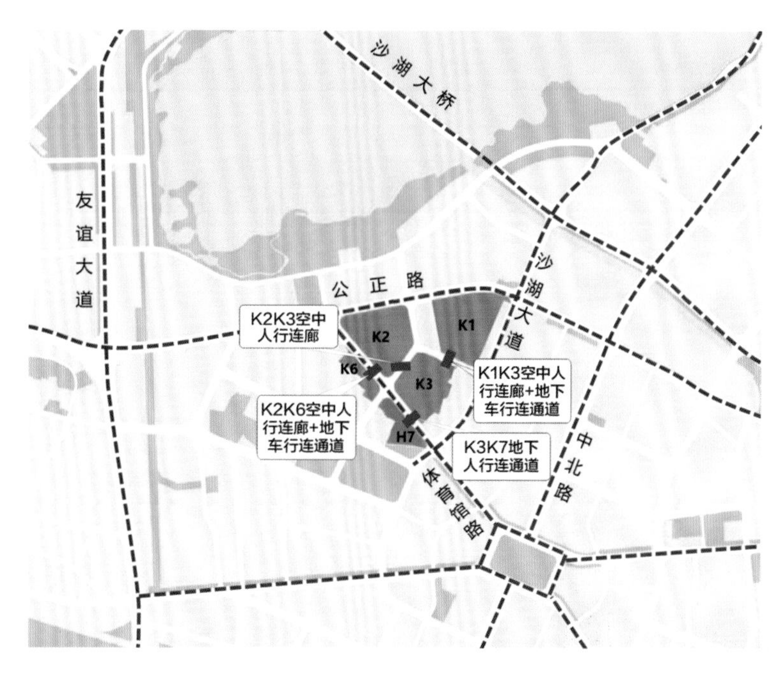

图10-2 华中金融城项目空中连廊和地下连通道关系图

研究内容

1. K1K3 空中人行连廊方案

在K1、K3地块间跨东湖西路设计两条空中人行连廊，通过步行平台与两侧建筑衔接，便于K1和K3地块商业氛围的连续和相互交流。单条连廊长度为34.80 m，跨道路部分长度约30 m；单条连廊宽度为6.00 m，其中步行空间净宽3.50 m，两侧各1.25 m的结构造型空间。主桥桥面高程为33.65 m，廊下净空为5.85 m。K1K3空中人行连廊方案平面图和剖面图如图10-3所示。

2. K2K3 空中人行连廊方案

在K2、K3地块间跨体育西路设计一条空中人行连廊，便于从K2居住地块进出K3商业地块。连廊跨道路部分长约43.00 m，宽6.00 m，其中步行空间净宽3.50 m，两侧各1.25 m的结构造型空间。主桥桥面高程为37.30 m，廊下净空为8.00 m。K2K3空中人行连廊方案平面图和剖面图如图10-4所示。

3. K2K6 空中人行连廊方案

在K2、K6地块间跨体育馆路设计一条空中人行连廊，便于从K6地块通过公共通道进出K3商业地块。连廊跨道路部分长约46.00 m，宽6.00 m，其中步行空间净宽3.50 m，两侧各1.25 m的结构造型空间。主桥桥面高程为37.30 m，廊下净空为6.00 m。K2K6空中人行连廊方案平面图和剖面图如图10-5所示。

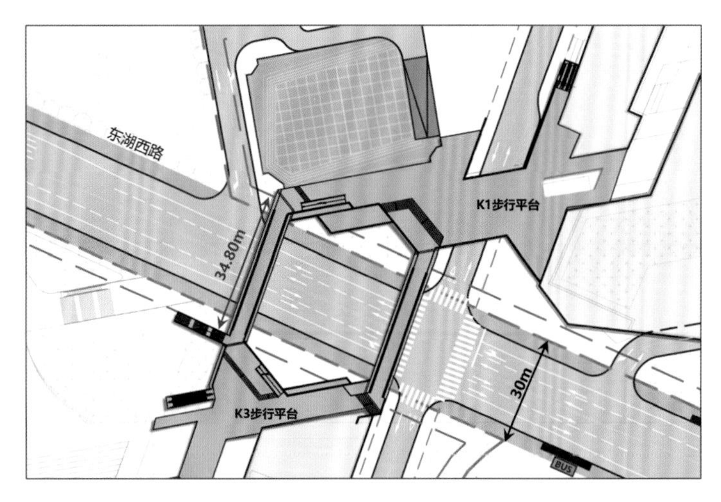

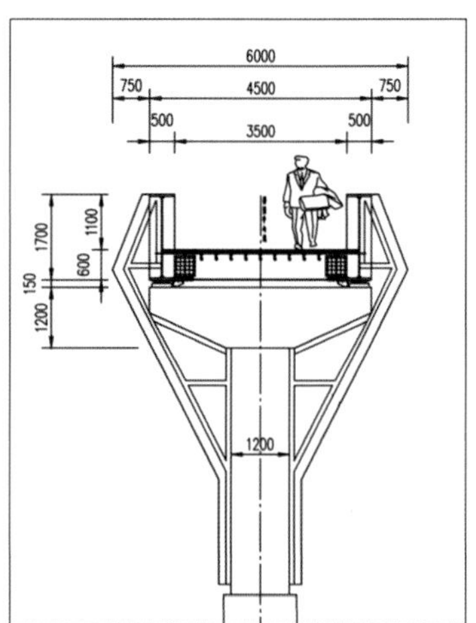

图 10-3 K1K3 空中人行连廊方案平面图和剖面图

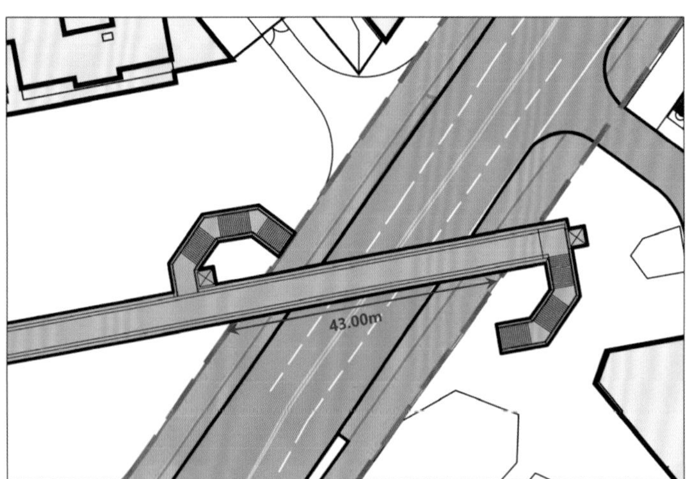

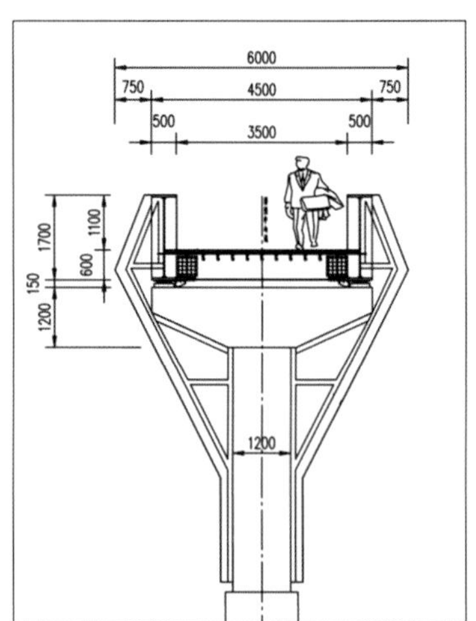

图 10-4 K2K3 空中人行连廊方案平面图和剖面图

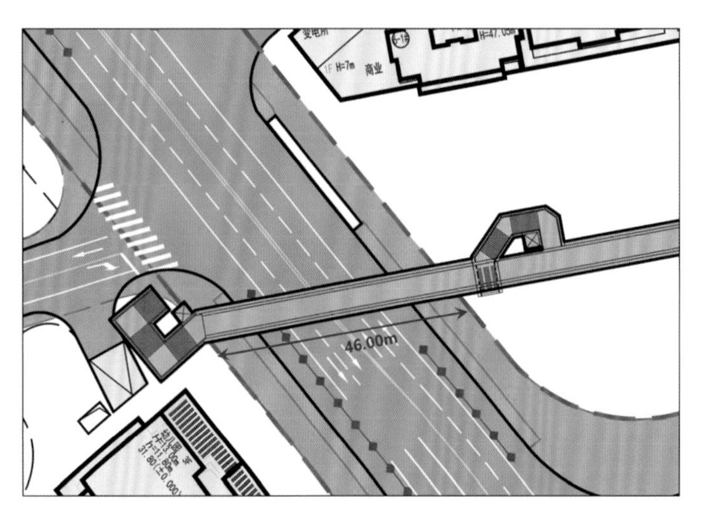

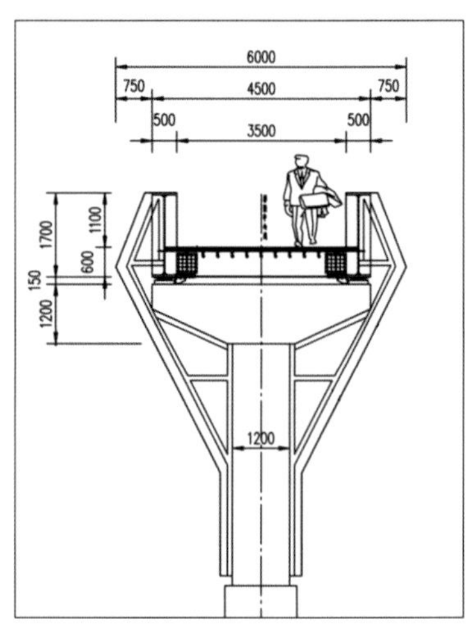

图 10-5 K2K6 空中人行连廊方案平面图和剖面图

4. K1K3 地下车行连通道方案

在 K1、K3 地块之间设计一条下穿东湖西路的地下车行连通道，连接 K1 地块地下二层与 K3 地块地下一层车库。地下连通道长 41.36 m，宽 9.60 m，净宽 7.40 m，双侧设有 0.50 m 宽排水沟，车行道坡度 5.30%，通道净高为 3.00 m，可供车辆双向通行。K1K3 地下车行连通道竖向规划图如图 10-6 所示。

5. K2K6 地下车行连通道方案

在 K2、K6 地块之间设计一条下穿体育馆路的地下车行连通道，连接 K2 地块地下二层车库与 K6 地块地下一层车库。地下连通道长 75.77 m，宽 9.00 m，净宽 7.80 m，坡度 7.2%，可供车辆双向通行。K2K6 地下车行连通道竖向规划图如图 10-7 所示。

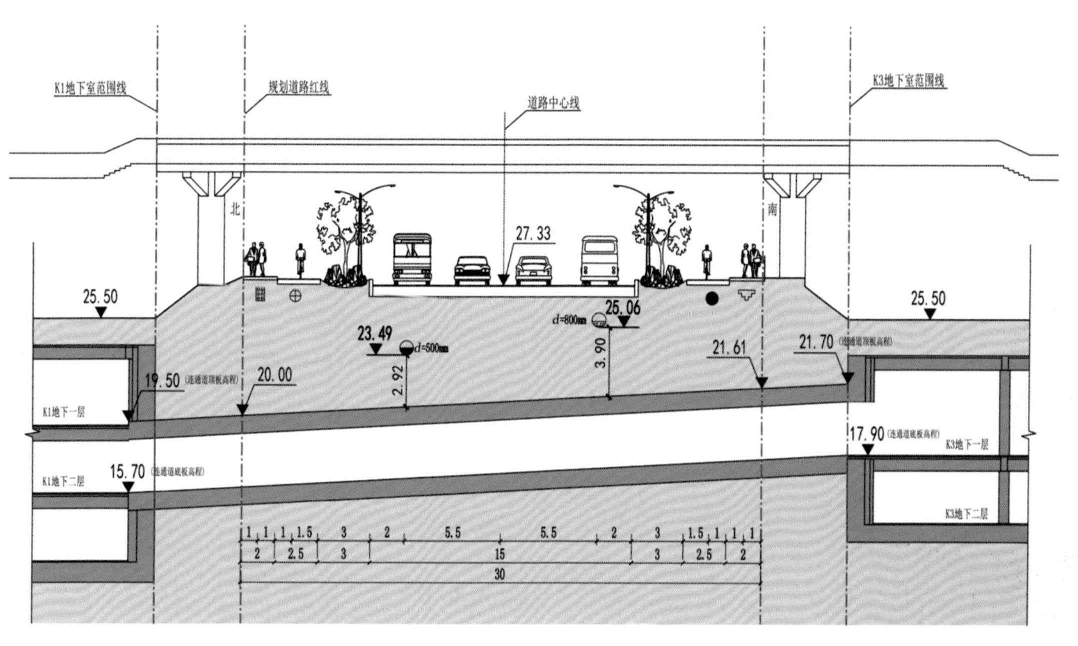

图 10-6 K1K3 地下车行连通道竖向规划图

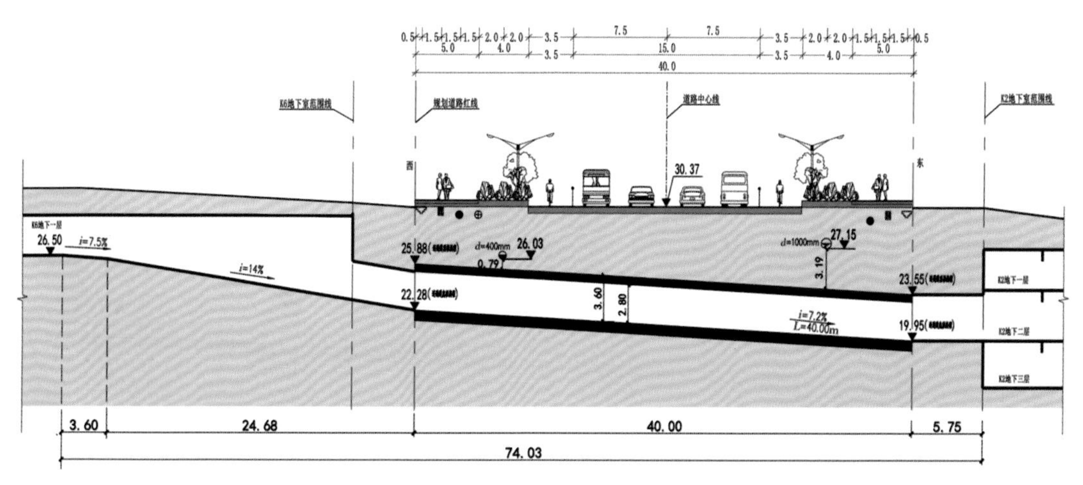

图 10-7 K2K6 地下车行连通道竖向规划图

K2K6 地下车行连通道竖向校核：K2K6 地下连通道雨水管下结构顶板高程为 23.96 m，上方雨水管管底高程为 27.15 m，管道直径 1.00 m；连通道污水管下结构顶板高程为 25.24 m，规划污水管管底高程 26.03 m，管道直径 0.40 m。排水管道与城市道路红线范围内的连通道顶板竖向净距为 0.15~3.60 m，竖向方案可行。连通道顶板下沉区分界线位于城市道路红线范围外，电力、通信、燃气、给水管埋深满足要求。

6. K3H7 地下人行连通道方案

在 K3、H7 地块之间设计一处下穿体育馆路的地下人行连通道，连接 K3 地块下沉广场和 H7 地块地下商业空间。地下连通道长 54.80 m，宽 8.40 m，净宽 7.00 m。K3H7 地下人行连通道竖向规划图如图 10-8 所示。

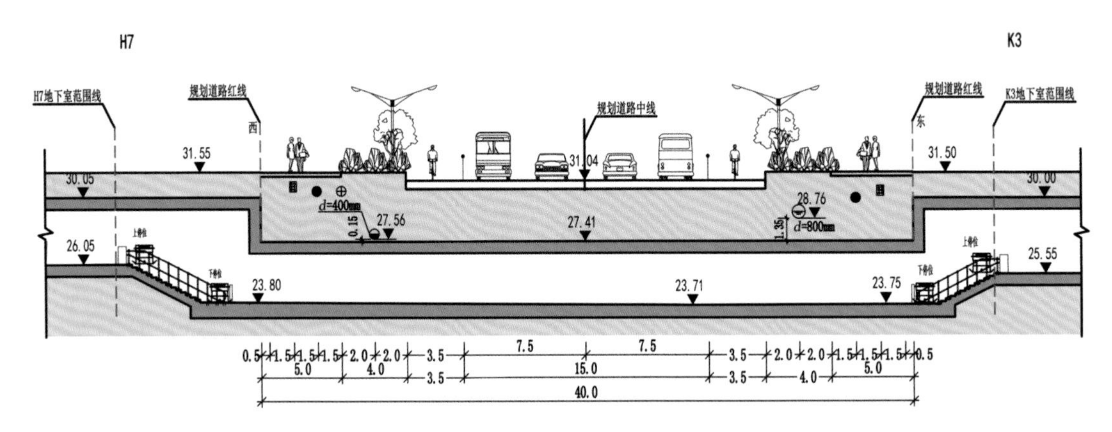

图 10-8 K3H7 地下人行连通道竖向规划图

项目特色

1. 兼顾上位规划控制要求与建设单位设计需求，打造区域地上人行、地下车行连通体系

人行：建设独立、连续的慢行走廊，通过地道、天桥等形式衔接各个建筑及功能区，形成人车分离的交通环境。延伸项目慢行廊道，衔接区域轨道站点，连接万达广场等周边商业体，通达公交站点、出租车停靠点等交通设施，形成区域换乘纽带。在城市道路节点处增设人行天桥、地下连通道。华中金融城人行廊道布局图如图 10-9 所示。

小龟山站—楚河汉街站慢行廊道：自轨道交通 2 号线小龟山站始，利用规划公共通道打造慢行廊道，根据空中廊道与城市道路的节点，在体育馆路 K2 和 K6 地块之间增设人行天桥，在东湖西路设置人行互通平台；K1 地块地下一层设人行通道，与轨道交通 12 号线公正路站地下连通。

沙湖—何家垅站慢行廊道：结合北侧万达项目空中廊道和公正路人行天桥，利用 K1、K3 地块内部人行走廊，建立南北向慢行廊道，在体育馆路 K3 和 H7 地块之间增设地下人行通道，往南连接 H7 地块和轨道交通 12 号线何家垅站。

车行：实现停车资源错时共享，以缓解区域停车难的状况；建立地下空间交通诱导系统，便于项目引发车辆通过地下交通系统组织交通，减少车辆在城市道路中的绕行和掉头，从而减少项目引发车流对城市道路

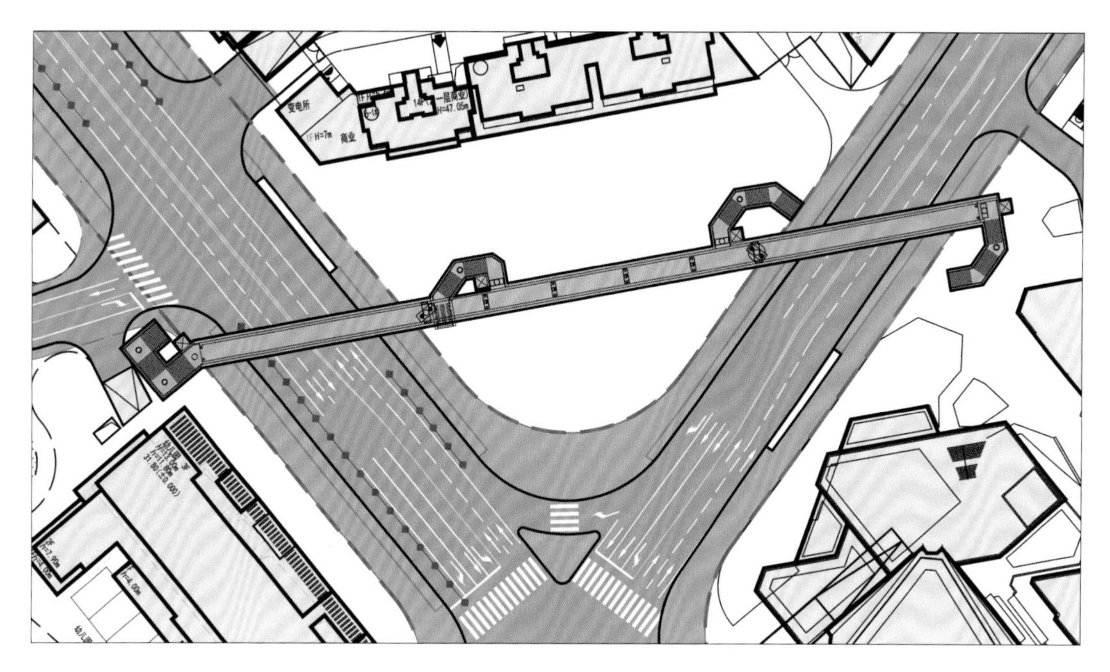

图 10-9 华中金融城人行廊道布局图

交通的影响。项目需要加强各地块之间地下车库的联系，串联地块内的各个地下车库，即建设住宅地块 K6 和 K2 地下车库的连通道、公共建筑地块 K1 和 K3 地下车库的连通道，将不同业态的地下室连为一体，整体进行车行交通组织方案设计。

2. 全过程参与方案设计和规划审批，为项目提供技术支撑，保障项目快速落地

本次用地论证在建设单位前期策划设计时就已介入，通过对区域城市道路的修建性详细规划的梳理，提出项目空中连廊底板标高、廊下高度要求、地下连通道顶板标高、底板标高、层高等设计要求，指导项目方案深化设计；与审批单位、武昌区建设局、设计院、建设单位等多家单位沟通，协助设计院形成稳定的施工图方案；根据施工图方案明确项目规划控制要素，协助建设单位取得规划设计条件。全过程参与使项目设计方案快速、准确地形成，减少方案因不满足规范和相关法规要求所带来的反复修改、调整，并在方案形成的过程中与审批单位沟通，根据审批节点对方案设计进度提出专业建议，为建设单位节省报建时间。

工作成效

本次项目涉及的空中连廊和地下连通道已核发规划设计条件，计划随地块开发建设同步进行。本次项目不同于以往单一天桥或地道等市政设施类项目，须整体考虑区域人行、车行系统的打造，秉承规划指导建设实施的理念。另外，本次项目涉及的连通点位较多，设计应按上位规划控制线落实方案，并根据建设单位需求新增连通点位，应逐一细化分析设计的限制因素，保障空中连廊和地下连通道的建设对周边城市道路无影响。项目组技术论证的专业度和工作效率得到了建设单位的认可。

武汉群光广场地下车行连通道交通论证及空中人行连廊修建性详细规划

项目背景

项目位于武昌区街道口，西侧为群光广场，东侧为百脑汇，北侧为已建城市快捷路珞喻路，相交道路为洪武路。为减轻地面交通压力，方便周边人流及车辆通行，群光广场提出了地下行车连通道及空中人行连廊方案，效果图如图 10-10 所示。

图 10-10 群光广场地下车行连通道及空中人行连廊规划效果图

研究内容

1. 必要性分析

洪武路为区域重要的内部衔接通道，串联各小区进出口，同时还可分流珞狮南路—武珞路路口右转流量，交通功能性强，为缓解洪武路人车冲突问题，建设地下车行连通道及空中人行连廊是有必要的。

从群光广场一、二期建筑资源共享的角度出发，串联商场、餐饮、娱乐、办公各种功能需求，提升项目内部行人的通达性，建设空中人行连廊是有必要的。

通过分析办公区、商业区引发客流特征，建设地下车行连通道可实现停车位错峰使用，尤其是晚高峰，办公区可为商业区提供较多的停车位。地下室互连互通，出入口功能共享，缓解珞狮南路—武珞路路口及珞喻路辅道的交通压力。

2. 方案设计

（1）车行连通道：结合流量预测情况，考虑现状柱网及车辆行驶的舒适性，地道主通道净宽不少于 7 m、净高不少于 3.6 m。设计方案充分利用地块北侧预留接口连通，连通道仅满足车行通行需要，宽度 10 m，单向车道最小宽度不少于 4 m。车行连通道建成后，串联群光一、二期地下二层内部交通，连通道及两侧衔接通道均应保证双向通行条件，其他区域仍保持现有的交通组织流线。车行连通道设计平面图和剖面图分别如图 10-11 和图 10-12 所示。

（2）人行连廊：本次规划人行连廊主要串联群光一、二期地上三、四层内部交通，各区域仍保持

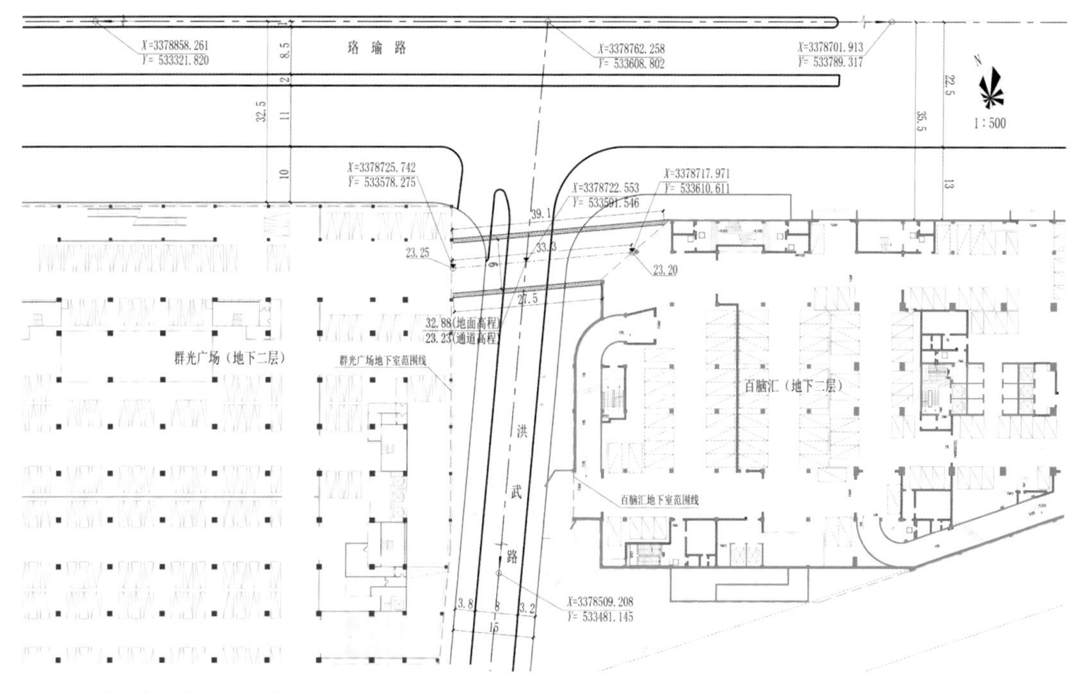

图 10-11 车行连通道设计平面图

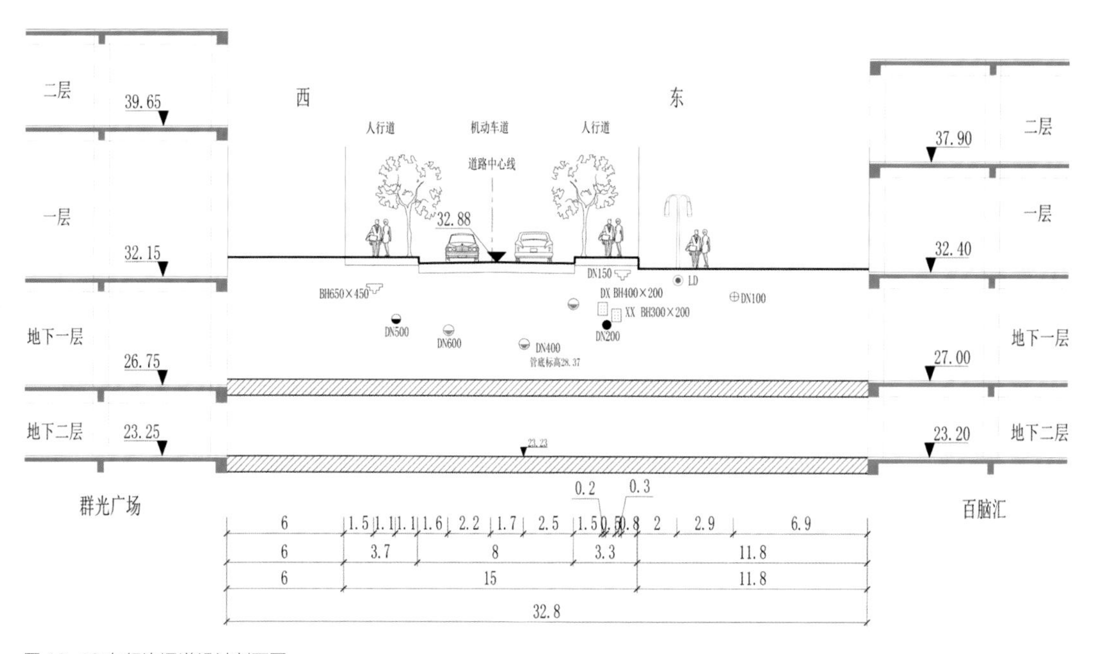

图 10-12 车行连通道设计剖面图

现有的人行交通组织流线。人行连廊设计规模在满足预测的人流量的前提下，考虑过街行人的舒适性，建议该人行天桥桥面净宽 6 m，桥上净空 2.5 m 以上，3 层主桥坡度不小于 4.05%，4 层主桥坡度不小于 3.21%。人行连廊设计图如图 10-13 所示。

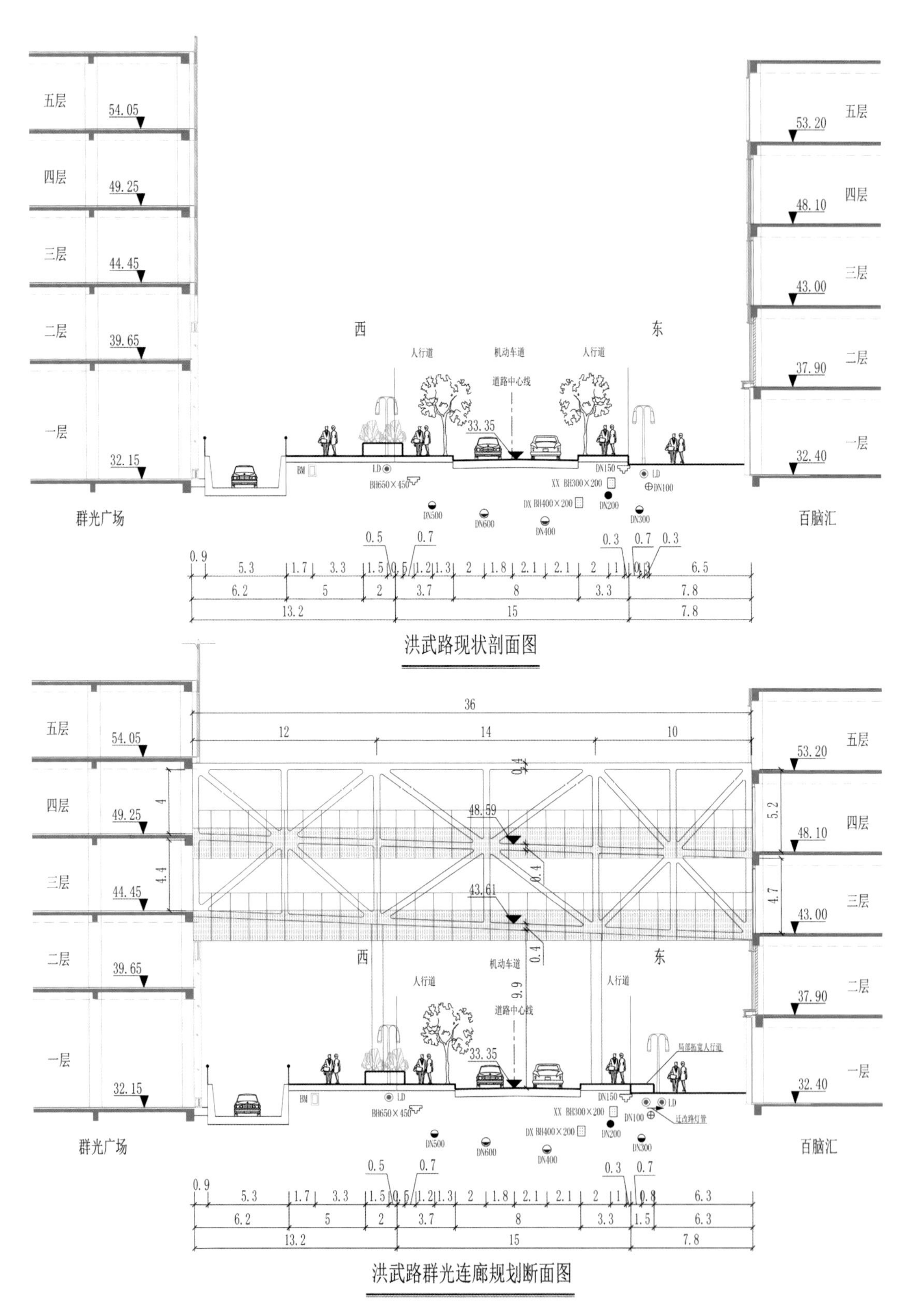

图 10-13 人行连廊设计图

项目特色

1. 贴合项目实际需求，综合考量现状条件进行设计

结合周边现状和规划条件，综合考虑车行主流向、通道功能、两侧现状建筑、避让管线等因素，采取多方案比选的形式，得出最优方案。

2. 作为微观层面的顶层设计，为交通项目的实施创造条件

武汉市自然资源和规划局规划建筑方案会审查了群光广场与百脑汇地下连通项目规划设计方案，原则上同意规划布局。确定项目建设规模和技术标准后，作为后续工作的参考。

3. 研究全面，分析细致，保障方案的科学性和合理性

以解决交通压力、方便周边人流车行为目标，以需求预测为依据，在现有方案基础上，确定项目建设规模、走向、平面设计、竖向布局、衔接方式、交通组织。

工作成效

人行连廊与车行连通道已实施，可实现楼宇间垂直交通的便捷通行，其中人行连廊可有效串联购物、餐饮、娱乐、办公等空间，提升项目内部行人的通达性，同时可有效缓解地面过街交通压力和洪武路人车冲突问题。车行连通道的建设可实现地下室互连互通，出入口功能共享，缓解珞狮南路—武珞路路口及珞喻路辅道的交通压力。人行连廊与车行连通道的规划建设为缓解交通问题提供新的思路。本项目不同于以往单一天桥或地道等市政设施类的项目，需整体考虑区域人行、车行系统的打造，秉承规划指导建设实施的理念。规划须保障人行连廊和车行连通道的建设对周边城市道路无影响。项目组的技术论证和工作效率得到了建设单位的认可。

武汉江城大道阳夏路、梅林二街、梅林五街人行天桥修建性详细规划

项目背景

为适应江城大道沿线区域的良性发展，尽快解决沿线居民的实际所需，连接道路两侧用地，规划建设能满足行人、非机动车跨江城大道过街和公交换乘等交通需求的人行天桥势在必行。江城大道沿线人行天桥的规划建设主要是解决跨快速路过街难等问题。

研究内容

1. 必要性与布局原则

一方面受江城大道快速路的影响，沿线居民过街距离过长，且现状慢行通道设施条件较差，缺乏快速便捷的通道；另一方面跨江城大道过街人流量较大，且违章过街现象频出，严重影响行人和机动车交通安全。从方便行人过街、保障交通安全、促进通行顺畅的角度考虑，建设立体人行过街天桥是有必要的。

天桥选址应便于行人过街，适应现状过街行人主流向。天桥桥型与技术指标，应尽量结合道路现状条件，灵活设置；应尽量避开地下管线，减少工程量，降低造价。天桥应尽量与周边用地出入口、路口、道路两侧公交站点紧密衔接。处理好天桥占用道路人行道、慢车道的宽度，保证各种交通流的安全运行。

2. 方案介绍

（1）阳夏路人行天桥。

预测得到阳夏路天桥高峰小时慢行过街人流量约为 4010 人次 /h，参照现状非机动车过街交通量规模，预估江城大道最大截面过街非机动车 1300 辆 /h。结合客流量预测结果，考虑过街行人的舒适性，确定该人行天桥的桥面净宽为 4.0 m，桥下净空不少于 5.0 m，设计梯道坡度为 1 ： 2，设计坡道坡度为 1 ： 10。阳夏路人行天桥效果图如图 10-14 所示。

（2）梅林二街人行天桥。

预测得到梅林二街人行天桥高峰小时慢行过街人流量约为 5500 人次 /h，结合客流量预测结果，考虑过街行人的舒适性，确定该人行天桥桥面净宽不低于 4 m，桥下净空不少于 4.5 m，主桥净宽不低于 4 m，梯道净宽不低于 2.7 m，坡道净宽不低于 2.2 m，设计梯道坡度为 1 ： 2，设计坡道坡度为 1 ： 8。梅林二街人行天桥设计平面图如图 10-15 所示。

（3）梅林五街人行天桥。

预测得到梅林五街人行天桥高峰小时慢行过街人流量约为 5000 人次 /h，结合客流量预测结果，考虑过街行人的舒适性，确定该人行天桥桥面净宽不低于 4 m，桥下净空不少于 4.5 m，主桥净宽不低于 4 m，梯道净宽不低于 2.7 m，坡道净宽不低于 2.2 m，设计梯道坡度为 1 ： 2 和 1 ： 4，设计坡道坡度为 1 ： 8。梅林五街人行天桥效果图如图 10-16 所示。

图 10-14 阳夏路人行天桥效果图

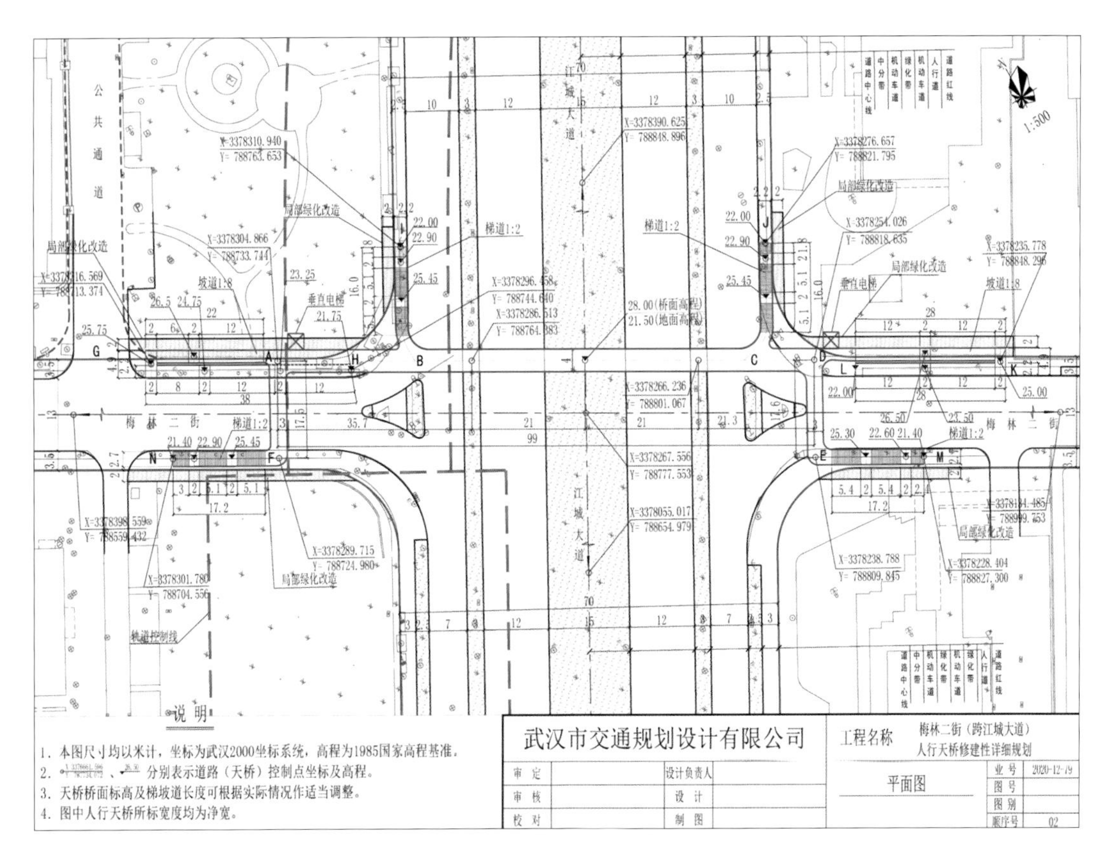

图 10-15 梅林二街人行天桥设计平面图

图 10-16 梅林五街人行天桥效果图

项目特色

1. 规划、设计、专家论证三重配合，确保方案可行

本项目规划人行天桥横跨城市快速路，70 m 宽的道路红线对天桥结构和造价带来一定挑战，同时受江城大道沿线规划控制的轨道交通 10 号线、仅 2.5 m 宽的人行道以及地质情况的影响，修建性详细规划方案难以合理判定外界限制因素，通过组建“规划 + 设计 + 专家论证”的工作模式，有效解决现实问题，进一步推动修建性详细规划设计工作。

2. 规划远景地铁方案未定，规避地铁影响，确保天桥方案落地

江城大道沿线规划轨道交通 10 号线，作为轨道交通远景线路，其线路与站点方案及竖向关系均未明确，人行天桥的规划设计无法避开轨道线路，在征求地铁集团意见时，项目推进受到严重影响。为保障项目建设进度，结合近期实施与远期可控的方案设计手法，最终方案取得地铁部门的回复意见函，确保了人行天桥方案的建设计划顺利进行。

实施情况

本次项目已在实施建设中，项目的实施将方便居民慢行横跨江城大道，解决过街距离过长、不安全、设施条件较差等问题，同时促进居民的沟通交流和区域经济的进一步融合发展。

目前三座人行天桥均已取得批复，阳夏路人行天桥已开始围挡施工，其他天桥也将陆续开始建设。待人行天桥按规划建成后，江城大道沿线将分布七座立体过街设施，平均每 350m 分布一座，可较大程度满足沿线市民过街需求。

PART 11

交通政策研究

交通政策是以交通为对象制定的政策，是政府为实现特定目标从而协调各运输活动参与主体之间的利益关系的行为准则。

交通政策研究立足于学科理论，着眼于实际问题，是科研工作实现成果转化的重要途径。我司长期、连续从事交通政策研究工作，从上位政策解读到地方实施建议，从宏观战略导向到中观策略路径，再到微观方案修订，构建出科学合理、层次分明、系统完善的交通政策研究体系，相关研究成果在指导地方性法规和政府部门规章制定，以及具体建设项目的审批推进中发挥了重要的作用，并充分体现了规划理论研究工作的价值。

城市交通问题不仅仅是交通规划的技术难题，还是社会、经济、政策及工程管理等多方面的综合问题。交通政策的提出是以技术手段作为基础，通过国家权力机关管理交通参与者，通过政治手段实现公共利益的最大化。

交通政策研究涉及众多学科，如交通工程学、数学、统计学、社会学、经济学等（图 11-1）。

交通政策研究以交通工程学为基础。交通政策研究离不开交通本身，交通工程学是支撑交通政策制定的理论基础，需要研究者对交通工程学涵盖的内容进行充分掌握。交通工程学本身就是一门复杂的学科，要求研究编制者对城市道路系统、慢行系统、公共交通系统、停车系统、信号灯控技术、交通信息工程的技术体系整体掌握。

交通政策研究需要数学、统计学作为支撑。一方面，政策的提出需要依托数据的支撑，交通模型的建立、交通流量的预测、跟驰排队模型的建立都离不开数学的应用；另一方面，政策研究往往离不开大量的基础调查，调查数据成千上万，对数据的筛选、统计、分析都离不开统计学的专业知识。

交通政策研究同时还是一门社会学科。城市交通政策涉及不同社会阶层与团体的利益，需要对各方利益及要求进行权衡。因此，制定的过程必须以扎实的数据、详细的调研作为基础，结合当前的城市发展水平及管理水平、职能部门的权力和责任清单、公众参与度，最终消除分歧，保证交通政策制定的科学性和交通参与各方的权利，同时也将能够减少实施过程中的障碍。

我司以专业技术为根本，利用自身多年在规划系统内的资源优势，对武汉市的城市交通政策进行了多方面的梳理和研究，开展了武汉市停车政策研究、武汉夜间路边停车云数据采集调查及数据分析（2015—2018 年）、利用学校操场建设地下停车场研究、世行贷款武汉城市交通（二期）项目——项目监测与评估指标等多个交通政策研究类业务。

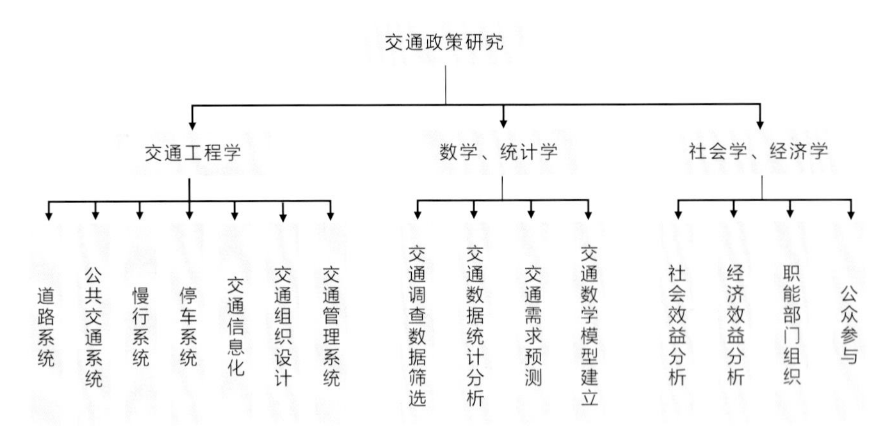

图 11-1 交通政策研究

尤其是在城市停车方面，停车难是我国城市普遍面临的热点民生问题，其不能简单归结为停车供给缺口引发的交通问题。由于停车设施涉及土地和财政等公共资源的分配，关系到政府、企业及用户等多方利益，其相关的公共政策研究工作意义重大且日益复杂。同时，近几年国家部委不断出台利好政策，对推动城市停车设施建设和发展起到了积极作用，但在具体政策的地方执行策略上，仍需深入结合各地的实际情况进行细化落实。针对当前突出的停车问题和未来的紧迫形势，亟须立足于武汉市本地实际，开展停车政策研究工作，成体系地制定管理政策及法律法规，破除制度障碍，推动停车产业化发展。

结合近期停车场建设工作，当前我市停车发展仍旧面临着多重挑战。①规划点位落地难。土地和资金的双重压力导致上位规划控制的公共停车场项目难以推进。一方面公共停车场净地少、拆迁难、效益低，政府平台建设缺乏财政支持；另一方面停车场建设成本高、投资回收期长、企业负债压力大，社会资本介入的积极性不高。②敏感区域破题难。现行政策打通了利用自有用地或闲置土地建设停车设施的渠道，但在老旧小区等敏感区域建设极易引起周边居民反对，利害关系人的协调难度大。同时在有限场地内，方案设计还需满足消防、绿化、日照及建筑间距等方面的要求，导致此类项目建设屡屡受阻。③社会企业介入难。社会资本推进建设停车场艰难，除了政府定价范围、路内路外停车收费倒挂等停车收费政策限制，企业还面临掌握土地信息少、投资准入门槛高、建设经营手续复杂、缺乏规费及补贴优惠制度等问题。④停车秩序管理难。针对停车场后期运营管理，由于缺少专门的统筹管理机构、违停执法力度不足、信息化和智能化程度低等因素，公共停车场运营效益大打折扣。

为破解停车发展面临的诸多难题，我司对新时期武汉市停车发展政策进行了系统研究，明确了我市停车场规划建设和管理的政策导向和具体措施，提出了包括推进停车市场化和产业化、建立健全相关体制机制与法律法规等的政策建议，配合市政府及相关职能部门出台了一系列地方政策文件，包括《武汉市人民政府关于加快推进我市停车设施建设的通知》(武政规〔2015〕7号)、《武汉市国土资源和规划局、武汉市发展和改革委员会、武汉市城乡建设委员会关于印发〈武汉市停车设施建设管理办法〉的通知》（武土资规规〔2015〕4号）、《武汉市停车设施建设管理暂行办法》（武汉市人民政府令第302号）等。其中《武汉市停车设施建设管理暂行办法》于2020年以地方政府法规形式颁布，从专项规划、土地供应、建设审批、施工验收和系统管理等方面对停车设施建设作出细化规定，提出了明确供地计划、简化审批程序、适度放宽机械式立体停车设施退距要求等有益的政策机制。同时，明确了吸引社会资本、推进停车产业化是解决城市停车难问题的重要途径。鼓励拓宽停车设施建设投资渠道，引导多元化投资建设生态停车场及停车楼、地下停车场、机械式立体停车库等集约化的停车设施，并在土地供应、商业配建、产权销售、规费减免、财政补贴等方面明确了相应的保障措施，为停车产业化发展打开了新局面。

协同武汉市测绘研究院一同开展的武汉市夜间路边停车云数据采集调查及数据分析（2015—2018年）项目，调查手段新，算法精准，调查方式在国内停车调查领域首次运用，通过一种全新的调查手段，更经济、高效地完成了调查工作，调查成果精准，为其他城市开展同类项目做出了示范；项目数据分析工作还提出了全新的理论体系，通过数据表象还原现实，找出数据背后隐含的动因，将停车调研结果与基于行政区、控制性详细规划编制单元、道路路段进行了再次处理加工，将停车分布情况与用地规划、区域人口密度、经济发展水平、建设项目开发、房地产投资额等数据相结合，综合形成了数据分析一张图，原创了停车密度、停车影响系数、路外停车抑制效力等多项评估指标，全面摸清了武汉市的停车缺口分布情况，找到了导致中心城区夜间停车占道问题依然严峻的主要原因，为合理编制停车规划、指导停车场有序建设提供了坚实的决策依据。项目获得了2019年度武汉市城市规划协会优秀城乡规划设计奖规划信息类二等奖。

武汉市停车政策研究

项目背景

随着社会经济的发展，从2010年起，武汉市机动车保有量迅速增加，并在2010年9月突破100万辆，此后武汉市机动车增长进入井喷期，“十二五”期间翻了一番，突破200万辆，2015年后更是保持了年均增长超过30万辆，增长率超过10%的超高速发展。随之带来的全市拥堵水平升高、停车难、乱停车等现象受到全社会的普遍关注，也使缓解和治理停车问题成为武汉市相关政府部门城市管理工作的重点课题之一。

城市管理政策的颁布与方案决策需要完整而系统的政策理论技术研究作为支撑。我司创立之初，停车政策研究工作就一直被作为公司的系统性研究课题，根植于公司的项目咨询体系和政府规划管理服务工作之中，秉持“学习先进、超前研究、理论科学、体系完善”的原则，我们“想人民之所想，急政府之所急”，持续开展停车政策理论的基础分析研究与政策措施建议的总结创新，服务规划、管理、决策，向相关政府管理部门提供大量的理论研究成果和政策决策建议。

研究内容

1. 研究配合阶段

2009—2014年，结合武汉市公共停车场规划与政策发展进程，开展案例研究、经验学习、规划编制、政策建议总结等工作，全程参与《武汉市人民政府关于加快我市公共停车场建设的通知》（武政〔2009〕56号）、《武汉市人民政府办公厅关于加快推进我市公共停车场建设的意见》（武政办〔2011〕138号）、《武汉市建设工程规划管理技术规定》（武汉市人民政府令第248号）停车配建指标部分、《武汉市国土资源和规划局关于印发〈关于老旧小区新增停车配套设施规划管理暂行规定〉的通知》（武土资规规〔2014〕1号）等政策文件的起草编制工作。

2. 全面提升阶段

2015—2018年，武汉市委市政府高度重视停车问题，提出建设“停车场年”，武汉市停车政策实施导向与产业化发展进入新阶段，在进一步加强理论研究工作强度，为决策部门提出促进停车产业化发展鼓励政策建议的同时，我司成立了“停车场工作专班”派驻全市主要城区，全面融入各区停车场选址、规划、审批、建设全流程工作，全面推进武汉市停车政策环境与停车供给的提档升级，协助相关政府部门圆满完成了三年“停车场年”工作任务，受到了社会各界的广泛好评。在此期间，我司停车政策研究项目组参与起草了《武汉市人民政府关于加快推进停车设施建设的通知》（武政规〔2015〕7 号）、《市国土规划局关于进一步加强停车设施审批管理的通知》（武土资规发〔2015〕122 号）、《武汉市国土资源和规划局、武汉市发展和改革委员会、武汉市城乡建设委员会关于印发〈武汉市停车设施建设管理办法〉的通知》（武土资规规〔2015〕4 号）、《市人民政府办公厅关于转发武汉市 2018 年停车场规划建设工作方案的通知》（武政办〔2018〕59 号）等政策文件，为“停车场年”建设任务的圆满完成提供了坚强的政策理论保障。

3. 综合提质阶段

经过 2019—2021 年的密集建设，武汉市停车基础设施的供应情况有了显著改善，自 2019 年起，政府停车政策管理导向进入“查缺补漏、提质增效”的新阶段。因此，我司停车政策研究项目组通过扩展研究领域，深化研究深度，开展了对配建停车指标、学校医院停车管理、公共停车场审批管理等一系列课题的深化研究工作，为《武汉市人民政府关于进一步规范开发建设项目配建地下停车场管理的意见》（武政规〔2019〕2 号）、《市自然资源规划局关于贯彻落实市人民政府关于进一步规范开发建设项目配建地下停车场管理的意见的通知》（武自然资规发〔2019〕2 号）、《关于鼓励利用学校操场建设地下停车场优化项目审批管理的通知》（武土资规发〔2019〕7 号）、《关于进一步加强公共停车场项目规划审批管理的通知》（武自然资规发〔2019〕154 号）、《武汉市停车设施建设管理暂行办法》（武汉市人民政府令第 302 号）等政策法规文件的编制提供了充足的理论保障与技术支持，促进了武汉市停车管理政策体系的不断完善。

交通政策研究相关文件如图 11-2 所示。

项目特色

1. 透彻分析停车现状问题，找准矛盾所在

分析武汉市近十年的机动车发展历程，找出其与经济水平发展的关系，得出了经济增长促进机动化快速发展的准确结论，同时还收集了武汉市连续 4 年的路内停车调查情况，分析了调查结果变化的情况，摸清武汉市现状停车需求；另外深入调查各类停车设施使用情况，分析不同类型停车设施使用情况及具体存在的问题，以及局部停车问题对整个区域停车的影响，并从多方面分析找出了导致停车设施难以持续、整体改善，停车难以实现突破性发展的症结所在。

2. 精准把握武汉市停车发展战略

分析东京、伦敦等极具代表性的国际城市的停车政策，从两个城市的停车发展历程，梳理出停车发展不同阶段的特征，结合不同发展阶段提出的“自备车位”“拥堵收费”等国际经典停车管理政策，对

解决停车问题极具指导作用。结合国际案例和武汉市汽车产业发展态势，预估武汉市机动车保有量的发展曲线，提出未来停车发展战略，以及政府、企业各自发挥的作用，从而综合推动停车发展，对下一步的停车发展策略研究具有较强的指导作用。

武汉市人民政府令

第248号

《武汉市建设工程规划管理技术规定》已经2013年11月25日市人民政府第69次常务会议审议通过，现予公布，自2014年4月1日起施行。

市长

2014年1月21日

— 1 —

000277

武汉市人民政府令

第302号

《武汉市停车设施建设管理暂行办法》已经2020年7月17日市人民政府第124次常务会议审议通过，现予公布，自2020年10月30日起施行

市长

2020年9月21日

— 1 —

DB42

湖北省地方标准

DB42/T 685—2020

湖北省建设项目交通影响评价技术规范

Specification of traffic impact analysis for construction projects of Hubei Province

2020-09-22发布　2020-11-22实施

湖北省住房和城乡建设厅
湖北省市场监督管理局　发布

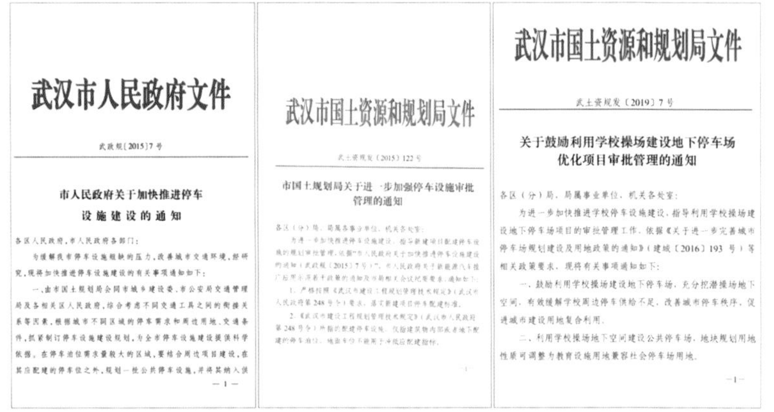

武汉市人民政府文件

武政规〔2015〕7号

市人民政府关于加快推进停车设施建设的通知

各区人民政府，市人民政府各部门：

为缓解我市停车设施短缺的压力，改善城市交通环境，经研究，现将加快推进停车设施建设的有关事项通知如下：

一、由市国土规划局会同市城乡建设委、市公安局交通管理局及各相关区人民政府，综合考虑不同交通工具之间的衔接关系等因素，根据城市不同区域的停车需求和周边用地、交通条件，抓紧制订停车设施建设规划，为全市停车设施建设提供科学依据。在停车泊位需求量较大的区域，要结合周边项目建设，在其应配建的停车位之外，规划一批公共停车设施，并将其纳入供

— 1 —

武汉市国土资源和规划局文件

武土资规发〔2015〕122号

市国土规划局关于进一步加强停车设施审批管理的通知

各区（分）局，局属各事业单位，机关各处室：

为进一步加快推进停车设施建设，指导新建项目配建停车设施的规划审批管理，依据"市人民政府关于加快推进停车设施建设的通知（武政规〔2015〕7号）"、市人民政府关于新能源汽车推广应用[illegible]若干政策的通知及市局相关会议纪要要求，通知如下：

1. 严格按照《武汉市建设工程规划管理技术规定》（武汉市人民政府第248号令）要求，落实新建项目停车配建标准。

2.《武汉市建设工程规划管理技术规定》（武汉市人民政府第248号令）所指的配建停车设施，仅指建筑物内部或者地下配建的停车泊位，地面车位不能用于冲抵应配建指标。

— 1 —

武汉市国土资源和规划局文件

武土资规发〔2019〕7号

关于鼓励利用学校操场建设地下停车场优化项目审批管理的通知

各区（分）局，局属事业单位，机关各处室：

为进一步加快推进学校停车设施建设，指导利用学校操场建设地下停车场项目的审批管理工作，依据《关于进一步完善城市停车场规划建设及用地政策的通知》（建城〔2016〕193号）等相关政策要求，现将有关事项通知如下：

一、鼓励利用学校操场建设地下停车场，充分挖潜操场地下空间，有效缓解学校周边停车供给不足，改善城市停车秩序，促进城市建设用地复合利用。

二、利用学校操场地下空间建设公共停车场，地块规划用地性质可调整为教育设施用地兼容社会停车场用地。

— 1 —

图 11-2 交通政策研究相关文件

3. 基于扎实的理论基础，精准提出停车发展策略

在配建停车方面，为进一步完善差别化的停车配建体系，结合时代发展的不同阶段，应对新形势、新科技的不同需求，首次提出了灵活调整的修订机制，促进规划管理实事求是，与时俱进；在公共停车方面，为进一步突破既有限制停车发展的障碍，提出了在停车位产权、运营政策方面的发展策略，打通停车位的流通机制，给予合理的政策鼓励停车场项目降低投资建设成本，从而激发社会资本参与投资建设的活力；在利用自有用地改善停车方面，提出了创新的建设模式，因地制宜增加供给，缓解矛盾，并在审批环节进一步优化流程，提高效率，发挥降低企业前期策划成本、加快项目建设实施的直接作用。

工作成效

停车政策研究主要针对最突出、最迫切、最棘手的政策障碍提出了切实可行的修订方案，对于容易引发社会矛盾、标准不明、亟待优化的停车配建标准，停车政策研究项目组结合大量的案例分析研究，提出了明确的调整方案，对于降低风险、明确设计要求具有一定作用。在公共停车场审批方面，为解决设施分类、审批责任划分、程序繁琐、周期较长、最新国家精神落实的问题，制定并简化临时停车设施的审批流程方案，并对管理政策的具体条款提出了修订建议，进一步保障政策法定性、指导性，以及对停车设施建设发展的鼓励作用。

武汉市夜间路边停车云数据采集调查及数据分析（2015—2018 年）

项目背景

随着社会经济的发展，武汉市机动车保有量迅猛增长，停车难的问题日益突显，按照“让城市安静下来”的城建理念，武汉市委市政府将 2015 年定位为“绿道年、路网年、停车场年”，2015—2018 年连续四年停车场建设被纳入武汉市政府为民办理“十件实事”。2019 年第七届世界军人运动会在武汉举行，武汉市专门成立市停车场及新能源汽车配套设施建设工作指挥部（以下简称“指挥部”），大力推动停车场建设工作，并提出了在军运会重点片区和保障线路周边新增 20 万个停车泊位的工作目标，为军运会的胜利召开和城市品质提升做出贡献。

为摸清武汉市停车缺口分布，合理指引停车场建设选址，科学编制停车规划，武汉市自然资源和规划局委托武汉市测绘研究院连续四年开展夜间路边停车调查工作，2015 年、2016 年调查范围是二环内，2017 年、2018 年调查范围扩大至三环内，并委托武汉市交通规划设计有限公司针对调查数据进行分析，找出停车需求集中片区及逐年变化情况，分析变化成因，对停车规划建设工作提出指导性建议。

研究内容

本次研究工作共分为四个阶段。

（1）项目启动阶段：2015 年 7 月 1 日，武汉市自然资源和规划局组织武汉市测绘研究院及武汉市交通规划设计有限公司召开项目启动会。

（2）项目调查统计阶段：2015—2018 年每年的 8—9 月，武汉市测绘研究院利用车载激光扫描技术（图 11-3），对全市所有可停车路段开展全面调查工作，收集相关数据并于同年的 10 月完成数据的统计。2015—2018 武汉市停车调查分布情况如图 11-4 所示。

（3）数据研究分析阶段：数据分析基于行政区划、控制性详细规划编制单元、道路具体路段等方面，针对基础调研数据进行处理，并分析了夜间路边停车在军运会重点片区和保障线路范围的具体分布情况，所得成果能够充分反映现状武汉市路边停车的特点及成因。

（4）成果验收阶段：武汉市自然资源和规划局总规划师杨维祥、交通市政处处长叶青召集武汉市测绘研究院、武汉市交通规划设计有限公司听取成果汇报，提出修改意见；调整完善后武汉市自然资源和规划局再次组织审议项目成果，完成成果验收。

项目特色

1. 技术手段先进、经济高效，国内停车调查领域首次应用

武汉市测绘研究院在本项目的开展过程中原创了以车载激光扫描系统所获取的道路沿线车辆点云

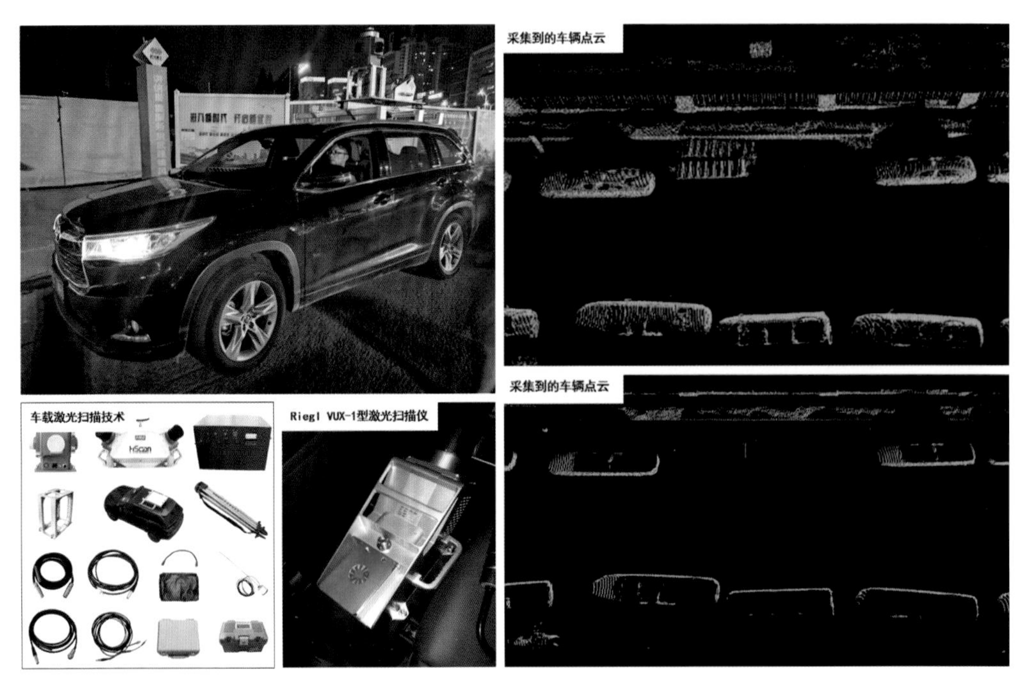

图 11-3 车载激光扫描技术

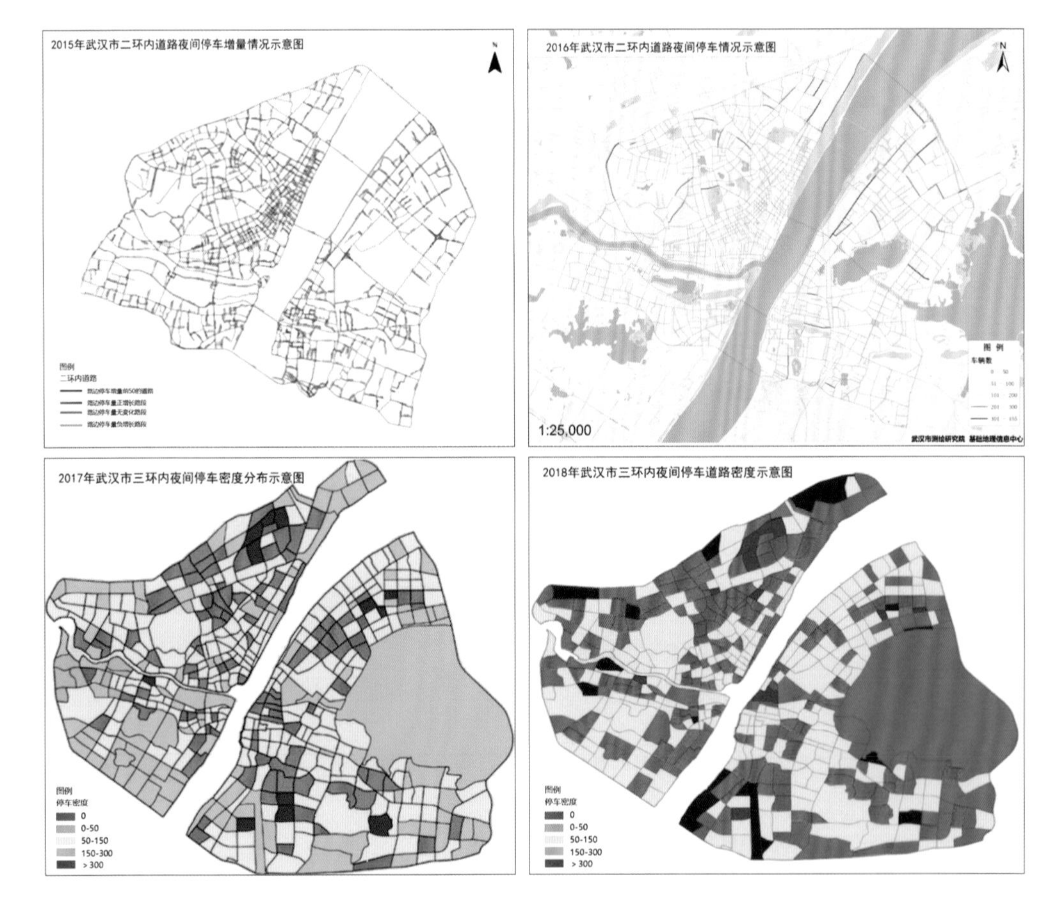

图 11-4 2015—2018 武汉市停车调查分布情况

数据为基础，制定夜间停车调查数据采集及点云数据后处理方案，提出一种基于激光点云的车辆目标自动识别和车辆统计方法。这种调查手段在国内停车调查领域是首次使用，为其他城市开展同类项目做出了示范。

2. 构建全新理论体系，原创多项评估指标

武汉市交通规划设计有限公司在本次数据分析过程中，提出了全新的理论体系，运用统计学、交通工程学、地理学等多重学科知识，原创了停车密度、停车影响系数、路外停车抑制效力等多项评估指标，全面摸清了武汉市的停车缺口分布情况，找到导致中心城区夜间停车占道问题依然严峻的主要原因，为合理编制停车规划、指导停车场有序建设提供了坚实的决策依据。

3. 指导武汉市“停车场年”的选址，确保建设任务圆满完成

本项目首次调查的全市二环内 4 万辆占道停车情况，有效促进了市委市政府制定“新增 5 万个停车位”的目标决策，并根据调查的车辆分布，按行政区分解建设任务。同时以本项目提供的技术成果为选址依据，“停车场年”建设工作在武汉市各中心城区全面开展，通过推进规划停车场点位建设，利用企事业自有用地、边角余料闲散用地、老旧社区空地、学校操场等，3 年共计建成 6 万个公共停车泊位。

2019 年 10 月，第七届世界军人运动会在武汉举行，以本项目提供的技术成果为选址依据，在全市范围内以配建停车场建设、建设规划的公共停车场、老旧社区空地、轨道交通“P+R”等多种模式为主导，顺利完成了在军运会重点片区和保障线路周边新增 20 万个停车泊位的工作目标，一方面保障军运会交通运转的需要，另一方面也提升了城市的功能品质。

4. 指导全市多项规划编制及交通政策研究的制定

本项目的研究成果指导了武汉市多项规划、停车政策、交通研究的编制，是《武汉市停车场近期建设规划》《武昌区停车场建设规划》《江岸区停车场建设规划》《汉阳区公共停车场近期建设规划》等多项规划编制的依据，并指导《武汉市停车政策研究》《<武汉市建设工程规划管理技术规定>（交通市政部分）执行评价及专题研究》《武汉市停车配建指标修订专题研究》等多项政策研究的制定。

工作成效

本项目在多方面做出的贡献取得了武汉市自然资源和规划局、指挥部、武汉市建委、武汉市公安局交通管理局等相关职能部门认可，指挥部、市公安局交通管理局还以本项目为依据联合进行交通严管违停清查工作。目前本调查研究工作已经作为武汉市的一个常态化事项每年开展，2019 年的调查工作已经完成，数据分析工作正在进行。本项目在指导武汉市停车设施建设发展中发挥了巨大的作用，为缓解停车问题、改善城市品质、提升城市形象做出了贡献。

利用学校操场建设地下停车场研究

项目背景

近几年来，武汉市一直将解决停车难列为重点民生工作，而学校高峰期停车问题更是市民关注的热点。为解决学校区域停车供需矛盾，武汉市委市政府将探索利用学校操场建设地下停车场工作列为2018年市委年度重点落实改革项目、市级“排头兵”项目。在此背景下，受武汉市自然资源和规划局委托，我司开展了《利用学校操场建设地下停车场研究》的编制工作。武汉市利用学校操场建设地下停车场项目点位分布图如图 11-5 所示。

研究内容

本次工作主要分四个阶段进行。

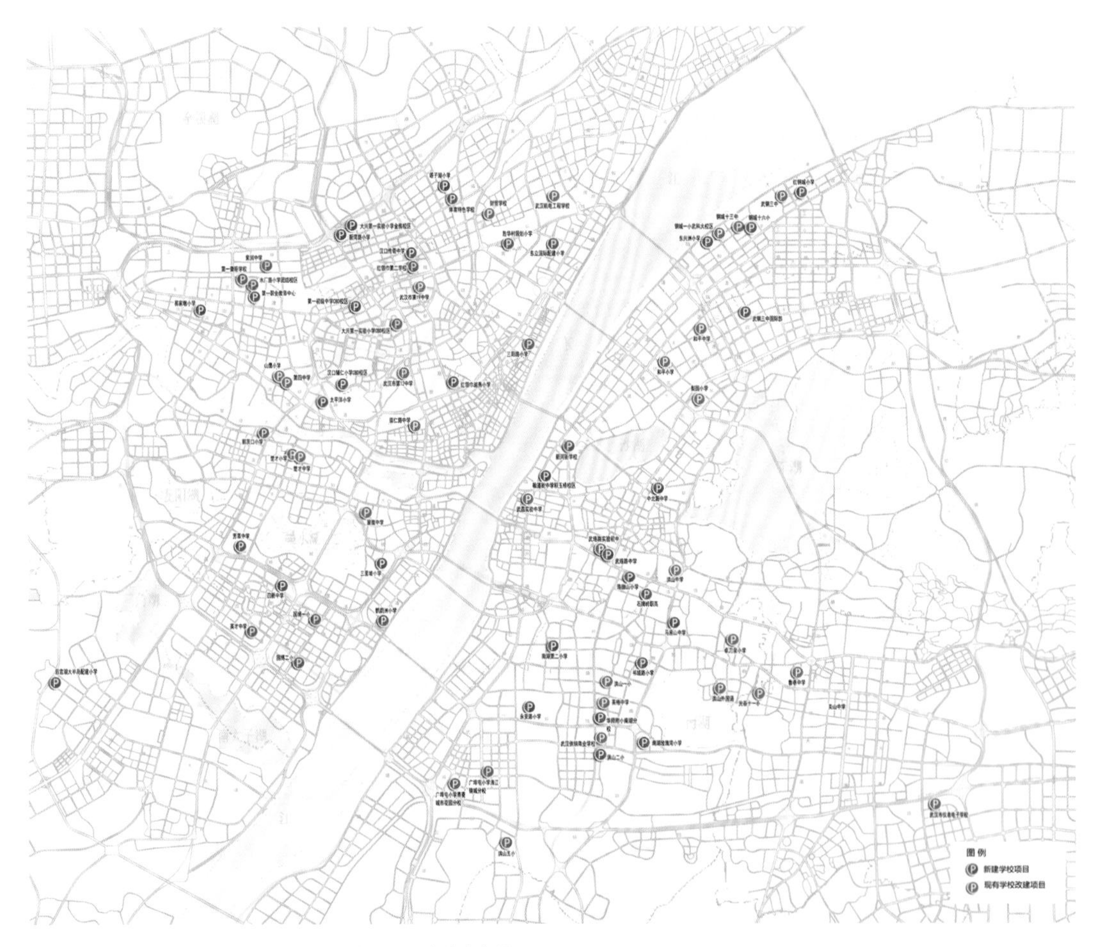

图 11-5 武汉市利用学校操场建设地下停车场项目点位分布图

（1）调查分析阶段：以基础调查为主，联合武汉市教育局对主城区 412 所中小学进行梳理和摸排，同时结合我市主城区夜间路内停车调查结果，掌握学校区域的停车缺口分布情况。专门挑选了武汉市实验中学和武汉第四中学两处学校停车场开展停车特征和民意问卷调查，并赴各区政府开展调研座谈，广泛征求意见。

（2）政策研究阶段：深入分析了国内其他城市相关政策及建成案例，开展体制机制研究，剖析改革推进的难点，探索项目实施路径，并推动出台了一系列政策文件，保障改革工作稳步推进。

（3）编制规划阶段：联合武汉市教育局、各区政府制定近期建设计划，锁定了 80 所学校作为近期建设重点，包括 52 所新建学校项目和 28 所现有学校改建项目，从中选择 15 所学校作为 2018 年建设试点。

（4）试点探索阶段：为确保试点工作落到实处，与市、区职能部门加强沟通，采取定期现场服务与不定期调研相结合的形式，深入现场调研，协调解决建设难题。2018 年年底 15 处试点全面建成并完成验收工作，包括 14 所新建学校项目和 1 所现有学校改建项目，共计 3153 个泊位。

项目特色

1. 发挥典型示范作用，研究成果具备可推广性

意义重大，全国首创：本次改革是全国首次针对利用操场地下空间解决通学停车问题进行的探索性研究，与国家政策要求高度贴合。项目在政策理论和试点建设方面进行了一系列创新研究，形成的研究成果对推动学校和停车设施复合建设，具有较好的借鉴作用和可推广性。

2. 建立健全工作机制，部门联动推动改革落地

周密策划，科学安排：经过周密的计划、科学的安排、精心的组织，确保改革工作有序推进。首先成立专项工作领导小组，明确职能部门工作任务及分工；其次建立联系协调机制，特别是与教育部门建立有效的沟通机制，定期衔接，按节点推进工作；最后开门做规划，带动社会大众关注和参与停车场建设工作。

3. 全面剖析改革难点，以问题为导向探寻突破口

深入调研，找出病根：项目组以“求真务实、科学严谨、开拓创新”的态度扎实开展了一系列基础调研工作，分析发现改革推进存在八大难点。在公共停车场建设层面：财政压力大、建设周期长、投资回收难、运营难度大。在学校内建设层面：反对意见多、安全隐患大、产权分割存在风险、限制学校空间发展。从正、反两个角度讨论本次改革事项，充分剖析可能存在的问题及风险，以问题为导向寻求破解制度障碍的突破口。

4. 出台系列政策文件，促进改革综合实施效果

充分论证，完善机制：配合武汉市自然资源和规划局，推动出台《武汉市停车场规划选址及建设技术指引》、《关于交通市政工程项目审批服务改革有关工作的通知》（武土资规发〔2018〕191 号）、

《关于鼓励利用学校操场建设地下停车场优化项目审批管理的通知》（武土资规发〔2019〕7号）等文件。研究提出的相关政策均立足于武汉市本地实际，对学校停车设施建设具有较强的可操作性，提出的措施在全国具有典型示范意义。

工作成效

（1）停车场运行效果好，进一步缓解了停车难题，2018年度15处试点（包括14所新建学校项目和1所现有学校改建项目），共计3153个停车位，全部建成投入运营，停车场试点投入使用后较显著地改善了区域停车状况，市民有切实的获得感。

（2）研究成果广受认可，获市级主要领导肯定，项目组全面梳理主城区中小学现状，形成工作调研报告上报市领导，得到时任武汉市委书记陈一新、市政府副市长汪祥旺的表扬，同时结合当年停车场建设工作，通过湖北日报、长江日报、武汉电视台等主流媒体进行报道，得到群众的认可及好评。

（3）持续推广改革成果，有序指导新项目建设，改革研究形成的政策机制和典型案例持续指导着我市学校停车设施建设，同时具备改造条件的现有学校操场改建项目也在逐个适时推进，如武汉市财贸学校、实验学校公共停车场等项目利用现有操场改建公共停车设施，解决区域停车问题，进一步将改革成果应用落地。

世行贷款武汉城市交通（二期）项目——项目监测与评估指标

项目背景

“十二五”期间，武汉市国内生产总值（gross domestic product，GDP）跨越万亿大关，机动车保有量快速增长，市内交通拥堵问题日益突显，已经引起了市委市政府和社会各界的高度重视。随着武汉市城市轨道交通和快速路系统大建设、大发展序幕的拉开，用于城市交通基础设施建设的资金逐年增加，快速路骨架系统基本形成，但依然存在交通设施供给不足、交通拥堵时空扩散、公交服务水平不高、施工期交通影响较大、交通管理智能化和信息化程度不高等问题。

世行贷款武汉城市交通（二期）项目（以下简称“世行二期项目”）是武汉市第二个利用世行贷款的城市交通项目。世行二期项目由公交优先走廊改进子项、道路安全子项、交通需求管理子项、道路完善子项及机构发展与能力建设子项共5个子项组成。世行二期项目从2009年7月开始实施，预计2018年完成全部项目内容。为了有效监测世行二期项目实施对城市交通的改善作用，评估项目选择与实施方案的有效性，受武汉市城市建设利用外资项目管理办公室委托，我司与武汉市交通发展战略研究院成立联合体进行了世行贷款武汉城市交通（二期）项目监测与评估指标项目，对世行二期项目沿线区域的道路运行情况、公交服务情况、交通安全改善情况等进行监测与评估，监测指标主要包括项目总体监测指标和项目年度监测指标。

监测指标体系介绍

本项目的监测指标依据系统性、可实施性、经济性、连续性和以人为本的原则，保障交通监测与评估工作架构的系统性，监测和评估指标的可监测性及良好的连续性。根据监测的内容，项目采用了多种调查方法，具体包括资料查询法、现场调研法、驻站调查法及跟车调查法。

本项目以项目发展总体监测、交通可达性监测、公交优先走廊、道路安全走廊、道路完善项目事故率、机构能力建设等为主要内容，构建了一套综合监测评估指标体系，该指标体系共分为 6 个层次，27 个指标作为综合指标的参数，用以反映、监测世行二期项目实施对武汉市交通的改善作用，评估项目选择与实施方案的有效性，详细指标见表 11–1。

表 11–1 综合监测评估指标体系

<table>
<tr><th colspan="3">监测项目</th><th>指标层</th><th>指标编号</th></tr>
<tr><td rowspan="8">项目总体监测指标</td><td colspan="2" rowspan="6">项目发展总体监测指标</td><td>公交优先走廊线网布局 / 条</td><td>P1</td></tr>
<tr><td>公交运营速度 /（km/h）</td><td>P2</td></tr>
<tr><td>乘客站台候车时间 /s</td><td>P3</td></tr>
<tr><td>日均客流量 / 人</td><td>P4</td></tr>
<tr><td>平均行车速度 /（km/h）</td><td>P5</td></tr>
<tr><td>道路安全走廊交通事故死亡人数 / 人</td><td>P6</td></tr>
<tr><td colspan="2" rowspan="2">交通可达性监测指标</td><td>基于城市中心点的分布方式的出行时间</td><td>P7</td></tr>
<tr><td>基于分布方式的出行时间的人口、岗位覆盖率</td><td>P8</td></tr>
<tr><td rowspan="19">项目年度监测指标</td><td rowspan="7">公交优先走廊</td><td rowspan="4">公交优先走廊分段流量</td><td>公交车流量 /（bus/h）</td><td>P9</td></tr>
<tr><td>小汽车流量 /（pcu/h）</td><td>P10</td></tr>
<tr><td>出租车流量 /（pcu/h）</td><td>P11</td></tr>
<tr><td>其他流量</td><td>P12</td></tr>
<tr><td rowspan="3">公交站点服务水平提升比率</td><td>50m 范围内设置信号控制人行过街或立体过街设施的公交站点 / 个</td><td>P13</td></tr>
<tr><td>离路口的距离在 50m 以内的公交站点 / 个</td><td>P14</td></tr>
<tr><td>站台与人行道无障碍或安全连通的站点 / 个</td><td>P15</td></tr>
<tr><td rowspan="4">道路安全走廊</td><td rowspan="3">中心城区交通安全性</td><td>设置无冲突人行时段交通信号的路口的比率</td><td>P16</td></tr>
<tr><td>无信号控制斑马线改造为信号控制、中央安全岛过街、人行立交过街的数目 / 个</td><td>P17</td></tr>
<tr><td>机动车与非机动车车流之间工程性隔离带长度 /km</td><td>P18</td></tr>
<tr><td>中心城区事故处理能力</td><td>交通事故处理到达现场的平均时间 /min</td><td>P19</td></tr>
<tr><td rowspan="4">道路完善项目事故率</td><td rowspan="4">道路完善项目</td><td>高峰小时交通流量（水东高架建成后开始调查）/（veh/h）</td><td>P20</td></tr>
<tr><td>解放大道现有起止点之间车行平均出行时间（晚高峰时段）/min</td><td>P21</td></tr>
<tr><td>堤角—梨园两点间车行平均出行时间 /min</td><td>P22</td></tr>
<tr><td>徐东大街平均车行出行时间 /min</td><td>P23</td></tr>
<tr><td colspan="2" rowspan="4">机构能力建设</td><td>武汉市停车收费政策</td><td>P24</td></tr>
<tr><td>武汉市停车分区分级差别化管理政策</td><td>P25</td></tr>
<tr><td>公交线网优化战略的实施</td><td>P26</td></tr>
<tr><td>课题培训的人数及效果评估</td><td>P27</td></tr>
</table>

监测结果及建议

1. 总体监测结果及建议

（1）两条公交优先走廊近年来机动车总量增长迅速，高峰小时公交优先走廊交通拥堵加剧。由于和平大道受轨道交通 5 号线施工影响，道路通行能力折减较大，目前难以实施公交优先廊道，建议待轨道交通 5 号线施工完毕后，视道路通行条件实施公交优先廊道，衔接轨道交通站点。

（2）4 条道路安全走廊交通事故数量并无明显减少，说明在当前武汉市居民出行次数普遍增加，在机动车保有量快速提高的情况下，道路安全形势依然不容乐观，建议尽快推进道路安全走廊项目的具体实施，加大交通管制力度，同时注重对市民的交通安全宣传与教育工作，力争创造一个安全通畅的交通环境。

（3）道路完善项目中的两条道路，除解放大道下延线堤角公园路终点地区的交通可达性一般外，其余起终点由于地处汉口及武昌地区路网较密集地区，交通可达性较好，市民出行较方便。

（4）对于公交优先走廊子项，从可达性分析结果可以发现，2 条公交优先走廊上任一公交的 1h 车程基本都可以覆盖武汉市约 80% 的人口及工作岗位，说明公交走廊的位置选择合适，公交线路安排适当，公交的可达性较好，但是和平大道公交走廊上公交 30min 车程可以覆盖的范围还是有限的，说明公交优先走廊交通可达性还有进一步提升的空间。

如图 11-6 和图 11-7 所示分别为二环线水东段和解放大道下延线监测结果分析。

图 11-6 二环线水东段监测结果分析

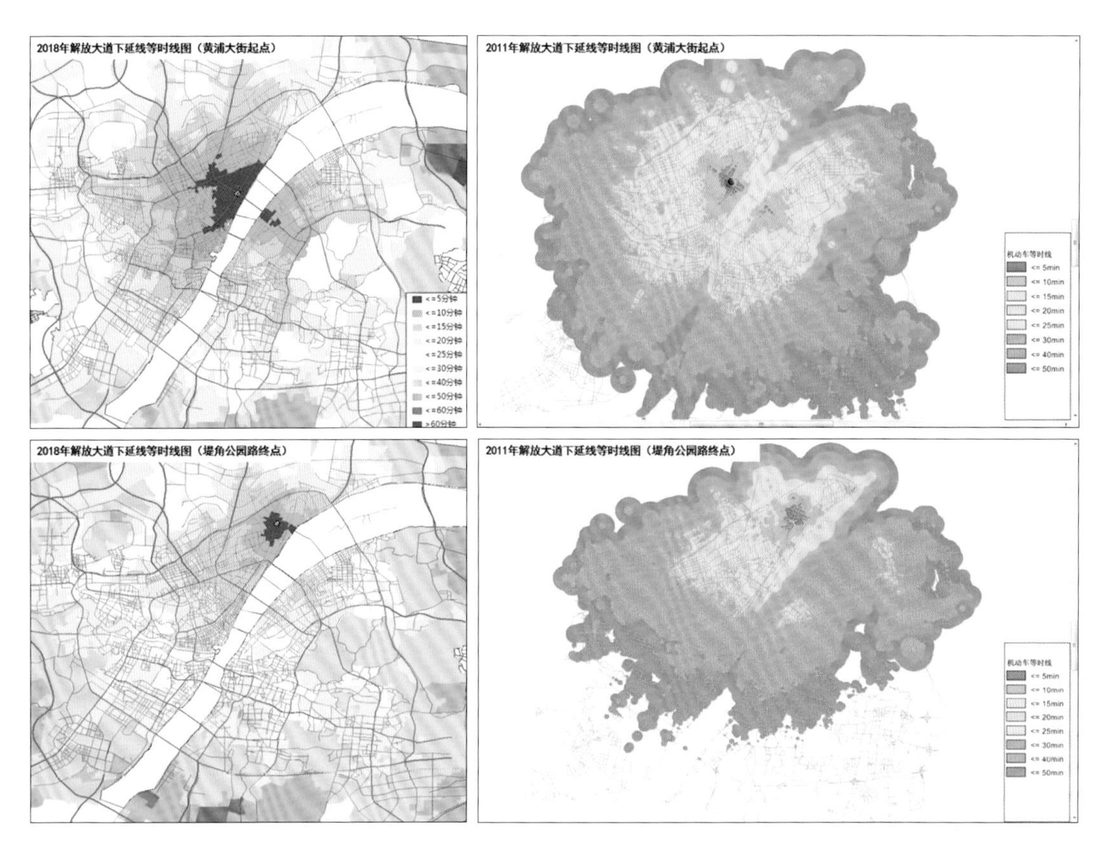

图 11-7 解放大道下延线监测结果分析

2. 年度监测结果及建议

（1）针对公交优先走廊子项，和平大道受轨道交通 5 号线施工影响，道路通行能力折减较大，目前难以实施公交优先廊道，汉阳大道双向 6 车道，已实施公交优先廊道，建议采取多种手段有效分摊公交走廊的交通流量，将车行延误率降至最低。

（2）公交优先走廊沿线的监测指标均较上一年没有明显变化。

（3）2017 年武汉市发生交通事故次数较上一年减少，事故死亡人数降低，说明武汉市各项交通管制举措开始对交通安全产生明显效果。

（4）对于道路完善项目，目前二环水东段地面部分仍在建设中，解放大道下延线的改造工作已完成 2.7 km；解放大道下延线的高峰小时交通流量较上一年有进一步增加，黄埔大街—百步亭花园路段交通量已近饱和，高峰时段产生较大行车拥堵，道路的改造提升工作变得更加必要和紧迫。

（5）对于机构能力建设子项，从 2016 年 11 月 1 日起，武汉市已经实施了新的停车收费政策，以二环线为界差别化收费，目前正在研究新一轮的停车差别化收费政策。

附 录

党建宣传

抗击疫情

集团活动

热烈庆祝中国共产党成立100周年

武汉城建集团
WUHAN URBAN CONSTRUCTION GROUP
2020年武汉城建集团13公里健康跑

学习交流

研究生工作站揭牌仪式
武汉工程大学
武汉市交通规划设计有限公司

参考文献

[1] 石飞，朱彦东 . 城市交通学研究方法 [M]. 南京：东南大学出版社，2020：1-2.

[2] 黄亚平 . 城市规划与城市社会发展 [M]. 北京：中国建筑工业出版社，2009：8.

[3] 杨涛 . 新大城市综合交通体系发展策略与规划实务 [M] . 北京：科学出版社，2020：225-226.

[4] 吴立群 . 城市交通问题研究 [J]. 决策与信息，2016（10）：118-123.

[5] 常永峰，李文婷 . 当代城市交通发展研究 [J]. 城市建设理论研究（电子版），2014（27）：2275-2276.

[6] 中华人民共和国住房和城乡建设部 . 建设项目交通影响评价技术标准：CJJ/T 141-2010[S] . 北京：中国建筑工业出版社，2010：2.

[7] 湖北省住房和城乡建设厅，湖北省市场监督管理局 . 湖北省建设项目交通影响评价技术规范：DB42/T 685-2020[S/OL].（2020-11-22）[2022-04-07]. https://www.doc88.com/p-77987064043606.html.

[8] 任雪冰 . 城市规划与设计 [M] . 北京：中国建材工业出版社，2019：48.

[9] 中国共产党中央委员会，国务院 . 中共中央、国务院关于建立国土空间规划体系并监督实施的若干意见 [A/OL].（2019-05-23）[2022-04-07].http://www.gov.cn/zhengce/2019-05/23/content_5394187.htm.

[10] 薛美根，朱洪，邵丹 . 上海交通发展政策演变 [M]. 上海：同济大学出版社，2017.

后 记

城市交通规划和建设是百年大计，要有前瞻的战略眼光和审慎的科学态度。

——《上海交通发展政策演变》

再回首

十年的时间相比国家、社会的发展历程很短，但相比一个公司的成长却很长。十年来，武汉市交通规划设计有限公司完成各类项目 700 余个，几乎涵盖了城市交通宏观、中观、微观的各个领域，也服务了城市规划、建设、管理的各个阶段，见证了武汉市从“中国最大的县城”发展到立体交通体系的“国家中心城市”。十年风雨平凡路，武汉市交通规划设计有限公司踏踏实实，一步一个脚印，以专业的视角、科学的手段、贴心的服务，完成了一项又一项工作，赢得了良好的社会声誉；十年征程不平凡，武汉市交通规划设计有限公司完成了从 “事业单位”向市场化企业的身份转变，以服务升级换市场、产业链延伸促增值、改革创新迎转型，队伍不断壮大，梯队不断优化，优秀的作品越来越多，树立了良好的行业声望。

再升华

法相因则事易成，好的方法要总结、继承并发扬光大。本书挑选、呈现的项目是武汉市交通规划设计有限公司十年来各个阶段、各个类型所开展的比较有代表性的项目，不一定是最成功的，也不一定是最有影响力的，更不一定是合同金额最大的，但一定是收获最多的，或者是某个类型第一次承接的，抑或是开创性解决了某类工作难点的。本书旨在通过回顾项目历程、总结共性问题，跳出具体项目的局限，从时间维度上来重新审视过去的工作。城市交通规划需要前瞻的战略眼光，而前瞻性是时间维度的概念，只有从时间维度出发才能用历史的时间轨迹对未来的发展趋势做出相对科学合理的预判，才具有战略价值。

再出发

世界正迎来百年未有之大变局，城市发展亦然。随着第四次工业革命的到来，各类新技术的出现正呈现几何级数的增长态势,城市交通发展面临的挑战和出现的新问题层出不穷。我们身处这个时代是幸运的，因为我们解决问题的方法日新月异；我们身处这个时代也是不幸的，因为规划这个经验学科将面临未知的前途。十年征途我们身经百战，十年寒暑我们豪情仍在。回首十年的足迹，在数百个项目中总结升华，是为了整理行装再出发。

技术服务社会，质量到家名扬。

创新示范争一流，荆楚复兴添荣光。

十年堪回望。

新基建连万物，城市圈汇八方。

万千同仁会盟处，曹溪一滴亦流芳。

携手创辉煌！